播艺库·学以致用

立体裁剪与平面制板互通：
国际品牌服装板型实例解析

杨柳波 著

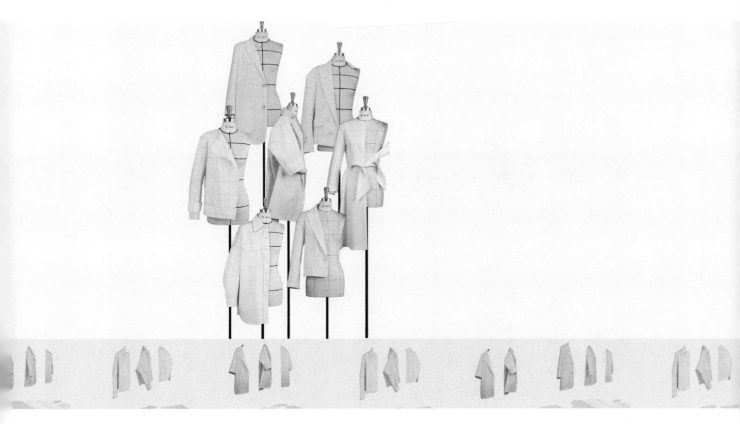

东华大学出版社·上海

杨柳波

播艺库服装工作室创始人；
东华大学专业学位硕士研究生校外导师；
上海市服饰学会职业服与校服专业委员会特邀专家；
多家知名服装企业技术顾问、内训导师；
《立体裁剪与平面制板的互通："四维立裁"》一书的作者。

从业二十余年，蕴涵丰富的市场实战制板经验。综合意大利、法国、日本多位名师制板思路，在实践中率先研究和总结出独树一帜的立裁与平面互通制板技法，并著有专著。

擅长企业基础板型数据库的建立与应用，并积极致力于解决个人、企业在实际制板工作中的瓶颈问题。

先后担任多家知名服装企业的技术顾问或技术总监，曾服务与合作过的品牌有素然、茶缸、江南布衣、可可尼、KAKO、有兰、日播、裘格等。

目录

第四章 品牌服装板型实例解析四 215

第五章 品牌服装板型实例解析五 249

前言

　　《立体裁剪与平面制板的互通："四维立裁"》一书出版后的几年里，感谢读者们对它的诸多反馈。"合抱之木，生于毫末。"制板方法总在反复验证中不断被完善，我也有了很多新的收获和启发。

　　要做好制板这件事，有了基础知识后，接下来就需要大量的实践。而国际品牌历经百年积累，为我们提供了学习的机会。审美和技艺精进一样，没有捷径可走，模仿不是快捷通道，而只是一条自我提高的实现途径。效果没有想象的那么快，但也没有想象的那么难。熟能生巧讲的大概就是这个事。天才总是稀少的，努力程度不够就更谈不上天赋的比较，所以不断实践练习，不断吸收新信息，其目的不过是希望有一天能借由努力为自己的天赋提供一个公平比较的机会。练习之初也许会有疑惑：为什么这个部位的轮廓会是这样，为什么要使用这种工艺？当你做够一定数量、练习足够的类型后，内心就会理解那说不出的意会，让你逐渐形成自己的想法，并融会贯通，在制板中应用自如。

　　制板师处于从属位置，或从属于设计师的设计理念，或从属于客户群体的体型特征，或从属于品牌的战略定位。部分制板师被实际工作局限在具体的品类或风格框架里，但时尚行业的变动是持续的，只有不断增强自己的感受力，让自己始终处于变化的准备状态之中，才能符合时代需求。实际工作中区分板型师能力的重要分水岭就是审美和优劣的辨别能力，如板型存在客观问题而自己却看不出，即便有人把问题提出来，也觉得是在故意挑毛病。其问题症结大概是"只缘身在此山中"吧。有了更广阔的角度，认知判断相应地也会有更宽泛的依据。在"素然""茶缸"品牌服装公司工作时，公司定义好的板型师的标准是能准确表达设计师的意图。那同为时装行业从业者的板型师，如果不具备与设计师相匹配的审美能力和时尚灵敏度，那么该如何准确实现设计师的设计意图呢？

　　本书根据轮廓变化选取了9个品牌中的21个经典款式（所选款式仅用于打板技术学习与研究）进行解析，从立裁步骤到平面制板都有详实的图片参考。这些是近三年来实践所得，也在教学过程中经过了反复验证。如有疏漏，期待读者不吝指点，提出建议和意见，以帮助不断完善立体与平面互通的制板方法。

　　制板方法不尽相同，每个板型师都有自己的制板思路作为角度参考。这里分享本人的制板过程给读者，希望能对更好地了解本书有所帮助。首先，拿到款式或图稿后，会先观察总体感觉，建立起独立的主观印象。然后，按价格定位来确定产品的价值目标，比如奢侈品和快消品的板型与工艺需求肯定是截然不同的。接着，结合主观印象判断款式风格，不同风格对应不同的尺寸和松量。风格提供了线条形状参考，也决定了松量的上限。在风格框架下去分析具体部位的体感需求、穿着感受，于制板过程中考量比例和型的关系。最后，在不改变设计要求的基础上为结构合理地做最后调整。

　　篇幅所限，未能详尽之处，欢迎加入"播艺库立裁群"询问或者关注"播艺库微信公众号boicoo-2008"了解。

　　希望本书能有幸帮助在职的设计师、板型师和想要从事服装行业的爱好者们精进技艺，拓宽思路。

作者

国际品牌服装简介

1. Burberry 品牌简介

成立于 1856 年的英国奢侈品牌 Burberry（博柏利），长期以来凭借独具匠心的创新理念、传统考究的精湛工艺和创意无限的设计风格而享誉全球。Burberry 是一个具有浓厚英伦文化的著名品牌，一直以来都是奢华、品质、创新以及永恒经典的代名词。该品牌不断与时俱进，在充满现代感和崇尚真我表达的同时，还承袭了最初的价值理念和自创立至今的品牌传统。

Burberry 的招牌格子图案是 Burberry 家族身份和地位的象征（图 1.1）。这种由浅驼色、黑色、红色、白色组成的三粗一细的交叉图纹，自然散发出成熟、理性的韵味，体现了 Burberry 的历史和品质。今天，Burberry 的格子风格已成功渗透到服装、配饰以及居家用品的各个领域。Burberry 是一个很容易引起人们浪漫遐想的品牌。人们喜欢它，不仅因为它有着百多年的历史、标志性的格子图案，还有 Rose Marie Bravo 所说的"高级时装回归奢华瑰丽风尚，年轻一代从 Burberry 中寻回真正传统的典范"。

Burberry 的旧标志为一个左手拿盾牌、右手拿旗子并骑在马上向前奔跑的骑士（图 1.2）。骑士象征着勇敢、尊贵与力量，盾牌象征着保护，在盾牌和旗子上都有 Burberry 的大写首字母"B"，寓意着 Burberry 勇往直前。Burberry 的最新标志一改古典的衬线字体设计而采用了非衬线字体，显得更加清爽，字母间距变得更加紧凑，全为大写，并去掉了原有的骑士骑马图案。Burberry 的全新印花纹样（图 1.3）是由 Thomas Burberry 的首字母"T""B"编织组合而成的图案，以橘色、米色和白色三种颜色组合而成，对比强烈。

图 1.1　Burberry 的招牌格子图案

图 1.2　Burberry 的旧标志

图 1.3　Burberry 的全新印花纹样

Burberry 带有一股英国传统的设计风格，以经典的格子图案、独特的布料、大方优雅为主要特点。除服装外，Burberry 也将设计触角延伸至其他领域，推出了香水、皮草、头巾及鞋等相关商品，并将经典元素注入其中。Burberry 的风衣（图 1.4）和香水在世界享有很高的知名度。

英伦风女装传统、保守、端庄，不像巴黎、米兰和纽约的风格那么性感，且还注重修饰女人的线条。格子在英伦风搭配中有着很重要的地位。在现代服装设计的舞台上，苏格兰格子一直都是被经常运用到的设计元素之一，而且运用的形式与手法也越来越丰富。无论是格子外套（图 1.5），还是格子斗篷（图 1.6），都能尽显女性的典雅与高贵。因受英伦三岛多雨天气的影响，防水面料风衣受到了人们的喜爱，再加上皇室的宠爱，风衣成为了英伦风的重要名片。

历经百多年后，现在的 Burberry 再度成为最抢手的热门时尚品牌，受到了各个年龄、阶层的消费者的青睐。Burberry 成为了一个最能代表英国气质的品牌。

图 1.4   图 1.5   图 1.6 来源于 Burberry Fall 2019
Menswear 系列

图 1.4、图 1.5 来源于 Burberry Resort 2019 系列

2. Delpozo 品牌简介

Delpozo（波索）是西班牙设计师 Jesus del Pozo 于 1974 年创立的个人同名品牌。当时的品牌名为 Jesus del Pozo，是一个男装品牌。1980 年 Jesus del Pozo 发布了首个女装成衣系列，其不批量化生产而只接受定制。除了成衣设计外，Jesus del Pozo 香水系列更是驰名、畅销。1992 年到 1994 年，Jesus del Pozo 还曾发布过珠宝系列和围巾系列。1996 年 Jesus del Pozo 婚纱系列问世。同年，Jesus del Pozo 成衣系列开始批量化生产、销售。1997 年设计师 Jesus del Pozo 在日本创立了全新品牌"J.D.P."。2001 年他发布了名为"Jesus del Pozo Junior"的童装系列。2011 年设计师 Jesus del Pozo 逝世。2012 年 Perfumes & Diseno 集团买下了该品牌，并更名为"DELPOZO"，任命 Josep Font 为创意总监。

2012 年 Josep Font 加入 Delpozo 担任创意总监后，仅用 3 个系列就帮助该品牌在纽约时装周打响了知名度。设计师以前卫、别具一格的建筑学品味，本着"Prêt-à-Couture"的概念，以高定的手法、成衣的生产计划，将品牌打造成当代优雅、高贵的代名词，如诗如画的形象、精美的配饰，一度风靡时装界。简约的裁剪、立体的廓形（图 2.1）、缤纷的色彩以及钉珠绣花的高定技巧，是品牌的重要特征。

设计师爱以妖娆多姿的花朵为灵感，用笔尖上的艺术留住花朵绽放之美，用匠人之心将花朵点缀在衣服设计上（图 2.2），以衬托女人的美丽。他大胆地采用立体剪裁、镂空花朵设计（图 2.3），赋予花朵更多活力，犹如诗人般的浪漫笔触给予了花朵第二次生命。

图 2.1 来源于 Delpozo Spring 2019 Ready-to-Wear 系列

图 2.2 来源于 Delpozo Pre-Fall 2017 系列

图 2.3 来源于 Delpozo Resort 2019 系列

3. Chloé 品牌简介

Chloé（珂洛伊）是法国著名时装及奢侈品品牌。Chloé 由 Gaby Aghion 创立于 20 世纪 50 年代，那正是生活化的成衣品牌向贵族式的巴黎高级女装传统挑战之时。Chloé 品牌创立了简洁美观、可穿性强的现代成衣理念。Chloé 品牌是巴黎高级成衣界的变色龙。虽然 Chloé 品牌频繁地聘用各国名设计师，但风格并未因设计师的更迭而改变，一直保持着法兰西风格的色彩特征和优雅情调。其所聘设计师的个性投入，加上 Chloé 生产经营体系的保证，使 Chloé 品牌风格保持着与时代潮流的同步。

法国的浪漫轻松、休闲典雅，印有花卉图案的薄纱（图 3.1），轻快的流线型服装，已成为 Chloé 的女性的风格特征。

这些年来 Chloé 品牌经历了不少设计师更替变化，先后被 Karl Lagerfeld、Stella McCartney 等重量级设计师执掌过。而现在的掌门人则是 Phoebe Philo。

灵感来自 20 世纪 60 年代的男衬衫剪裁的打褶洋装，镶以繁复的手工刺绣以及在似棉的薄纱和波浪折边上缝缀漂亮贴花，洁净雅致的气质衬着巴洛克图案的贵气罩衫（图 3.2），呈花瓣形状镂空泡泡袖的 A 字形小洋装，这些都是 Phoebe 的经典设计。此外，Phoebe 还带来了崭新剪裁手法：工整利落的合身洋装，20 世纪 60 年代风格的 A 字形紧身外套以及短小、立体且硬挺的短身小夹克。

图 3.1 来源于 Chloé Spring 2019 Ready-to-Wear 系列

图 3.2 来源于 Chloé Pre-Fall 2019 系列

4. Thom Browne 品牌简介

Thom Browne（汤姆·布郎尼）男装以精细的做工、考究的剪裁和出位的剪裁设计，挑战古板的传统男装，让穿正装的商务男士有了一个更自然、放松，更时髦、个性的新选择。Thom Browne 这个体现美国大佬风格的新锐品牌在 2001 年首次举办了时装发布会。Thom Browne 男士西装在剪裁与合体度上独树一帜：裤装腰部无腰带祥，而且总是好像小一号的样子，裸露出脚踝；上装的袖口总是短到将衬衫露出 3 寸（9.9cm 左右），前襟总是 2 粒纽，窄领，侧边开衩（图 4.1），让人觉得时髦、新鲜又有趣。Thom Browne 品牌西装以选用炭灰色著称，搭配相同布料裁剪的领带，再用银色领带夹、白色衬衫、黑色皮鞋来完成全身搭配（图 4.2）。在 Thom Browne 看来，时尚是极富个性化且服务于穿着者自身的。

Thom Browne 很喜欢灰色，他认为"许多美丽的事物都是关于灰色的，灰色自身也会带来多变的层次感。这种颜色是如此的丰富，也绝对经得起时间考验。"他曾说，"从一开始就是灰西装，这是每个系列的开始。我想要人们看到我的正装部队，这是 Thom Browne 式的男人：正装、看起来自信潇洒、有认真的工作态度。"这也是 Thom Browne 成为经典的原因。

图 4.1   图 4.2   图 4.3   图 4.4

图 4.1、图 4.2 来源于 Thom Browne Spring 2018 Menswear 系列

图 4.3、图 4.4 来源于 Thom Browne Fall 2019 Menswear 系列

Thom Browne 剪裁。对西装这个品类而言，重要的就是合身，所以它对剪裁的要求特别高。Thom Browne 最爱的就是改变传统的剪裁，解构、重组（图 4.3、图 4.4）甚至是错视的比例玩法，在他的设计中常常出现，也是这些想法能够落到实处才让很多不穿西装的人爱上了 Thom Browne。

Thom Browne 四道杠。左袖四道杠也因为高频地出现在 Thom Browne 针织衫及西装的袖子上（图 4.5）而让它成为经典。

Thom Browne 红白蓝。关于红白蓝缎带 Thom Browne 说过，"我从来都没有把这个细节当作品牌标签，

图 4.5 来源于 Thom Browne
Fall 2018 Menswear 系列

图 4.6 来源于 Thom Browne
Pre-Fall 2018 系列

图 4.7 来源于 Thom Browne Resort 2020 系列

一开始只是想做衬衫经典挂环设计，后又为了衬托产品的高质感，所以使用了罗缎丝带。"但是因为高频地出现在单品的设计中（图 4.6），特别是经常暗藏在细节里面，红白蓝已经成为了品牌的经典元素之一。

2011 年，Thom Browne 开始进军女装系列（图 4.7）。

5. MaxMara 品牌简介

MaxMara(麦丝玛拉) 是一个意大利品牌，始于 1951 年，其创办人 Archille Maramotti 推出的第一个时装系列：一件骆驼色大衣和一套粉红色套装，标志着 MaxMara 传奇的开端。自此，MaxMara 集团的业务开始走向了灿烂的时装大道。迄今，它开发了针对不同顾客群和不同风格的 7 个品牌 32 个系列的产品，以能设计适合所有女士的衣饰、抗拒时装界的短暂潮流而著称。它总是充满时代感。

1951 年，Achille Maramotti 在家乡小镇开设了第一间 MaxMara，可以说是为意大利开创了名师设计的成衣业。自 1963 年起，凭着 Jean Charoes de Castelbajac、Karl Lagerfeld 等年轻优秀设计师的协助，Achille 开始每年推出两个完美无瑕的时装系列。1967 年，消费者间兴起了一股年轻人文化风，于是 Achille 推出了全球首个扩展系列 Sportmax。

每一季的潮流 (图 5.1~ 图 5.3)，MaxMara 都跟得上，但却从来不向潮流屈服。MaxMara 深知，一般女士都喜欢较简单、自然的设计，对她们来说名师设计的时装总有点花俏。MaxMara 说："MaxMara 时装一向较低调。我们考虑到人有独特的个性和身份，衣服不应喧宾夺主。我们锐意制造最好的产品，这是我们的本性。"

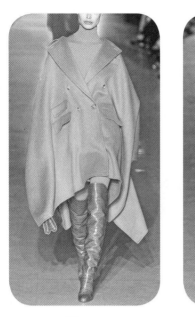  

图 5.1   图 5.2   图 5.3

图 5.1~5.3 来源于 MaxMara Fall 2019 Ready-to-Wear 系列

    优雅的驼色、极简的设计、任何身材都可以驾驭的廓形，赋予了女性安全感和与众不同的魅力。自信、果敢、摩登的设计语言，让它成为了女性心中"理想大衣"的典范（图 5.4）。

    MaxMara 出品的衣饰，端庄、大方，富传统色彩，绝不跟随俗流。其时装设计简洁、线条清晰，以精良的面料和剪裁呈现女性之优雅，充分诠释了意大利的时尚精神。黑色、象牙白、棕色，永远是 MaxMara 的经典色。

    型号 101810 大衣（图 5.5）正是 MaxMara 的一个象征。这款大衣为众多世界顶尖时尚女性所青睐，包括伊莎贝拉·罗西里尼（Isabella Rossellini）、凯特·布兰切特（Cate Blanchett）等，一经推出即成经典。它设计简单，优雅的大衣上找不出一丝浮夸的迹象。

    MaxMara 的侧重点始终是产品本身。女士们选择 MaxMara 服装，是因为知道它用料优良、剪裁合身，而不是因为它是这一季的流行服装。这些女士喜欢不受潮流所限、带点传统色彩的服饰。这种服饰不是守旧，而是设计优良、剪裁适度，经得起时间考验。

    自 1951 年品牌创立以来，"MaxMara 女性"就已存在了，且在不断演化，但其本质却从没改变。她性格独特，优雅端庄。MaxMara 做到了不受任何一名设计师支配。而短期聘用外面的时装设计师的政策，反映了它有容乃大的精神，这是 MaxMara 成功的秘诀。

    MaxMara 推出的第一套时装系列，就以其精巧细致的风格而展现出了后来所有产品的特征：外形漂亮、线条清晰，以当时正时兴的漂亮的法国风格为蓝本，再按照典型的意大利格调重新设计和制作而成。尔后，其他的时装系列也紧随其后，不断推陈出新。它们的成功光辉从未褪色过。

图 5.4 女性心中"理想大衣"的典范

图 5.5 型号 101810 大衣

6. Dior 品牌简介

Dior（迪奥）的全称是 Christian Dior（克里斯汀·迪奥）。Christian Dior 常常被喜爱的粉丝简称为 Dior 或是 CD。Dior 在法语中是"上帝"和"金子"的组合，金色后来也成了 Dior 品牌最常见的代表色。

以品牌创始人 Christian Dior 先生名字命名的同名品牌自 1947 年创立以来，就一直是华贵与高雅的代名词。不论是时装、化妆品，还是其他产品，Dior 在时尚殿堂一直雄踞顶端。除了高级时装外，Dior 产品还有男装、香水、包包、皮草、内衣、化妆品、珠宝、鞋靴及童装等。

让 Dior 品牌名声大振的是 1947 年 Christian Dior 推出的第一个时装系列：急速收起的纤细腰身，凸显出与胸部曲线的对比，长及小腿的裙子采用黑色毛料，点以细致的褶皱，再加上修饰精巧的肩线。它震撼了所有人的目光，被称为"New Look"（图 6.1），意指 Dior 带给女性一种全新的面貌。

Dior 先生说"我的设计就是要让每个女人都成为美丽的女人"。Dior 是优雅、卓越与奢华的完美呈现。Christian Dior 以美丽、优雅为设计理念，采取精致、简单的剪裁，以品牌为旗帜，以法国式的高雅、品位为准则，坚持华贵、优质的品牌路线，迎合上流社会成熟女性的审美品味。Dior 时装注重的是女性造型线条而并非色彩，具有鲜明的风格，强调女性隆胸丰臀、腰肢纤细、肩形柔美的曲线（图 6.2）。Dior 让黑色成为了一种流行的颜色。

Dior 一直是炫丽的高级女装的代名词。Dior 继承了法国高级女装的传统，始终保持着高级华丽的设计路线，做工精细，代表了上流社会成熟女性的审美品味，象征了法国时装文化的最高精神。Dior 品牌在巴黎地位极高。

图 6.1 Dior 的 "New Look"

图 6.2 Dior 的经典时装造型

图 6.3 来源于 Dior Fall 2019 Couture 系列

图 6.4 来源于 Dior Fall 2017 Couture 系列

图 6.5 来源于 Dior Resort 2019 系列

大 V 领的卡马莱晚礼裙，多层次兼可自由搭配的皮草等，均来源于天才设计大师 Dior 之手，其优雅的窄长裙从来都能使穿着者步履自如，体现了优雅与实用的完美结合。Dior 品牌的革命性还体现在致力于对时尚的可理解性，选用高档的面料如绸缎（图 6.3）、传统大衣呢（图 6.4）、精纺羊毛、塔夫绸、华丽的刺绣（图 6.5）等，做工更以精细见长。Dior 晚装豪华、奢侈，在传说和创意、古典和现代、硬朗和柔情中寻求统一。

7. Jil Sander 品牌简介

Jil Sander（吉尔·桑德）因极简的美学和简洁的线条而闻名（图 7.1）。极简主义一向不缺追随者，但是很少有设计师能够像 Jil Sander 那样将其作为一种艺术而细细研究。她摒弃一切多余细节，如拉链和纽扣被完全摒弃（图 7.2）。她用带褶皱的布料包裹身体（图 7.3），在适当的地方别一个卡子，采用斜向裁剪来突出线条。她采用的颜色多为中性，面料现代但不夸张。Jil Sander 以卷边长裤（图 7.4）、轻如羽毛的上衣以及轻便夹克而闻名遐迩。

图 7.1~ 图 7.3 来源于 Jil Sander Resort 2017 系列

图 7.1   图 7.2   图 7.3

图 7.4 来源于 Jil Sander Pre-Fall 2019 系列

图 7.5 来源于 Jil SanderFall 2019 R-t-W 系列

图 7.6 来源于 Jil Sander Resort 2017 系列

很多设计师都追求简洁的剪裁，但 Jil Sander 的简洁才是最具有说服力的。Jil Sander 的服装在肩部有着完美的线条（图 7.5）。Jil Sander 女士曾被女装日报授予"Queen of Clean"的称号。宝蓝色半袖工作裙装，鱼鳞状珠片鸡尾酒会短裙（图 7.6），在背部设计有飘带的宝蓝色无肩带连身裙，明黄色的衬衫搭配光亮的黑色缎面短裙……还有很多的裙装款式都可以来佐证此。新 Jil Sander 女装正努力减少职业装中的裤装比重，通过使职业裙装更具现代感，以使 Jil Sander 女装更贴近高品位女性的生活实用性要求。

8. Balmain 品牌简介

Balmain(巴尔曼) 品牌由法国时装设计师 Pierre Balmain (皮埃尔·巴尔曼) 先生创建。他说："时装就是行动的建筑。"他最擅长设计日常套装，其设计的溜肩收腰小外套被视为 20 世纪 50 年代的经典造型之一。

1945 年，Pierre Balmain 在巴黎的 Rue Francois 第一街上开设了以自己名字命名的高级时装公司。Pierre Balmain 的自传《我的年代和时装》(My Years and Seasons) 于 1964 年出版。1982 年 6 月 29 日，Pierre Balmain 于巴黎辞世。

图 8.1 Balmain 晚礼服

图 8.2 Balmian 新 Logo

Balmain 时装屋曾与 Dior、Balenciaga (巴黎世家) 并列成为二战之后的定制时装三巨头。Balmain 的设计中以晚礼服 (图 8.1) 为最著名，其以质优见长，融合了女性的娇柔与高雅。Balmain 的女性形象摆脱了战争时代的痛苦创伤，潇洒而富有魅力，成为了典雅、高贵与女性化的代名词，吸引了众多电影明星及皇室贵族。

2018 年底 Balmian 更新了 Logo。新 Logo 乍看之下是来自其品牌名称的缩写字母"B"，但"B"的左侧多了一条竖线，看起来像是"P"和"B"的组合 (图 8.2) 。如此精心的设计一方面是为了致敬品牌的创办人 Pierre Balmain，另一方面则象征对品牌来说最重要的城市——巴黎。

Olivier Rousteing 对新形象进一步介绍称："这个全新的形象对我来说别具意义，因为我终于将品牌带到了下个里程碑，而且已经等不及在未来的新篇章里分享更多故事。Balmain 是一个快速发展的品牌，它与其他品牌一样，越来越多地开始依靠新媒体，以便与全球的受众进行交流。新 Logo 传递的信息比之前的将更强烈，希望以后这个'B'能成为巴黎永恒的经典。"

Balmain 的许多设计以惊喜为灵感之源。他重新演绎镜子、水晶、木材和玻璃 (图 8.3、图 8.4) ，将其幻化成惊艳的 3D 马赛克、图案和印花，且同时保留了舒适轻松的活动性和 Balmain 的标志性剪裁。现代与复古相依相伴，且常伴随着鲜明的 20 世纪 80 年代元素的未来感面料，是其秀场中的重要部分。

Balmain 的设计师 Christophe Decarnin 为 Balmain 创立了全新风格：摩登、性感、街头风，带着强烈的摇滚气息。他破旧立新的方式近乎于极端，收效显著。一方面他以眼下的时代需求为切入点，另一方面他保留了 Balmain 的经典款式和元素。Christophe Decarnin 设计的 Balmain 之所以能俘获人心，主要是他定义了全新的"法式风格"，塑造了全新的"法国女人"。这体现在三个方面：一是做工精细、讲究剪裁的夹克和连身裙，是法式时装的灵魂，也是 Balmain 的经典所在；二是闪亮的装饰和面料是这个时代最推崇的时髦元素 (图 8.5、图 8.6) ；三是将高级成衣以街头感的方式搭配穿着，女性的性感与摩登显得更具亲和力。这些完全符合了现代时髦女性的口味。

图 8.3　　　　　　　　　图 8.4　　　　　　　　　　　　　图 8.5　　　　　　　　图 8.6

图 8.3、图 8.4 来源于 Balmain Spring 2020 Menswear 系列

图 8.5、图 8.6 来源于 Balmain Spring 2019 Ready-to-wear 系列

9. Chanel 品牌简介

Chanel（香奈儿）是 Coco Chanel（可可·香奈儿）于 1910 年在法国巴黎创立的品牌（图 9.1）。Chanel 的设计一直保持简洁、高贵的风格，多用 Tartan 格子或北欧式几何印花、粗花呢等布料，舒适且自然。

步入 20 世纪 20 年代，Coco Chanel 不仅设计了不少创新款式，如针织水手裙、小黑裙、樽领套衣等，而且她还从男装上获得灵感，为女装添上了一点男人味儿，一改当年女装过分艳丽的绮靡风尚，如

图 9.1 Chanel 品牌标志

将西装褛样式加入 Chanel 女装系列中，大胆推出 Chanel 女装裤子等。不要忘了，在 20 世纪 20 年代欧洲女性是只会穿裙子的！

1910 年，Coco Chanel 在巴黎开设了一家女装帽店。凭着非凡的针线技巧，Chanel 小姐缝制出一顶又一顶款式简洁、耐看的帽子。当时女士们已厌倦了花俏的饰边，所以 Chanel 设计的帽子对她们来说犹如甘泉一般。短短一年内，Chanel 小姐的生意节节上升。于是 Coco Chanel 把她的店搬到更时尚的 Rue Cambon 区，至今这里仍是 Chanel 总部所在地。但是做帽子绝不可能满足 Coco Chanel 对时装事业的雄心，所以她进军高级定制服装领域。1914 年，Coco Chanel 又开设了两家时装店，自此影响后世深远的时装品牌"Chanel"宣告正式诞生。

Coco Chanel 这一连串的创作为现代时装史带来了重大革命。Coco Chanel 对时装美学的独特见解和难得一见的才华，使她结交了不少诗人、画家和知识分子。她的朋友中就有抽象画派大师 Picasso（毕加索）、法国诗人与导演 Jean Cocteau（尚·高克多）等。那个年代正是法国时装和艺术发展的黄金时期。

Coco Chanel 以一贯的简洁、自然风格，迅速俘获一众巴黎仕女的青睐。粗花呢大衣（图 9.2）、喇叭裤（图

9.3）等都是 Coco Chanel 二战后时期的作品。1971 年 Coco Chanel 去世后，德国设计师 Karl Lagerfeld 成为了 Chanel 品牌的灵魂人物。

自 1983 年起，Karl Lagerfeld 一直担任 Chanel 的总设计师。他将 Chanel 时装推向了另一个高峰。有趣且堪可提及的一点就是，Chanel 品牌自创立后近 90 年里从未生产过一件男装，直至 2005/2006 的秋冬系列才生产了几件男装上市。

"Chanel 代表的是一种风格，一种历久弥新的独特风格。"Chanel 女士如此形容自己的设计，"并不是思索接下来要做什么，而是自问接下来要以何种方式表现，这样将激励设计永不停止。"Chanel 女士将这股精神融入了她的每一件设计作品中，使 Chanel 成为了非常具有个人风格的品牌。

Chanel 提供了具有女性解放意义的自由和选择，将服装设计从以男性观点为主的潮流转变成表现女性美感的自主舞台。抛弃紧身束腰、鲸骨裙箍，提倡肩背式皮包与织品套装（图 9.4），Coco Chanel 一手主导了 20 世纪上半叶女人的风格、姿态和生活方式，一种简单、舒适的奢华新哲学。

图 9.2 来源于 Chanel Fall 2017 Couture 系列

图 9.3 来源于 Chanel Resort 2020 系列

图 9.4 来源于 Chanel Spring 2019 Ready-to-Wear 系列

01

第一章 品牌服装板型实例解析一

◆ 圆装落肩袖外套立裁
　圆装落肩袖外套立裁转平面制图

◆ 圆装落肩袖延伸款外套立裁
　圆装落肩袖延伸款外套立裁转平面制图

◆ 经典风衣外套立裁
　经典风衣外套立裁转平面制图

◆ 菱形角连袖外套立裁
　菱形角连袖外套立裁转平面制图

图 1.1.1 圆装落肩袖外套款式

1.1.1 圆装落肩袖外套的学习重点

（1）落肩量与袖窿开深量、抬臂角度、袖窿切面、袖山高、袖肥、胸围放松量之间的平衡关系。

（2）胸省、肩省与造型面及抬臂角度的平衡以及分散转移。

（3）袖子静态、动态以及抬臂角度的平衡和美观。

（4）袖窿弧线、袖山弧线与袖窿切面之间的造型美观关系。

单位：cm。竖虚线为经纱方向标注线，横虚线为纬纱方向标注线。

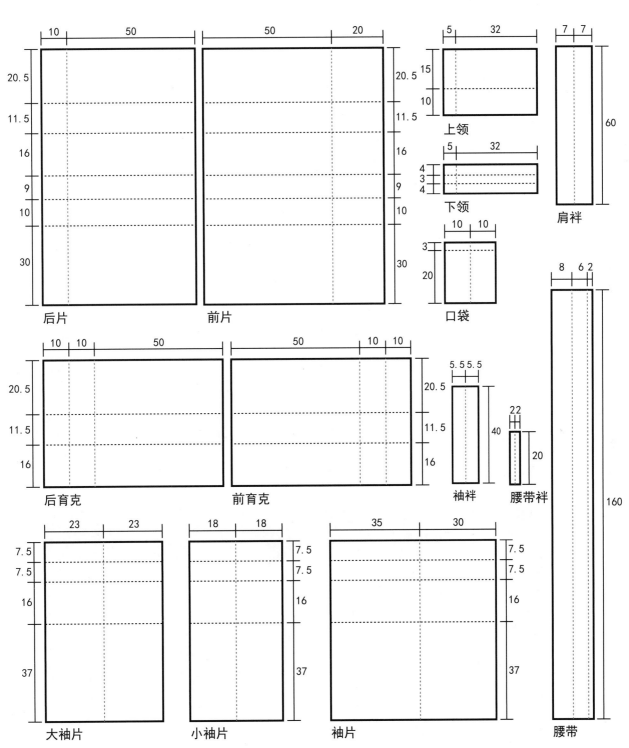

图 1.1.2 坯布取样图

袖窿切面演示

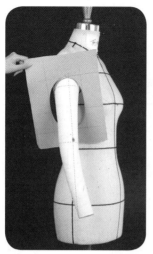
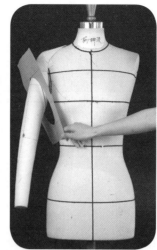
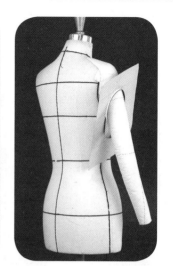

补充标志线:

门襟线
门襟分割线
领外口线
领圈线
上领口线
袖窿线
肩缝线
育克造型线

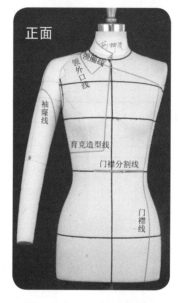

正面

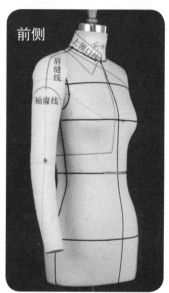

前侧

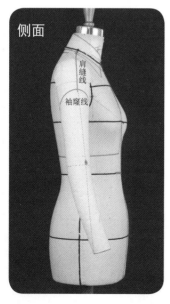

侧面

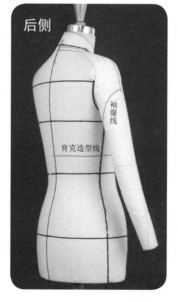

后侧

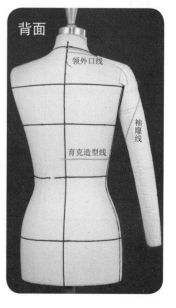

背面

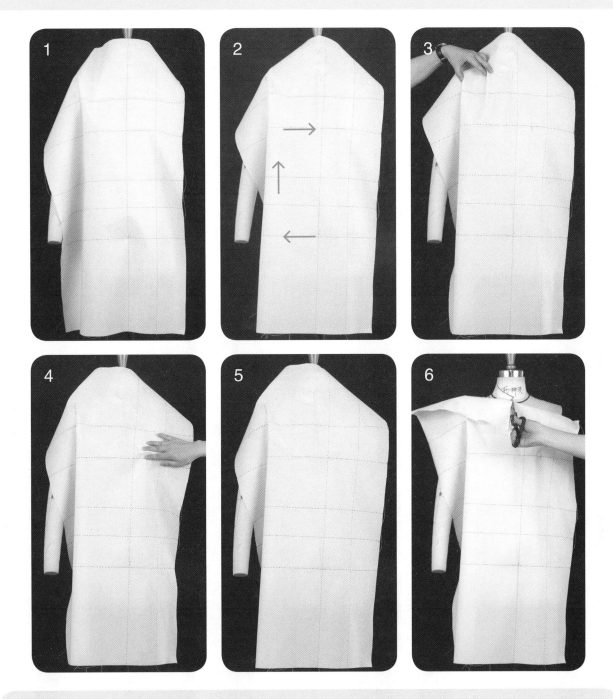

前片

1 将前片与人台上的中心布纹、胸围线、臀围线对齐，并在臀围处、肩点处、胸宽线上方以及前领口处将布料与人台临时固定。

2 以前中心线臀围点为中心，保持臀围线水平，将布料从侧面向上、向前中方向推平，保持布料平整并用针固定。

3~5 沿前侧根据衣身造型余量将胸省留一部分放在袖窿，与造型量平衡，将造型面推向肩点上方，理出胸省的余量，将胸省余量推向前中作为撇胸，将前中产生的松量向上向下推平作为撇胸的后处理。

6 将前领圈上段缝份向下翻折并剪开至领圈处，沿领圈依次打剪口并修剪多余缝份。

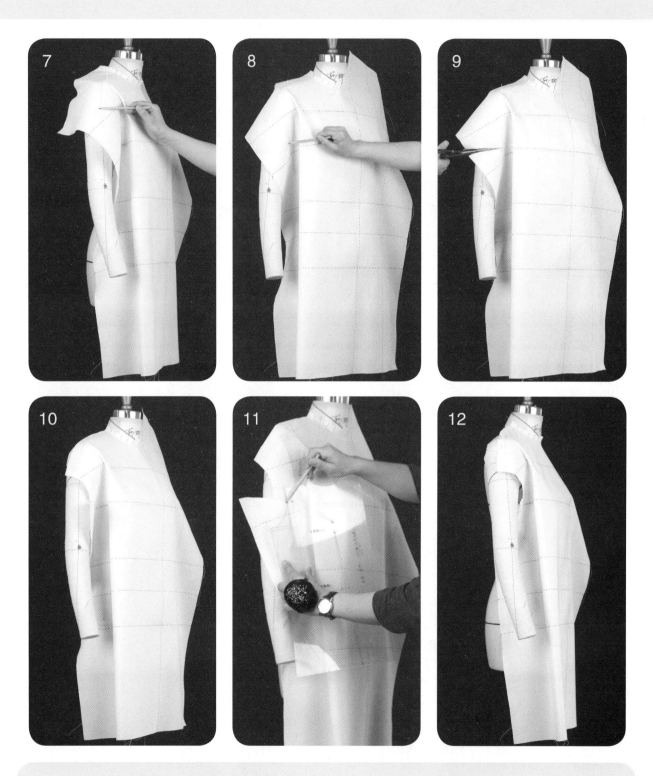

7、8 沿肩缝用铅笔描线，沿袖窿用铅笔描线至新腋点处，新腋点处在袖窿深上方 7 cm 处。

9、10 沿腋点水平处剪开至袖窿描线处，沿袖窿、肩缝留出 2 cm 左右缝份，并修剪多余缝份。

11、12 根据袖窿新腋点位置与袖窿开深位置将原型腋点下段在衣身上描出，即在新腋点下方保持与原型袖窿宽一致。

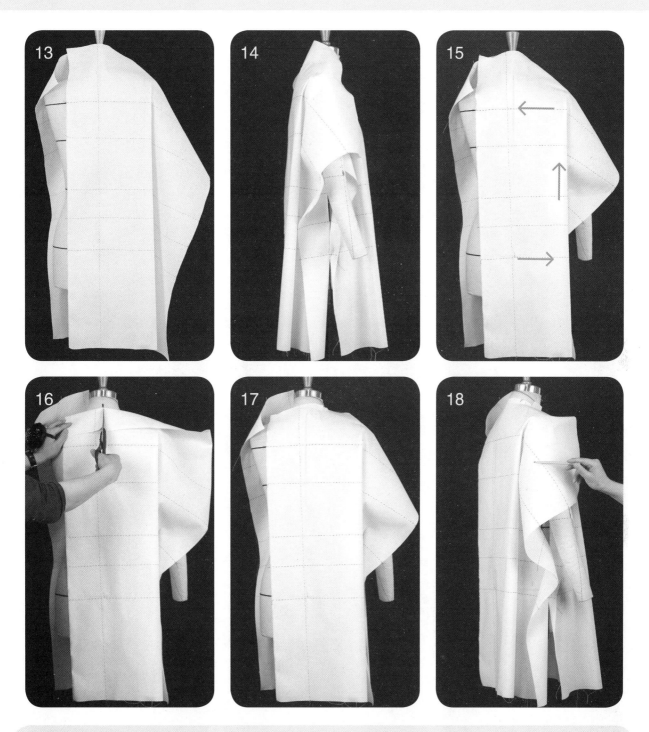

后片

13 将布料与人台上的后中心线、胸围线、臀围线对齐，并在臀围处、臀围侧面、后领中处以及肩点处将布料与人台临时固定。

14、15 保持后臀围线水平，放出后臀围松量，将后臀围线与前臀围线对齐，沿后臀围线将侧面长度方向的松量向上推平，在肩胛骨处将围度方向多余的松量向后中推平。

16、17 将后领窝上方缝份向下翻折并剪开至后领窝，沿后领窝一圈打剪口并修剪多余缝份。

18 沿后肩缝描线，沿后腋点上方的袖窿描线至腋点处，并在后腋点水平位处画出水平线。

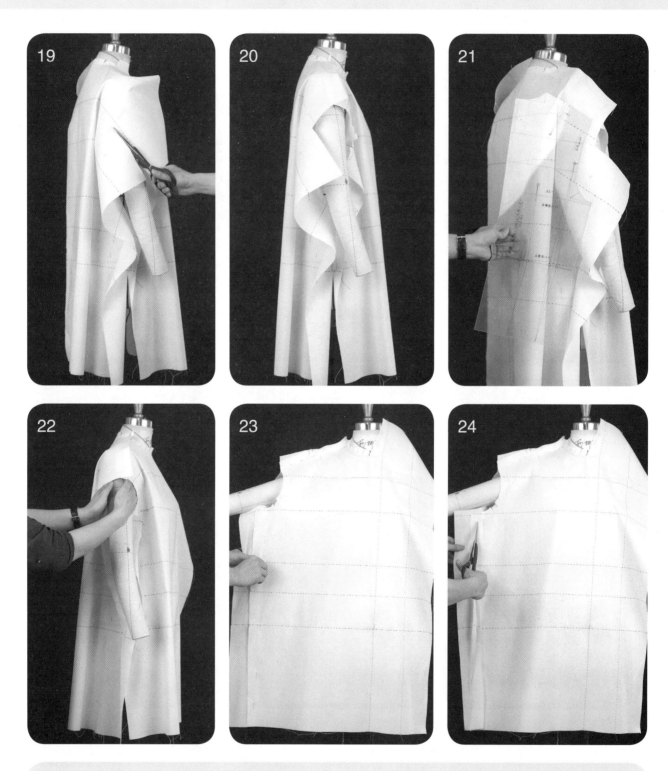

19、20 沿后腋点水平线剪开至后腋点袖窿处，向上留出 2cm 左右缝份，修剪袖窿上段和肩缝多余缝份。

21、22 根据前面的袖窿开深位置以及后腋点位置，在原型后袖窿靠近后腋点和后袖窿开深位置画好后袖窿下段弧线，并观察前后袖窿松量是否恰当。

23、24 抓合前后侧缝、肩缝，并修剪侧缝、肩缝多余缝份。

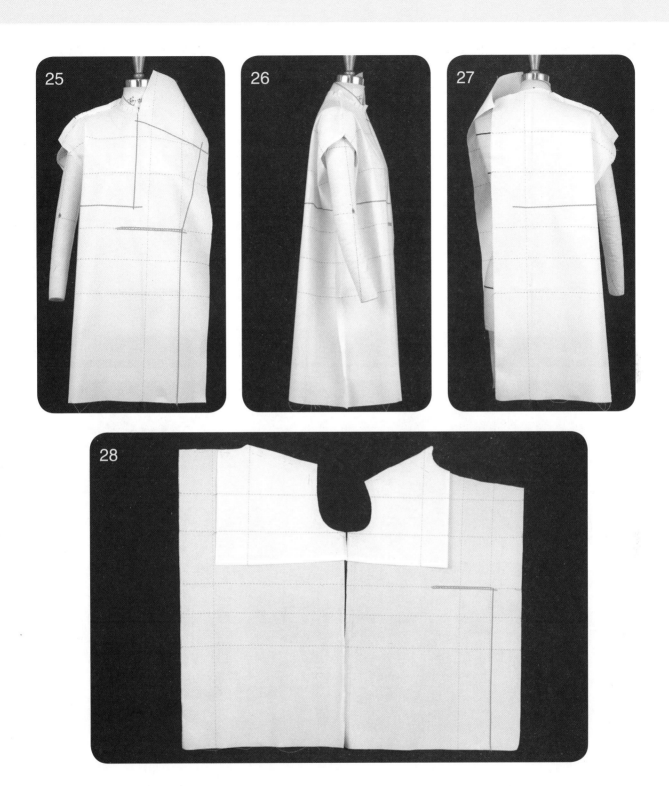

25~27 调整衣身平衡，贴出前后育克线、门襟止口线位置并观察是否平衡。

28 点影肩缝、侧缝，取下裁片，根据前后育克线的位置将育克片的边缘和标线对齐并扣烫好，修剪肩缝、袖窿多余缝份，准备回样。

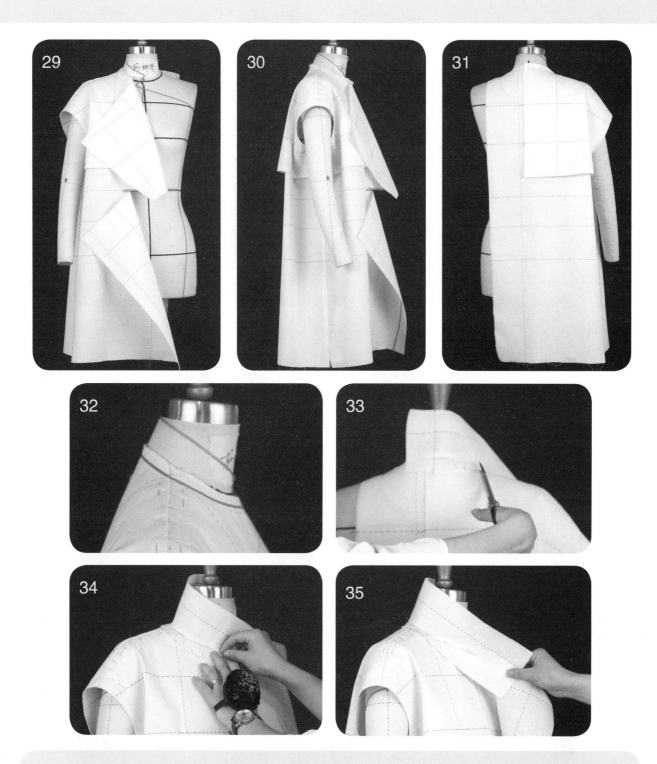

29~31 回样后，从正面、侧面、背面观察袖窿的平衡及驳头形状，无问题后做领子和袖子。沿袖中在前袖片上标记袖中肩缝线并修剪多余缝份。

领子

32 在衣身上标记领圈线并修剪多余缝份。

33~35 将领的后中心线、领底线对齐后中领窝，并与领窝别合，沿领下口缝份打剪口至肩缝处，在肩缝处、前领中处保持领上口松量合适，并与领圈别合。

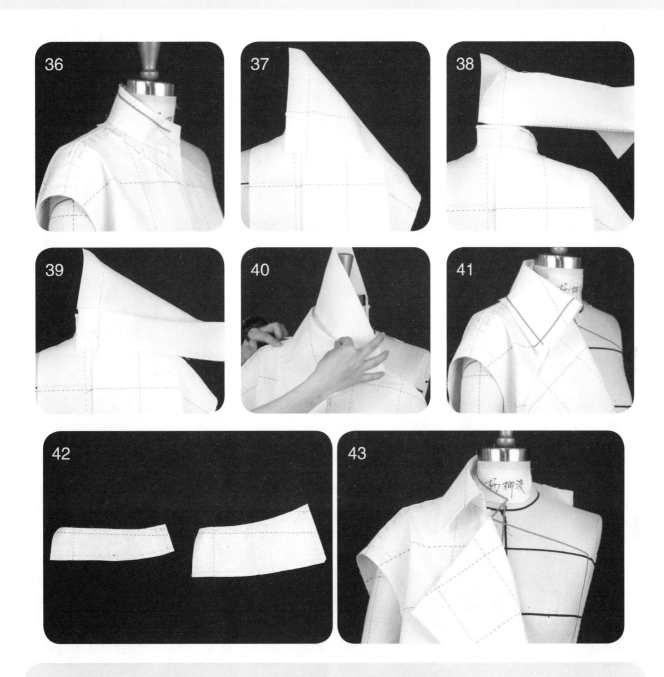

36 在领座（下领）上标记领座上口线并修剪多余缝份。

37~39 将上领的操作余量放在上方，翻领宽放在下方，将上领和领座上口线别合，并向下翻折出翻领宽坐势，根据翻领宽向上翻折缝份。

40、41 根据领外口松量，保持领外口松量合适，折出上领翻折线，并在前中与领座上口线别合，然后根据款式的领子造型用标记线贴出领外口造型，并修剪多余缝份。在点影、回样前先观察从前至后的五个面，并调整前后五个面的平衡，使造型符合款式要求。

42、43 将领片点影，修剪多余缝份，扣烫领外口边缘，将上领与领座别合，领圈线与领底线别合，观察领子造型并调整平顺、伏贴。

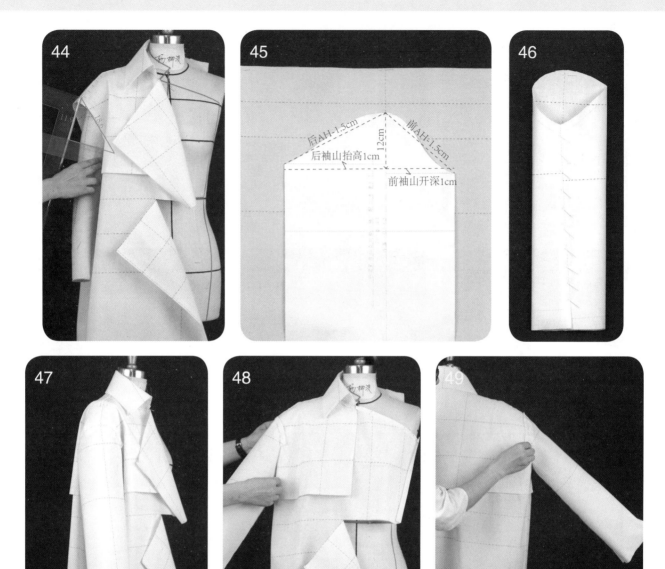

袖子

44 根据立体成型后的袖窿形态测量袖山高，测量出袖山高的数值为 12 cm 左右。引入数学计算方法也可得：18.6 cm × cos50° ≈ 11.9 cm。

45 根据袖山高尺寸 12 cm，前袖山开深 1 cm，后袖山减 1 cm，根据前袖窿弧长 21 cm，后袖窿弧长 26 cm，拉出斜线，确定前后袖窿袖山弧线的大致形状，画出袖山圆顺形态。

46 将大概成型的袖山的前后袖底缝折别，观察前后袖山的圆顺程度。

47~49 将袖中线与肩缝对齐，保持侧面的袖窿形态及袖山弧线美观，将袖山与袖窿别合，从正面和背面观察袖子平整度，并别合袖底。

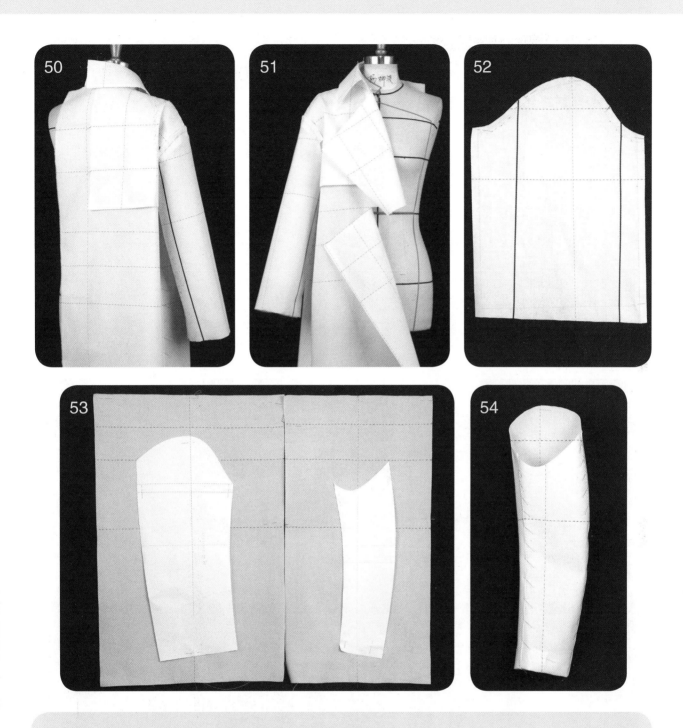

50、51 根据款式造型，在原型袖筒上标出前后袖开刀缝。

52~54 将立裁调整过的袖原型根据前后袖开刀缝的位置分割出大、小袖片，然后裁剪出大、小袖并别合成袖筒。

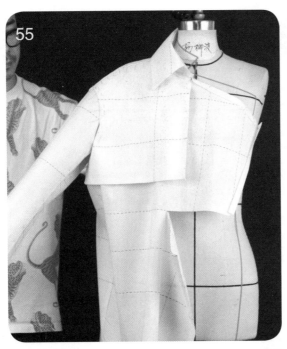
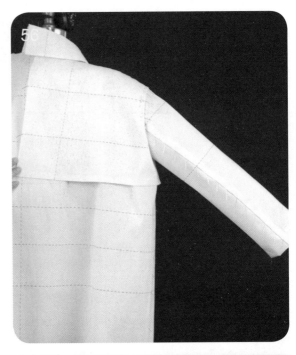

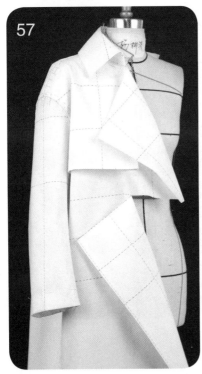
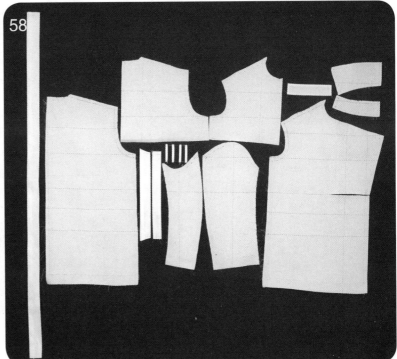

55、56 将别合好袖筒的袖子的袖中线和肩缝对齐，并别合前后袖山；将前片与手臂抬起至衣身与袖夹角部分被摆平整，然后用手在里面将袖窿和袖底缝捏平并别合；将后片与手臂也抬至同一角度，保持衣身、袖面平整，用手在里面捏住袖窿和袖底的缝份并别合平整。

57 从各个面观察袖子和袖窿别合的平整度。

58 点影、平铺裁片图。

59~64 回样完成，观察并调整衣身平衡。

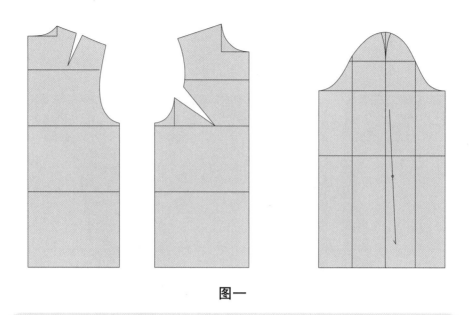

图一

图一：调出衣身、袖原型。

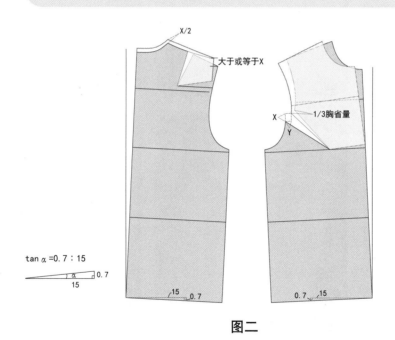

图二

图二：①与立裁对应，为了保持臀围线在立体状态下的水平，将前后片原型以前后中臀围点为中心，向侧面旋转 α (tan α =0.7：15)。②前片将胸省量转出 1/3 作为撇胸，前袖窿增高 X 的量，增宽 Y 的量。③对应在后袖窿将肩省转入后袖窿并将后肩点抬高至少大于或等于 X 的量，同时后背长抬高 X/2 的量。

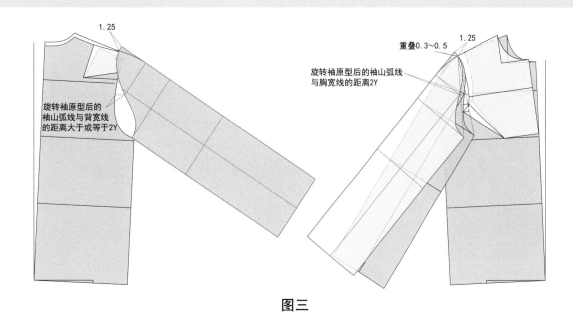

图三

图三：①将前袖原型袖山进 1.25 cm 处与前肩点重叠 0.3~0.5 cm 对齐、袖山弧线与原型前腋点对齐。②根据落肩量 9.6 cm，还需要将前袖原型向上旋转 8° 来满足最小的抬臂角度量，同时测量袖原型的袖山弧线中点至胸宽的量为 2Y。③将后袖原型袖山进 1.25 cm 与后肩点对齐，并在 1/2 袖山处与后袖原型拉开大于或等于 2Y 的量。

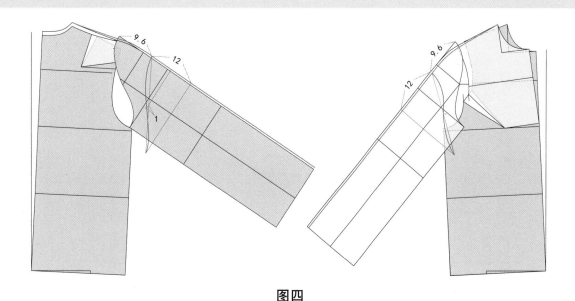

图四

图四：①与立裁对应定落肩点位置（距肩点 9.6 cm 处），根据落肩量和袖窿开深量推算袖山高：立体袖窿深 18.8 cm ×cos50° ≈ 12 cm。②肩点及袖中线前移 0.5 cm，根据造型结合袖窿弧长综合确定前袖肥的放量，在原型的基础上放出袖肥 2~3 cm（例如前袖肥放 2.5 cm，后袖肥放 3 cm），定出前袖斜线。③作前袖山弧线，经过 1/2 袖山高处。④作后袖山弧线，经过 1/2 袖山高中点加 1 cm 处。

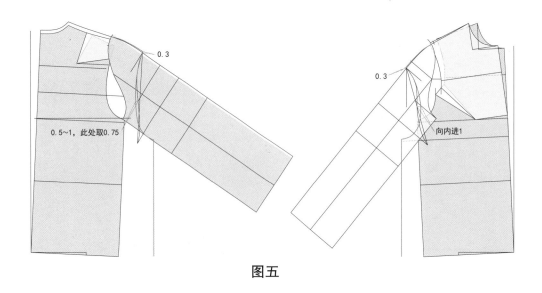

图五

图五：①作前袖窿弧线，在袖中线处抬高 0.3 cm，在 1/2 袖山高点处向衣身进 1 cm 为新腋点，从新腋点向外定 5.5 cm 袖窿宽，并将袖窿开深落肩量的一半（4.8 cm 左右），将前袖窿弧长调整到 22.5 cm 左右。②作后袖窿弧线，在袖中线处抬高 0.3 cm，在 1/2 袖山高点处向衣身进 0.75 cm 为新腋点，从新腋点向外定 5.5 cm 袖窿宽，并将袖窿开深落肩量的一半（4.8 cm 左右），将后袖窿弧长调整到 25.5 cm 左右。③沿前后袖底点竖直向下标出侧缝线。

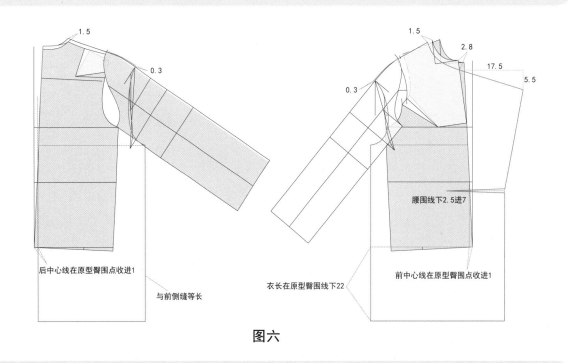

图六

图六：①根据款式确定衣长，前衣长在原型臀围线下 22 cm，保持后侧缝与前侧缝等长。②前后横开领在原型基础上开宽 1.5 cm，画出前驳头、门襟、后领圈造型。

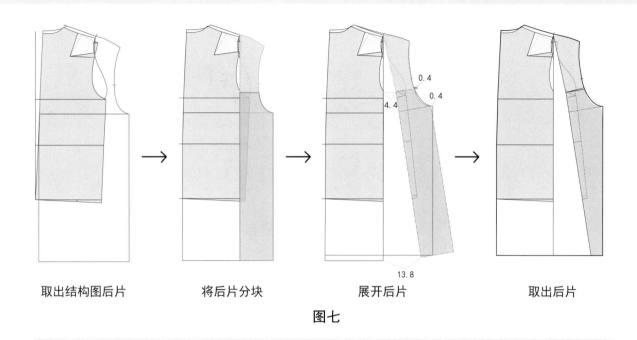

| 取出结构图后片 | 将后片分块 | 展开后片 | 取出后片 |

图七

图七：后片。①将后片从基础结构图中分解出来。②根据款式造型，在后肩点竖直向下剪开展开。③将后袖窿宽、后袖窿高同时增加0.4 cm，侧缝根据袖窿底点竖直向下收进展开的A摆量。

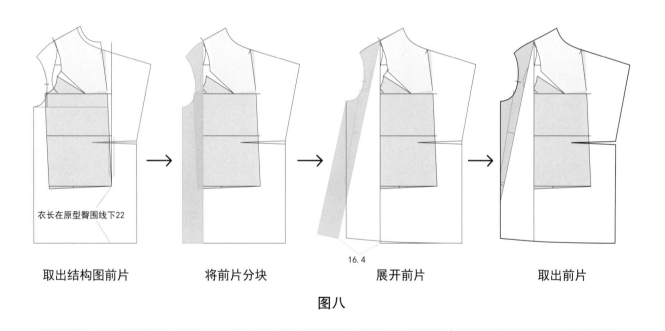

衣长在原型臀围线下22

| 取出结构图前片 | 将前片分块 | 展开前片 | 取出前片 |

图八

图八：前片。①将前片从基础结构图中分解出来。②根据款式造型，在前肩点竖直向下剪开展开。③侧缝根据袖窿底点竖直向下收进展开的A摆量。

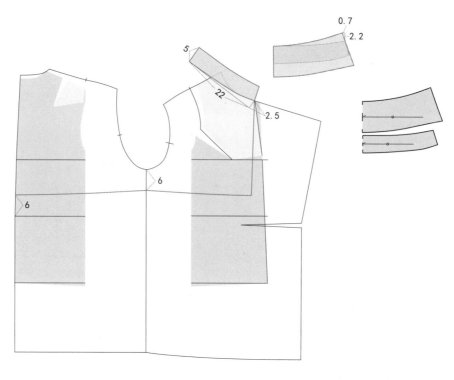

图九

图九：配领子、育克。

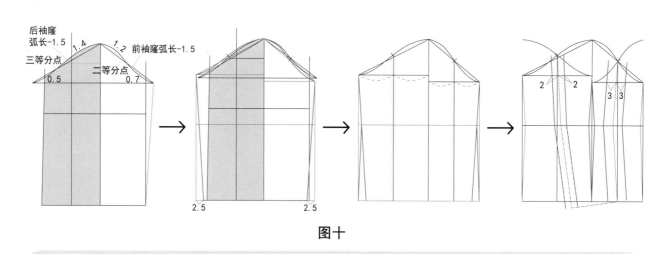

图十

图十：袖子。①将袖子从结构图中分解出来，根据前后衣身袖窿弧长各减去 1.5 cm 确定前后袖斜线，调整袖山弧长比衣身袖窿弧长前后各短 0.7~1 cm。②调整前后袖山，使前袖山开深 1 cm，后袖山开浅 1 cm，袖底缝在袖口收进 2.5 cm。③重新确定前后袖中心线、袖底缝线。④将前后袖山线沿前后袖中心线向内对称，确定前后袖弯造型线，确定大、小袖分割线。

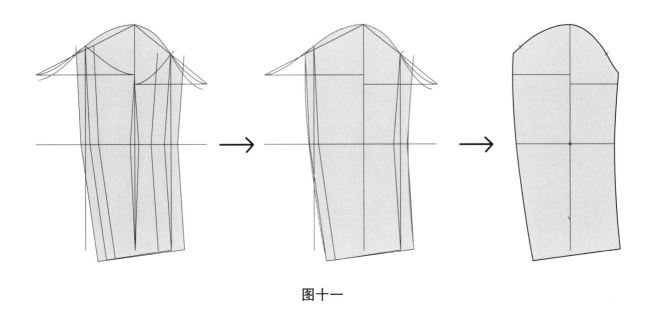

图十一

图十一：大袖片。①以前后袖弯线为对称轴，将袖底弧线对称出来。②连顺外轮廓线条。③取出大袖片裁片。

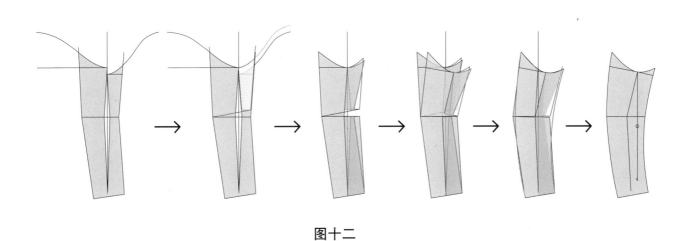

图十二

图十二：小袖片。①从结构图中提取小袖片结构图。②将前袖肘上段向上移动至与后袖底弧线平齐。③合并袖底缝省。④合并袖肘省。⑤修正连顺前后袖弯线。⑥取出小袖片。

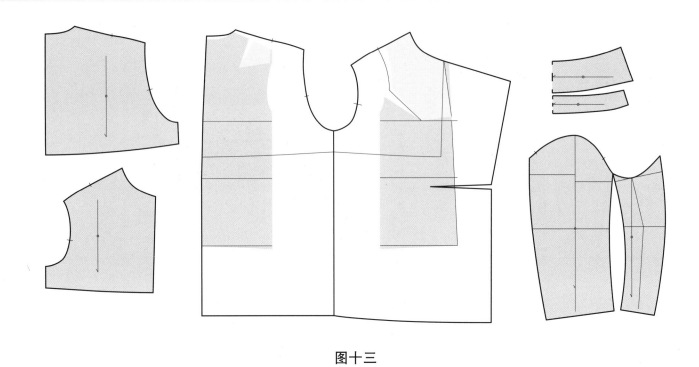

图十三

图十三：提取裁片。

图 1.2.1 圆装落肩袖延伸款外套款式

1.2.1 圆装落肩袖延伸款外套的学习重点

(1) 超大廓形时袖窿切面及袖窿形态的变化。
(2) 落肩量与袖窿开深量、抬臂角度、袖窿切面、袖山高、袖肥、胸围放松量之间的平衡关系。
(3) 胸省、肩省与造型面及抬臂角度的平衡以及分散转移。
(4) 如何保持袖子静态、动态以及抬臂角度的平衡和美观。
(5) 袖窿形态弧线、袖山弧线与袖窿切面之间的造型美观关系。

单位：cm。竖虚线为经纱方向标注线，横虚线为纬纱方向标注线。

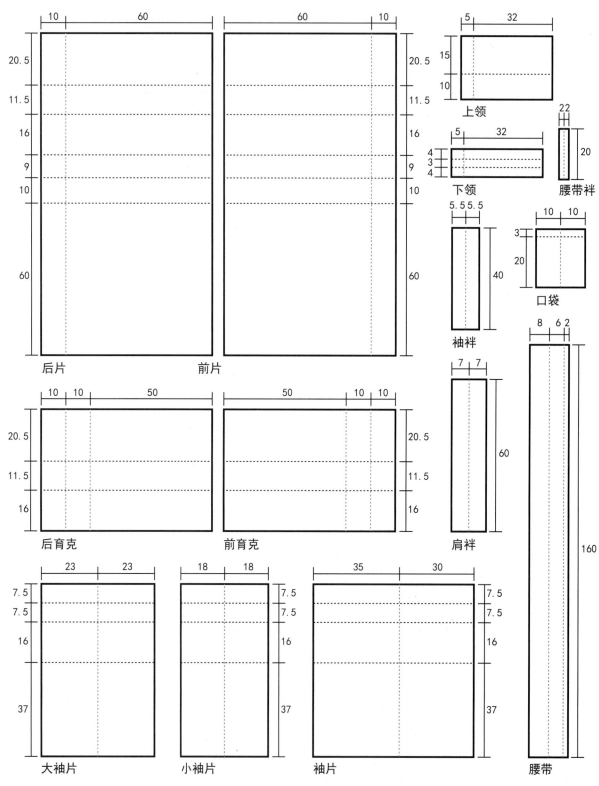

图 1.2.2 坯布取样图

袖窿切面演示

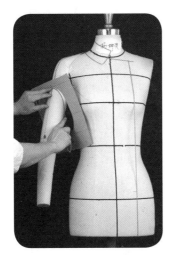
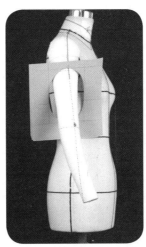
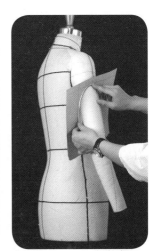

补充标志线:

门襟线
领口线
领外口线
袖窿弧线
袖中线
育克线
扣位
口袋位
袖后缝

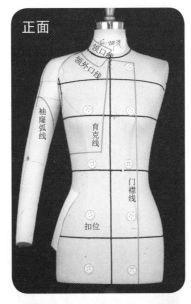

正面

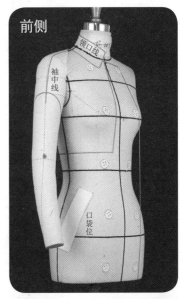

前侧

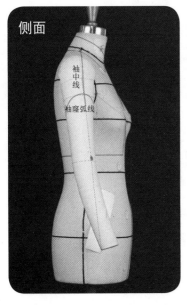

侧面

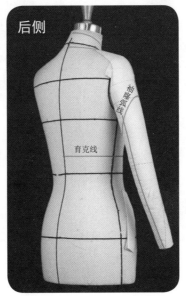

后侧

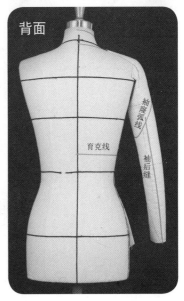

背面

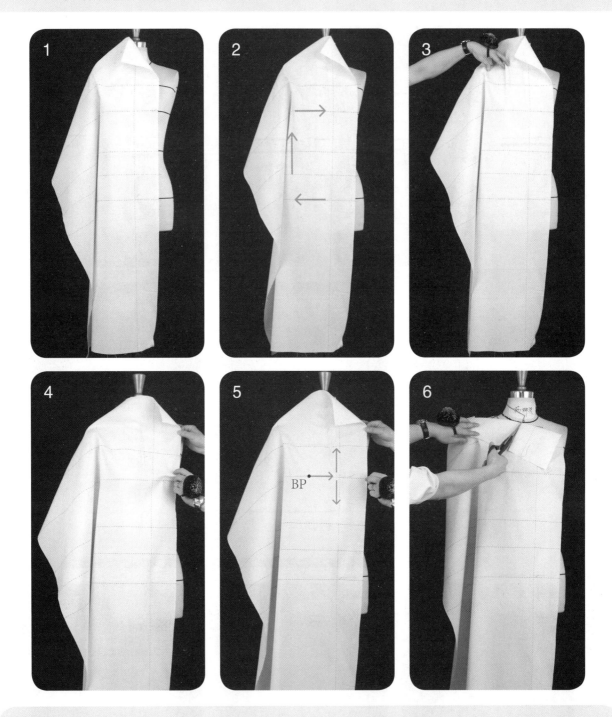

前片

1 将布料与人台上的胸围线、臀围线、前中心线对齐，并在臀围线的前中和侧面、胸围线的 BP 处、肩点及领窝点用针临时固定。

2 以臀围线的前中心点为中心，保持臀围线水平，将侧面臀围下落的量向上推并向前中方向推转。

3~5 将侧面捋出造型面将袖窿处胸省的剩余量摆在 BP 点上方，将胸省剩余量推向前中作为撇胸，将前中撇胸量后处理，将余量从 BP 点向前中推。

6 将前领中上方缝份向下翻折并剪开至前领窝点，沿领圈依次打剪口并修剪多余缝份。

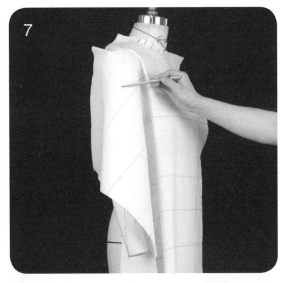

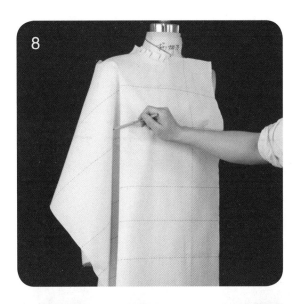

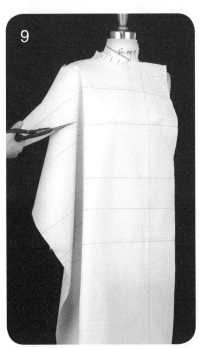

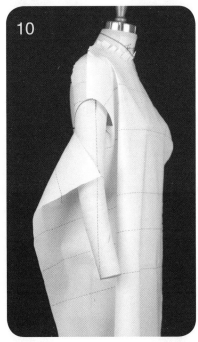

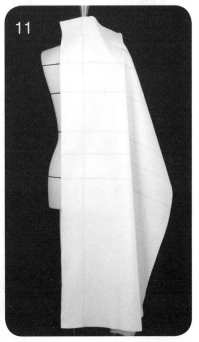

7、8 摆好前片造型和放松量，在肩颈点、肩端点处固定平整，沿肩缝、袖中缝描线，沿新腋点上方描袖窿弧线。

9、10 沿袖窿开深点往上 7 cm 处，即新腋点水平位置剪开至袖窿弧线新腋点位置，将袖窿上段袖中线、肩缝留 2 cm 左右缝份，并修剪干净。

后片

11 将后片与人台上的中心线、胸围线、臀围线对齐，并在臀围线的后中和侧面、后领窝中点以及肩胛骨上方与人台临时固定。

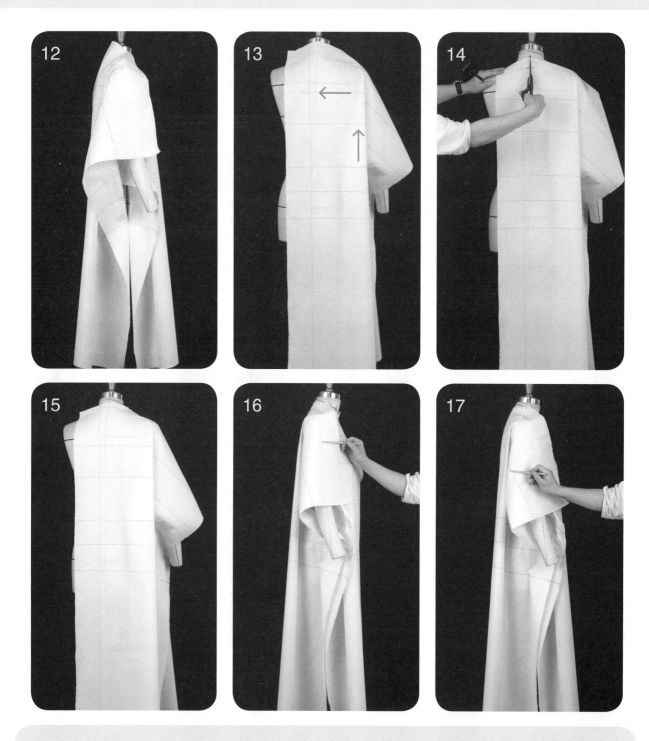

12 将后片的臀围线与前片臀围线对齐，使后片臀围的放松量大于前片臀围的放松量，在臀围处将前后片的臀围线在侧缝处固定，沿后片固定点向上推平布料，保持后袖窿、后侧缝有合适的松量。

13 将后背宽产生的松量推向后中，在后领中点、肩端点固定。

14、15 将后领圈上方的缝份向下翻折并剪开至后领圈线上方，沿后领圈线依次打剪口并修剪多余缝份。

16、17 摆好后片造型，保证后片的后中、后侧以及后袖窿和前片的松量平衡，在肩颈点、肩端点处重新固定，沿肩缝、袖中缝描线，沿新腋点上方的袖窿弧线描线。

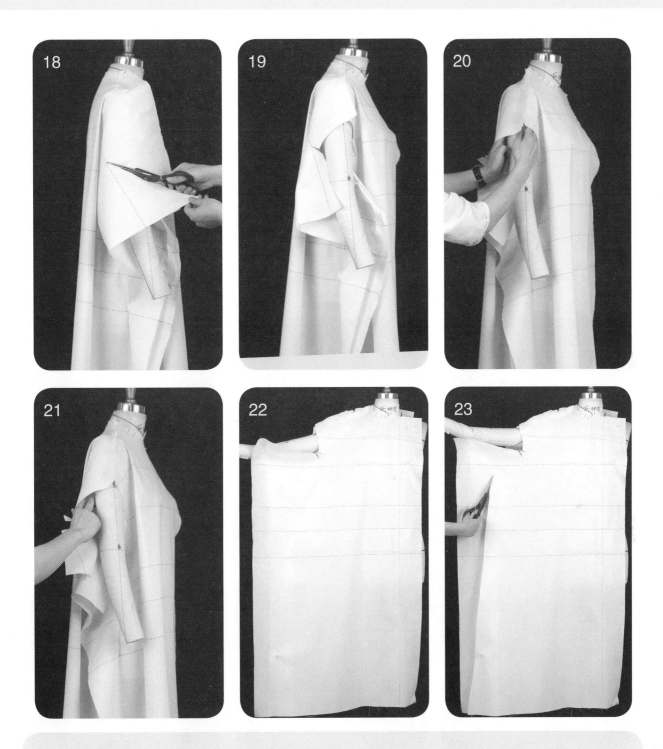

18、19 沿袖窿描线位置、新胺点的水平线剪开至袖窿描点位置，并修剪袖窿上段肩缝、袖中缝多余缝份。

20、21 手伸进袖窿，感受袖窿的放松量，保证前后袖窿松量合适，后袖窿要有大于前片的放松量。

22、23 抬起手臂，保持在手臂抬到同一角度时前后片的面均平整，袖窿底部平整后，抓合侧缝并修剪侧缝多余缝份。

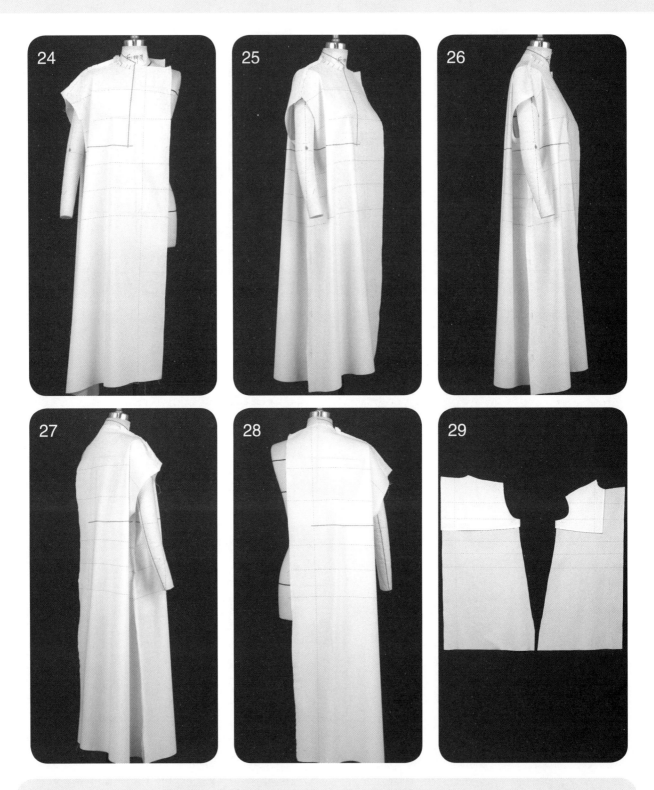

24~28 调整前后片，抓合肩缝、侧缝后修剪多余缝份，观察前后面的平衡，在前后面上标记前后育克位置，衣身平衡没问题后，准备点影、回样。

29 将前后育克摆在前后片上，根据前后育克止口位置将前后育克止口修剪干净并折烫好，沿领圈、肩缝、袖窿修剪前后育克多余缝份，准备别合前后衣身。

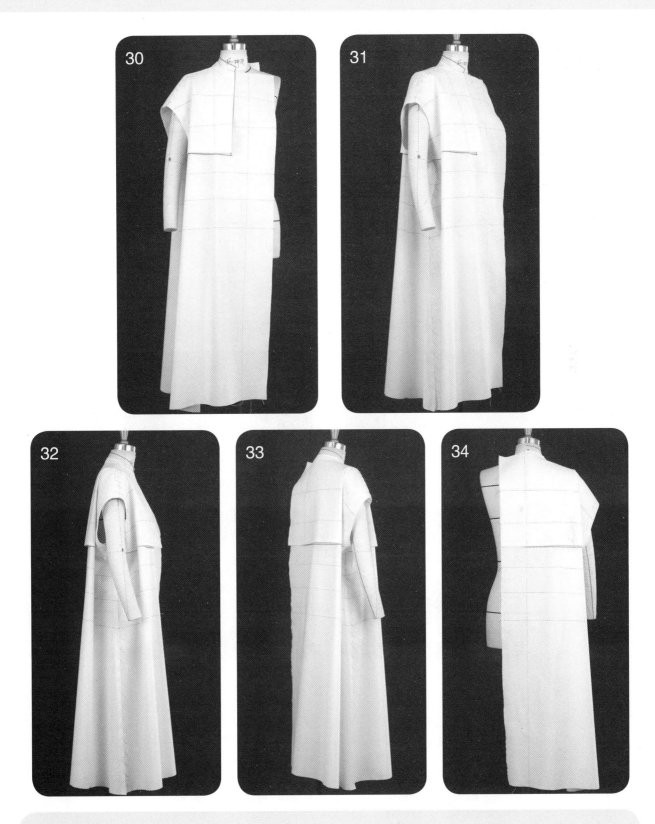

30~34 将前后衣身、前后育克的肩缝、侧缝折别回样，观察前后衣身的平衡，观察袖窿、领口、前后衣长、侧缝的位置平衡。

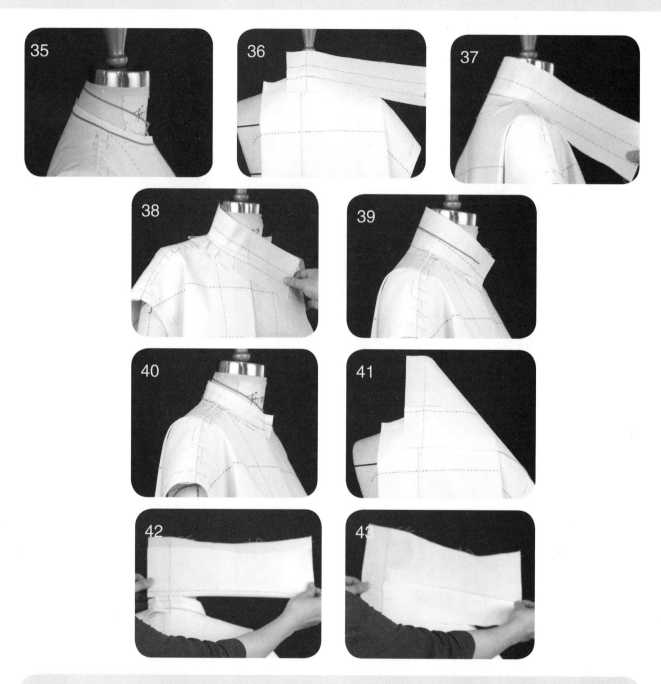

领子

35 在前后衣身上从后领窝开始向前领窝标记领圈线，保持领圈线在一个切面上。

36~38 将底领的后中心线、领底线对准后领窝中心点，并左右别合两针，沿领底线依次打剪口至肩颈点处。在肩颈点处保持领上口松量均匀合适，与衣身别合，继续打剪口，保持前领与前领口松量合适，别至前领窝中心点。

39、40 标记底领的上口线，并修剪多余缝份，将领上口线向下折别，保持上口平整。

41 将上领的操作余量放在上面，在领子翻折线上方预留 1 cm 缝份与底领别合。

42、43 将上领的领面向上推平，并根据上领坐势宽度 1 cm 左右将上领向下翻折。

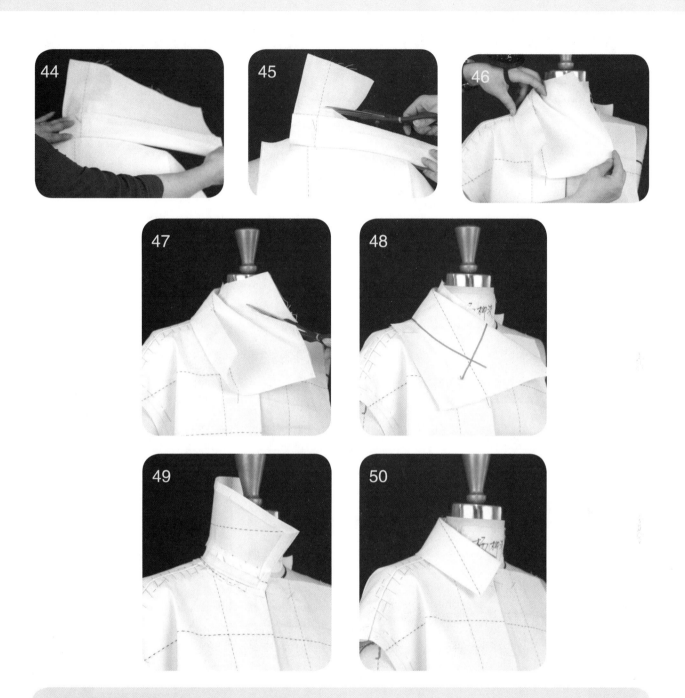

44、45 将上领的外口线向上翻折，并将上领的领座上方操作量的多余量修剪。

46、47 用拇指固定住领外口，保持领外口伏贴，用食指在翻领与脖子之间空出需要的放松量，保持外口伏贴，将上领的翻折线搓出至前中，并与前中的领座别合，修剪翻领领座上方的多余缝份。

48~50 保持领子伏贴，在上领标记领口及领外口线并修剪多余缝份，将领外口缝份折光，翻起领子并观察领子翻起后的平衡状态，确保不要有牵扯，再翻下领子并观察平整度。

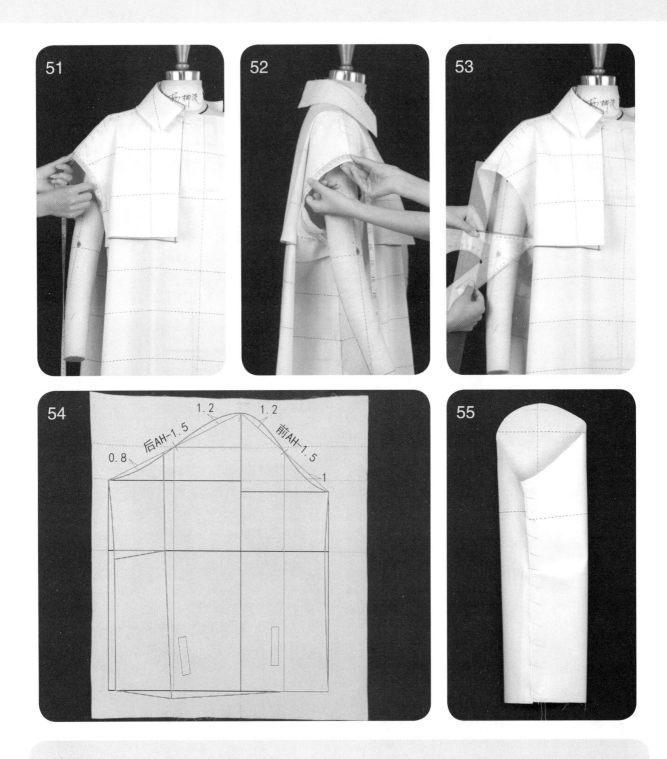

袖子

51~53 测量立裁好的前袖窿弧长（前 AH）为 24 cm，后袖窿弧长（后 AH）为 31 cm，立体袖山高为 14.7 cm。

54 用画好的袖原型样板在袖片上进行裁剪。

55 将裁剪好的袖原型样片进行别合袖底缝，并修剪袖头的多余缝份。

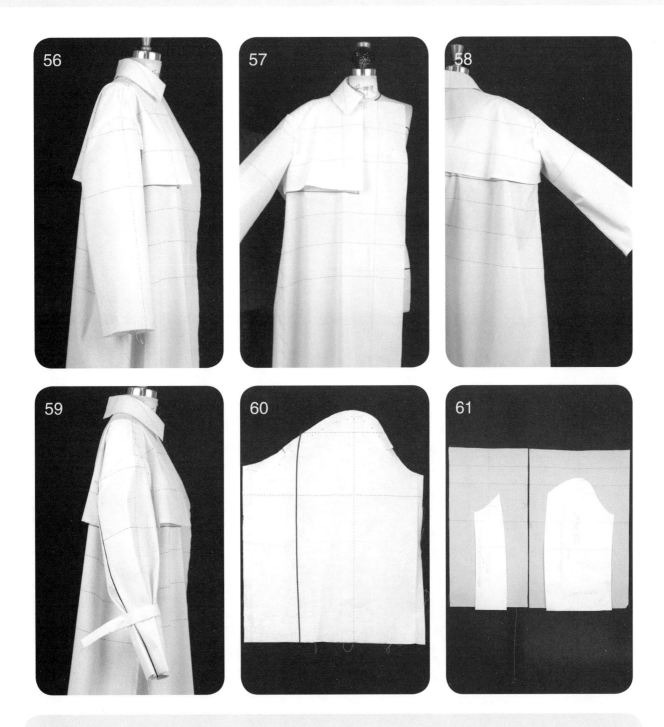

56~59 将别好的袖筒的袖中缝、肩点对准袖窿的袖中线，依次向前向后别合袖山部分，在袖山头下段打好剪口，抬起手臂至衣身与袖夹角部分被摆平，别合前后袖底弧线，从侧面观察袖子造型，并束上袖袢后观察袖子造型，然后标记后袖背缝。

60 根据立体标记的袖背缝线，分解出大、小袖片。

61 将袖原型样板分割成两片袖后，将样板摆在袖片上，描线，修剪多余缝份。

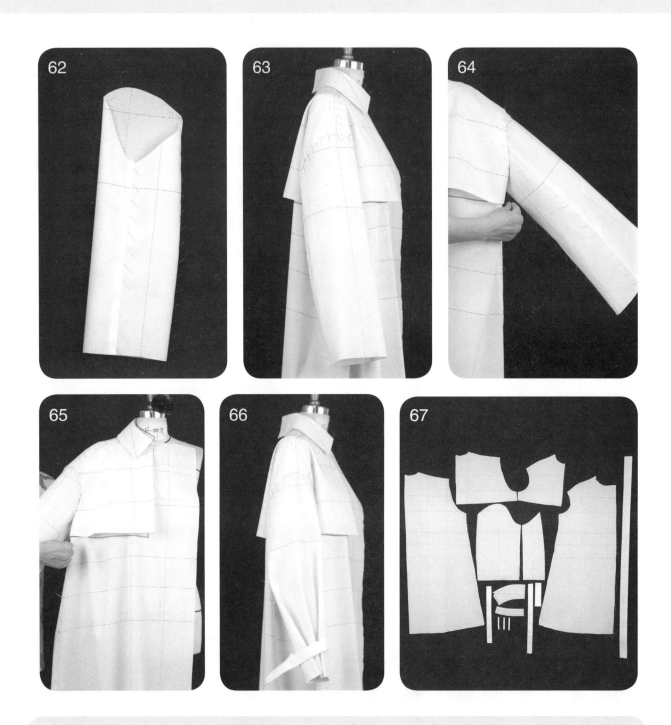

62 别合大、小袖片的袖底缝与袖背缝，观察袖子的平衡。

63~66 将袖窿上段缝份打剪口，将别合好的袖筒、袖山中点对齐袖中线，从袖中点开始向前向后别合袖山，抬起手臂至保持衣身与袖子前后均在一个平整的角度，别合前后袖底，从侧面观察袖子造型是否符合款式图。

67 点影、平铺裁片图。

立体裁剪与平面制板互通：国际品牌服装板型实例解析

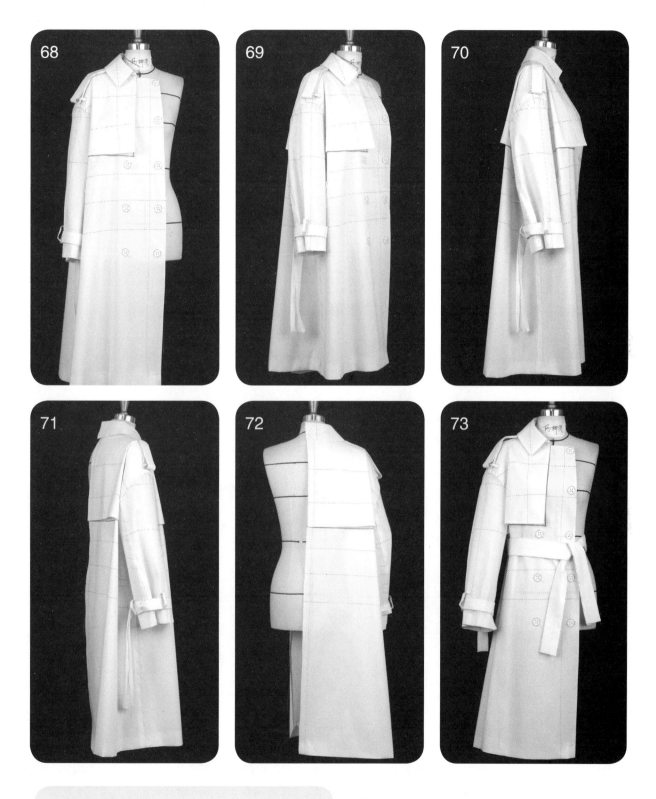

68~73 回样完成。

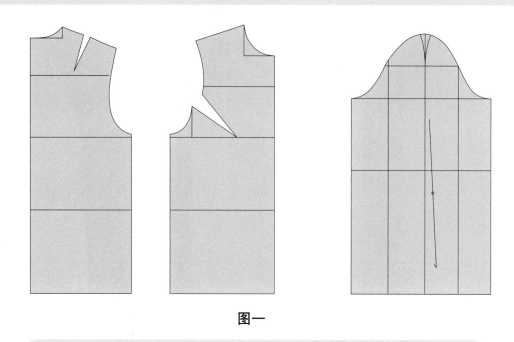

图一

图一：调出衣身、袖原型。

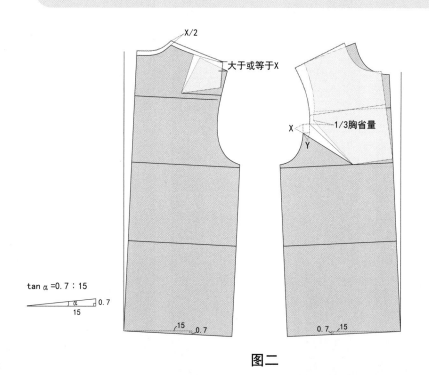

图二

图二：①与立裁对应，为了保持臀围线在立体状态下的水平，将前后片原型以前后中臀围点为中心，向侧面旋转角度 α（tan α =0.7∶15）。②前片将胸省量转出 1/3 作为撇胸，前袖窿增高 X 的量，增宽 Y 的量。③对应在后袖窿将肩省转入后袖窿并将后肩点抬高至少大于或等于 X 的量，同时后背长抬高 X/2 的量。

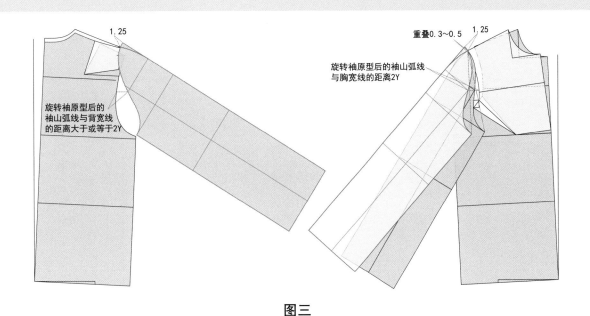

图三标注文字：
1.25
重叠0.3~0.5
1.25
旋转袖原型后的袖山弧线与胸宽线的距离2Y
旋转袖原型后的袖山弧线与背宽线的距离大于或等于2Y

图三

图三：①将前袖原型袖山进 1.25 cm 处与前肩点重叠 0.3 cm 对齐，袖山弧线与原型前腋点对齐。②根据落肩量 12 cm，还需要将前袖原型向上旋转 10°来满足最小的抬臂角度量，同时测量袖原型的袖山弧线中点至胸宽的量为 2Y。③将后袖原型袖山进 1.25 cm 与后肩点对齐，并在 1/2 袖山处与后袖原型拉开大于或等于 2Y 的量。

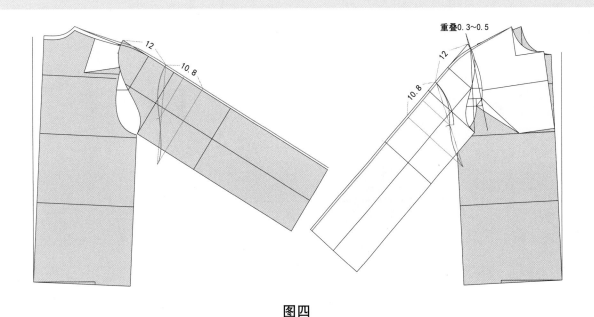

图四标注文字：
12
10.8
重叠0.3~0.5
12
10.8

图四

图四：①与立裁对应定落肩点位置，袖窿开深量 6 cm。②根据落肩量和袖窿开深量推算袖山高：立体袖窿深 18.8 cm ×cos55°≈ 10.8 cm。③肩点及袖中线前移 0.5 cm，根据前袖窿 22.5 cm、后袖窿 25.5 cm 定袖斜线，根据袖斜线确定前袖肥的放量，在原型的基础上放出袖肥 3~4 cm。④作前袖山弧线，经过 1/2 袖山高处。⑤作后袖山弧线，经过 1/2 袖山高中点加 1 cm 处。

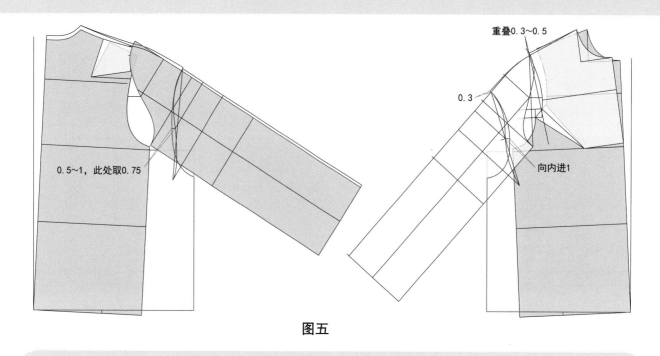

图五

图五：①作前袖窿弧线，在袖中抬高 0.3 cm，在 1/2 袖山点处向衣身进 1 cm 为新腋点，从新腋点向外定 5.5 cm 袖窿宽，并将袖窿开深落肩量的一半（6 cm 左右），将前袖窿弧长调整到 22.3 cm 左右。②作后袖窿弧线，在袖中抬高 0.3 cm，在 1/2 袖山高点处向衣身进 0.75 cm 为新腋点，从新腋点向外定 5.5 cm 袖窿宽，并将袖窿开深落肩量的一半（6 cm 左右），将后袖窿弧长调整到 25.7 cm 左右。③沿前后袖底点竖直向下标出侧缝线。

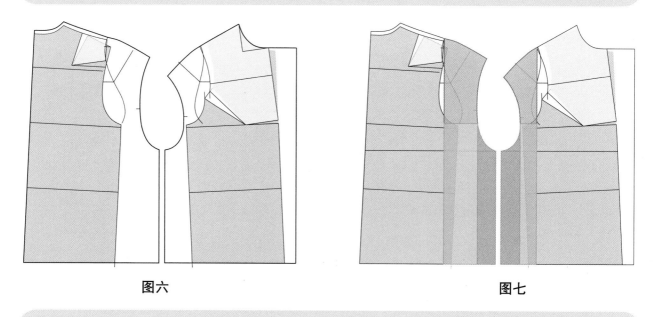

图六　　　　　　　　　　　　　　图七

图六：取出落肩 12 cm 原型衣身裁片。

图七：①将落肩 12 cm 原型前后衣身沿前后肩点竖直向下分割。②沿前后腋点竖直向下分割。③沿前后腋点水平分割。④将前后衣身各分割成四个块面。

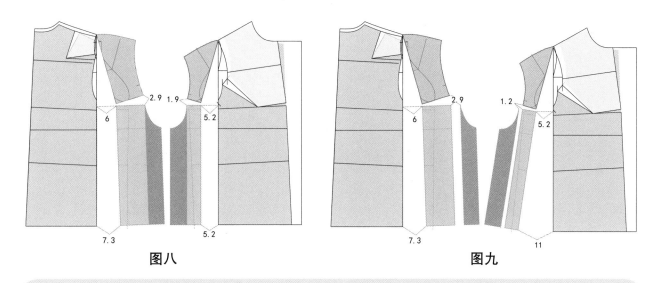

图八   图九

图八：根据款式造型，需要在后袖窿横纵向展开合适的松量。

图九：根据前后袖窿横纵向展开量，与之平衡在横向拉开和纵向相等的量。

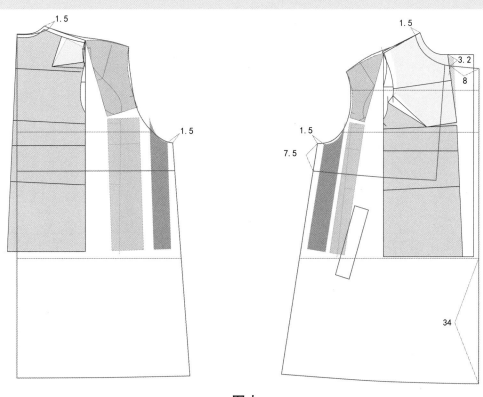

图十

图十：①画前后领圈、门襟、下摆、侧缝、肩缝、袖窿、育克线、口袋位置。②前后横开领开宽 1.5 cm，前后侧缝袖窿宽放出 1.5 cm，前直开领开深 3.2 cm，前中衣长在臀围线下 34 cm。

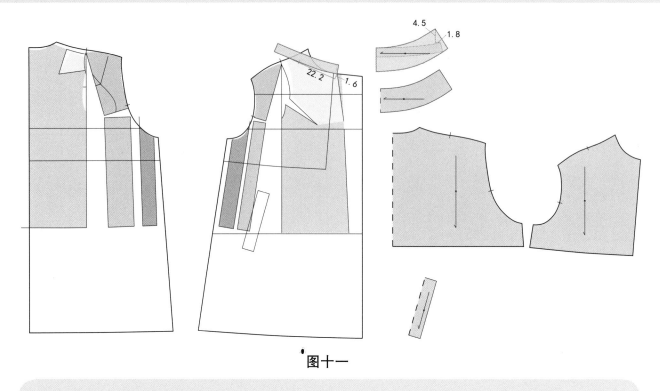

图十一

图十一：取出前后衣身裁片，配领，取出育克、口袋。

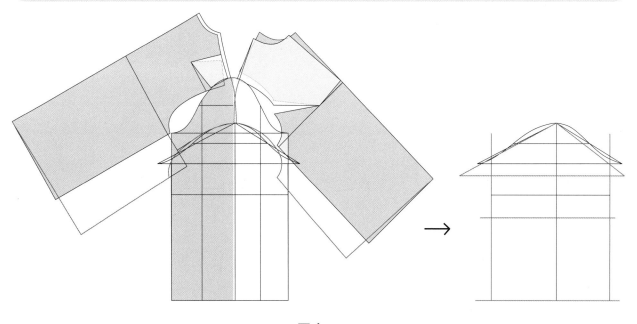

图十二

图十二：①得出落肩 12 cm 袖原型。②测量后袖窿弧长 31.2 cm，前袖窿弧长 24.8 cm，用落肩袖原型根据前后袖窿剪切展开后的袖窿弧长，重新确定袖肥、袖山高，绘制前后袖斜线。

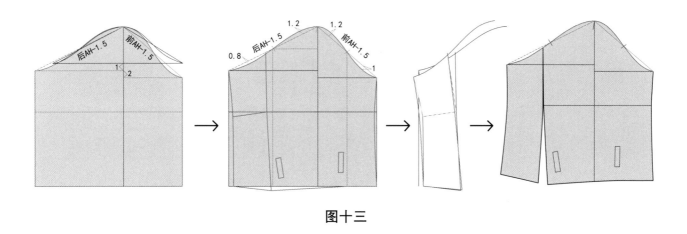

图十三

图十三：①调整前后袖山深落差，使前开深1 cm，后抬高1 cm。②作后袖缝分割线，将前后袖开深落差变成肘省。③合并小片袖肘省。④取出袖片。

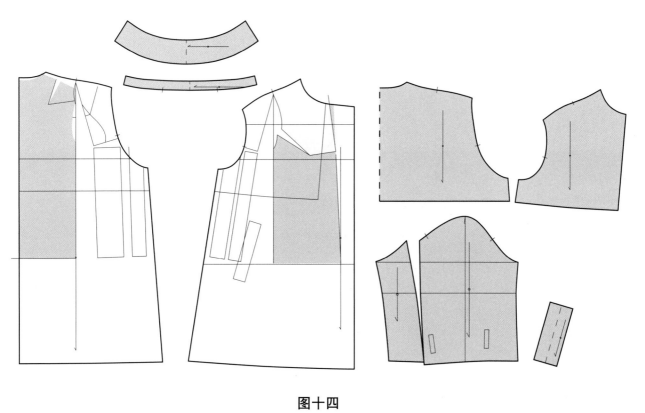

图十四

图十四：提取裁片。

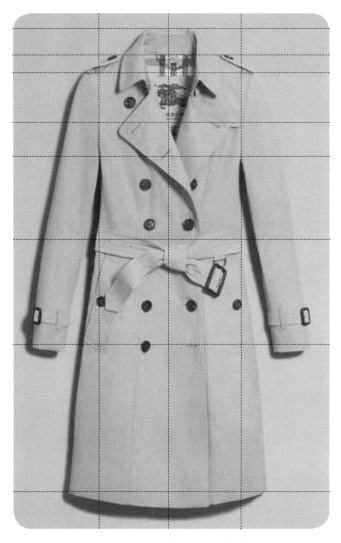

图 1.3.1 经典风衣外套款式

1.3.1 经典风衣外套的学习重点

(1) 省道转化分割线原理。

(2) 线条变化与各个面对于板型的影响。

(3) 各个面与放松量之间的最佳平衡关系。

(4) 分割线长度方向的松量平衡及对服装造型的影响。

单位：cm。竖虚线为经纱方向标注线，横虚线为纬纱方向标注线。

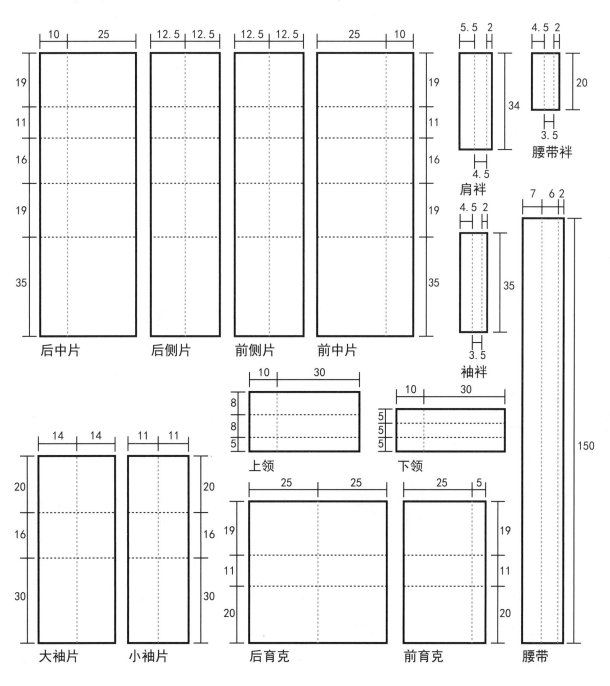

图 1.3.2 坯布取样图

补充标志线:

门襟造型线
领圈线
领部造型线
袖窿线
肩缝线
育克线
口袋造型线

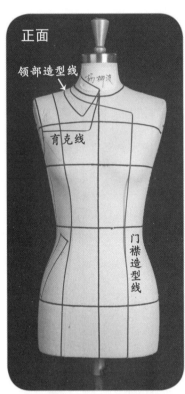

正面

领部造型线

育克线

门襟造型线

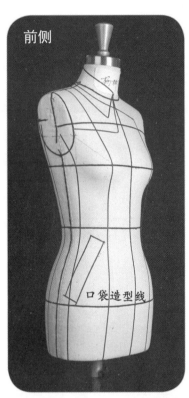

前侧

口袋造型线

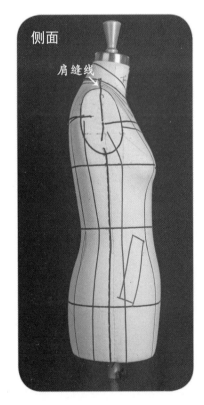

侧面

肩缝线

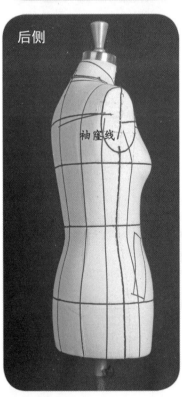

后侧

袖窿线

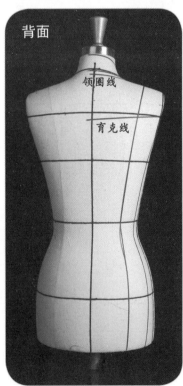

背面

领圈线

育克线

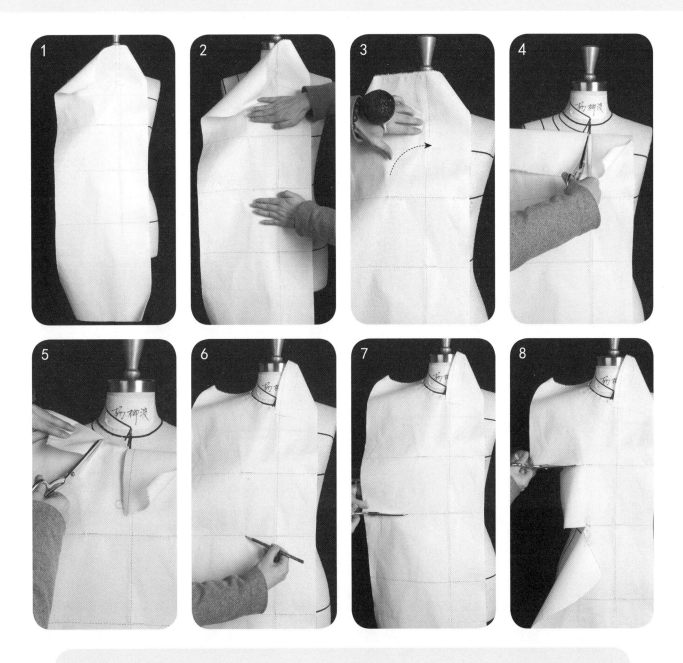

前片

1 将布料的胸围线、前中心线对齐人台上相应位置。前中心线整体偏移 0.5 cm 作为双排扣叠门的厚度，用交叉针法固定胸高点、腰围前中心线、臀围前中心线。

2 推直胸腰围之间的布面。

3 旋转胸围线以上，使前中心线偏移 1.5 cm 作为撇门。

4 沿前中心开剪至领口。

5 沿领圈线依次打剪口，保持布面平整，修剪多余缝份。

6 用铅笔将胸围线、腰围线相接的分割线做出标记。

7 沿腰围线剪开至标记点。

8 沿胸围线剪开至标记点。

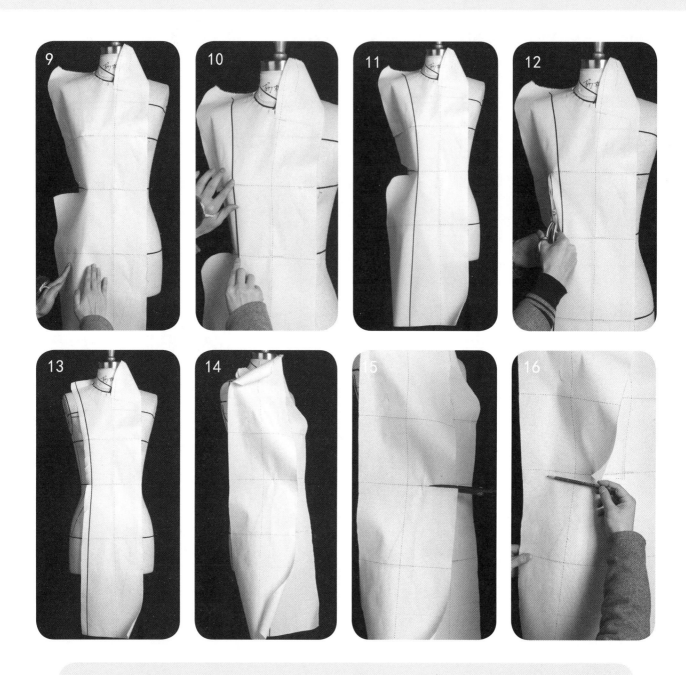

9 依照款式造型在臀围线处理出造型松量。

10~13 依照分割线粘贴标志带，修剪缝份。

前侧片

14 将前侧片中心布纹线对准人台的腰部中心位置，在腰围分割点处与前片叠合固定。

15 沿腰围线剪开至分割线。

16 根据款式造型要求确定腰围、臀围尺寸。

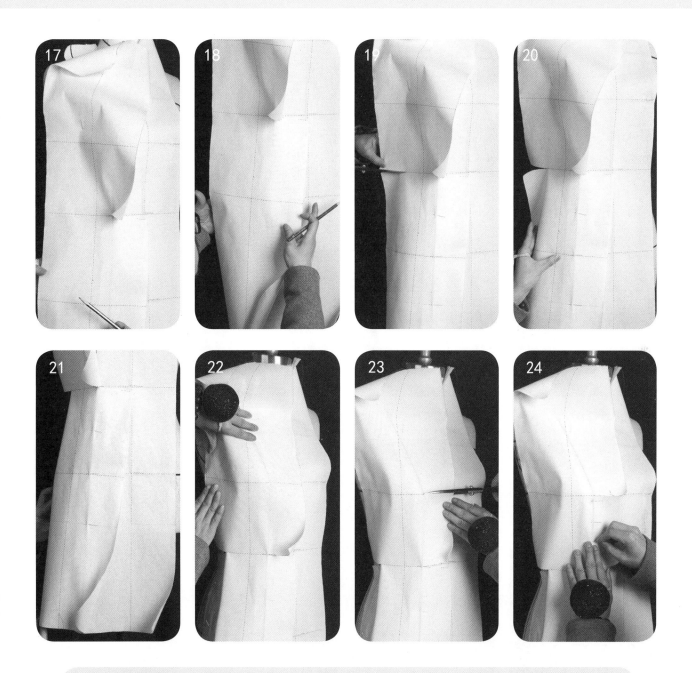

17 在腰围放入与造型相符的松量。

18 保持腰围线水平，在悬空状态下做出臀围造型，与前片叠合固定。

19 沿腰围线剪开至分割线。

20、21 整理出前侧片臀围造型。

22 保持腰围线水平，根据胸侧造型松量，整理出上半部分造型。

23 沿胸围线剪开至分割线。

24 用叠合针法固定分割线。

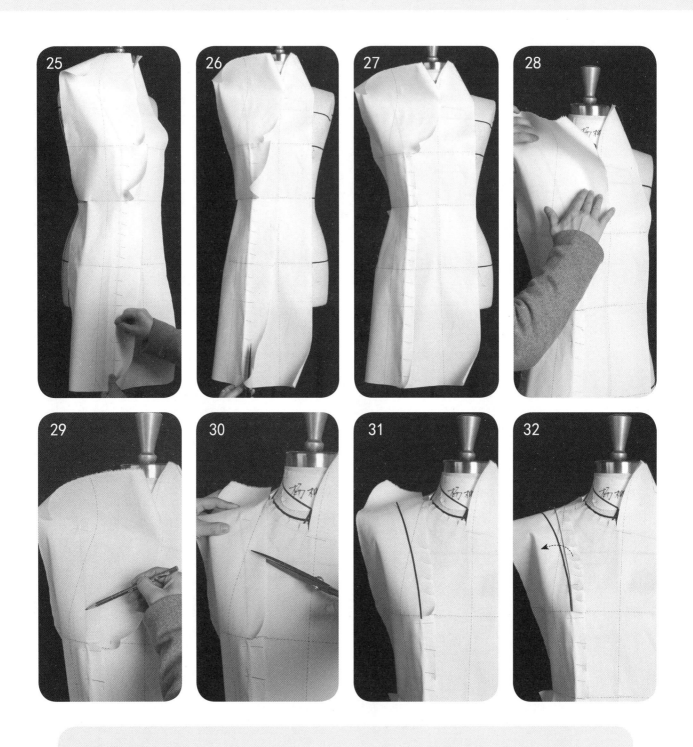

25 别合下段开刀缝。

26、27 修剪缝份。

28~31 自然推平前胸布面，铅笔描出分割线，沿分割线开剪口，在分割线部位用标志带粘贴。

32 旋转肩部，做出冲肩部位的松量，满足冲肩部位运动趋向，这是本款风衣制板的特点之一，使此处肩斜变得较平，用直线感来塑造军装的坚毅。

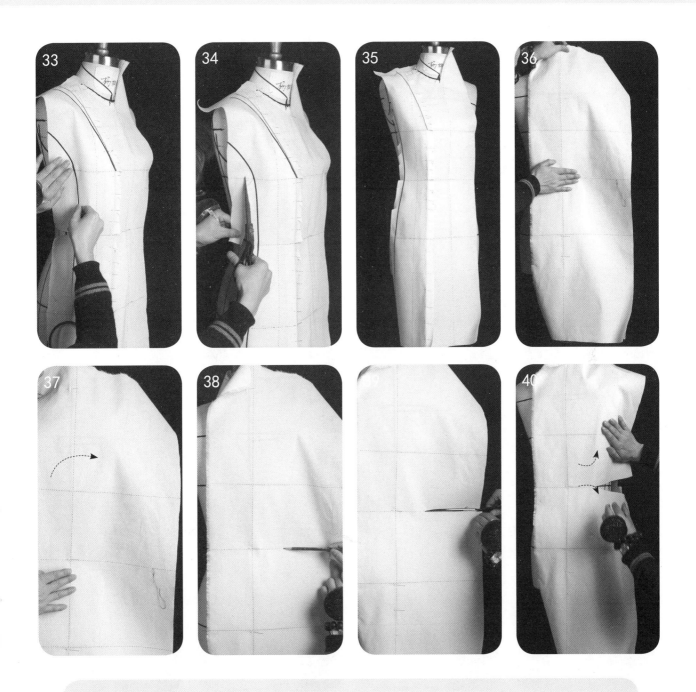

33~35 根据侧面分割线粘贴标志线，修剪多余缝份。

后片

36 对齐后中心线、腰围线。

37 保持腰围线水平，后中旋转 1 cm。

38、39 用铅笔在腰围分割线做标记点，沿腰围线剪开至分割线。

40 把腰围线上下分别推平，保持胸围处有足够松量。

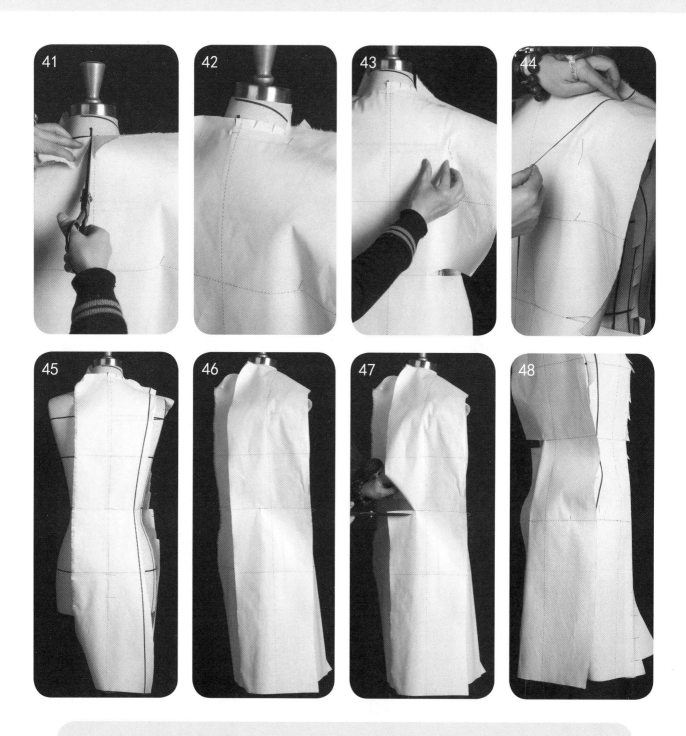

41、42 抚平领圈，沿后领圈打剪口，修剪多余缝份，在肩颈点向下 1.5 cm 处固定。

43~45，保持后背转折面松量，粘贴标志线。

后侧片

46、47 对齐后侧片腰围中心布纹线，用叠合针法固定腰围分割点，沿腰围线剪开至分割点。

48 依照款式下摆造型理出侧面轮廓。

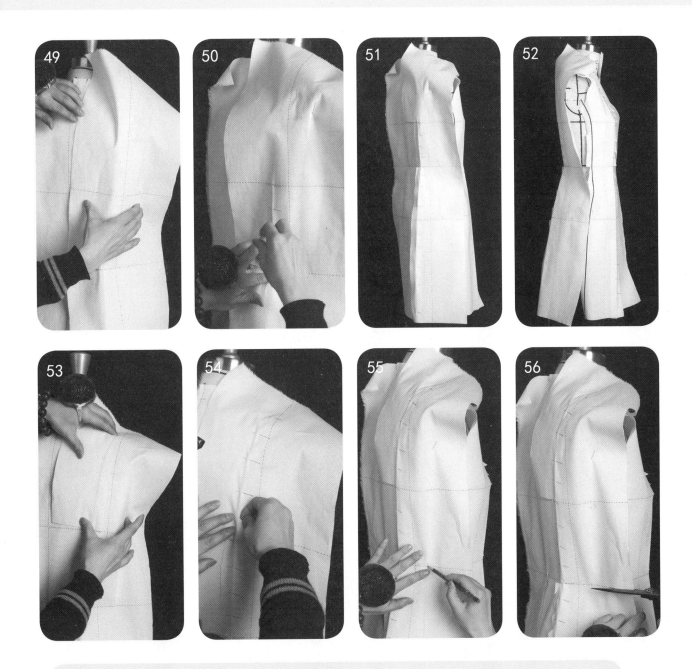

49 将腰围线以上部分向上推平，同时在后背转折处加入一定松量。

50~52 用叠合针法固定腰围以上部位，叠合后侧分割线。

53 向上推平胸围线以上部位，同时保持背部转折面有一定的活动松量。

54 叠合后侧分割线。

55 用铅笔在侧面腰围分割线做标记点。

56 沿腰围线剪开至侧缝。

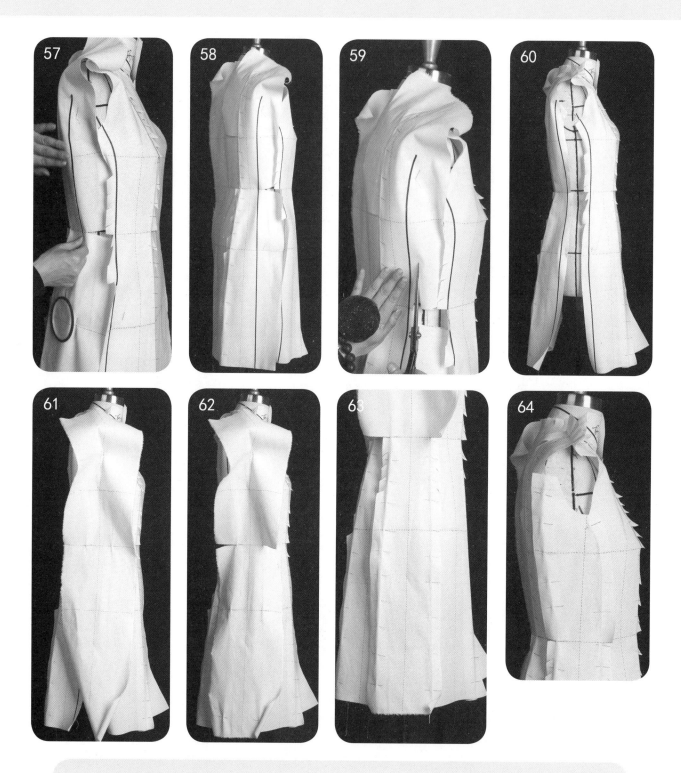

57~60 沿侧面分割线粘贴标志带，修剪多余缝份。

61 保持胸围线、腰围线、臀围线水平，固定前后侧腰围点。

62 沿腰围线剪开，用叠合针法固定腰围线、臀围线、底摆与分割线的交汇点。

63 沿分割线加针固定侧片下部。

64 向上推平侧片上半部分，保持前后分割线吻合、平衡，叠合分割线，修剪多余缝份。

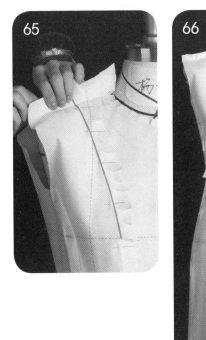
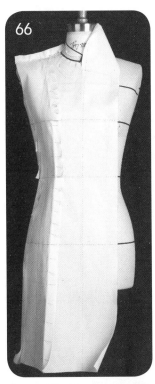
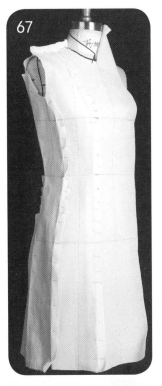
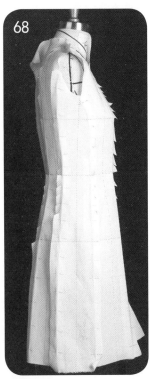
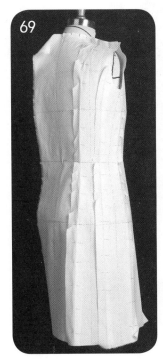
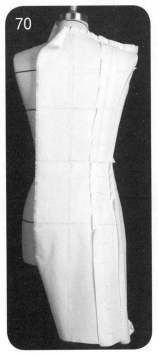
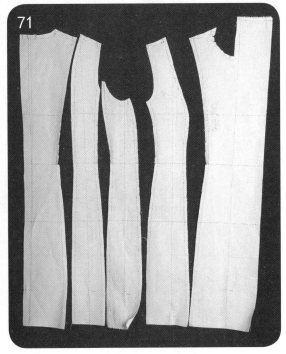

65 用抓合针法固定肩缝。
66~70 衣身粗裁完成。
71 点影、平铺裁片图。

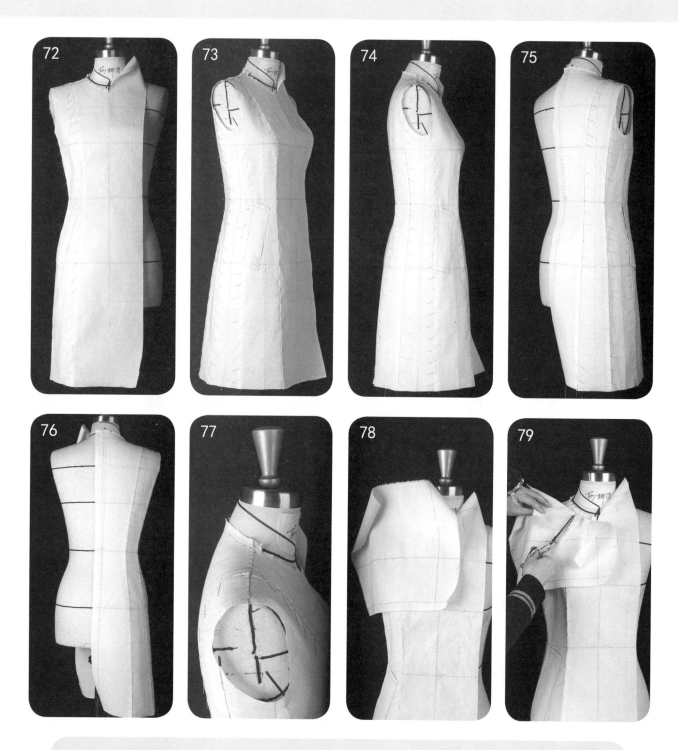

72~76 衣身回样完成。

77 用手缝线将肩缝缝合。

前育克

78 将育克的胸宽线和布纹垂直线与衣身胸宽线和前领口中点对齐，沿领口别针。

79 抚平前胸部位，临时固定肩侧，沿领圈依次开剪口。

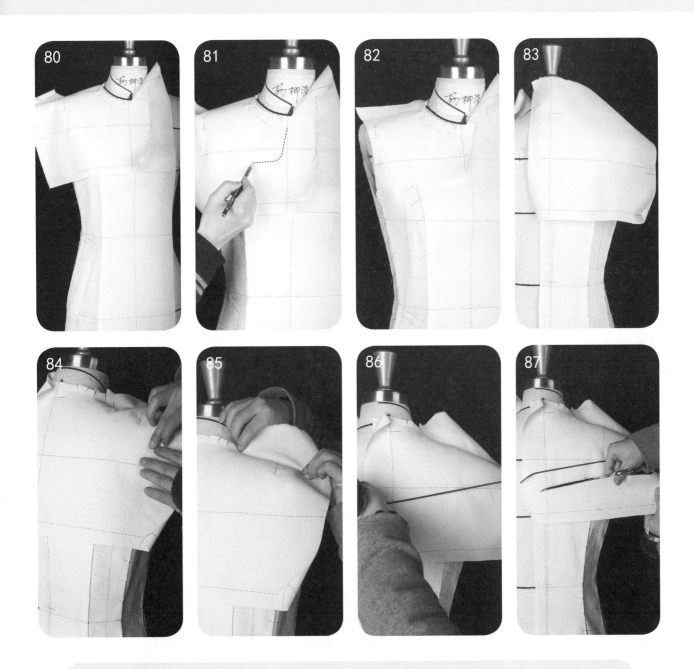

80 修剪领圈多余缝份，叠合育克和衣身的袖窿部位。

81 用铅笔描出前育克造型线。

82 修剪多余布料。

后育克

83 将育克的后背宽线、后中心线与后片相应位置对齐，在后领窝中心点处以交叉针法固定。

84 保持后背宽水平，向上推平布料，沿领圈线开剪口，修剪多余缝份。

85 抓合肩缝。

86、87 用标志带粘贴后育克下口造型线，修剪多余缝份。

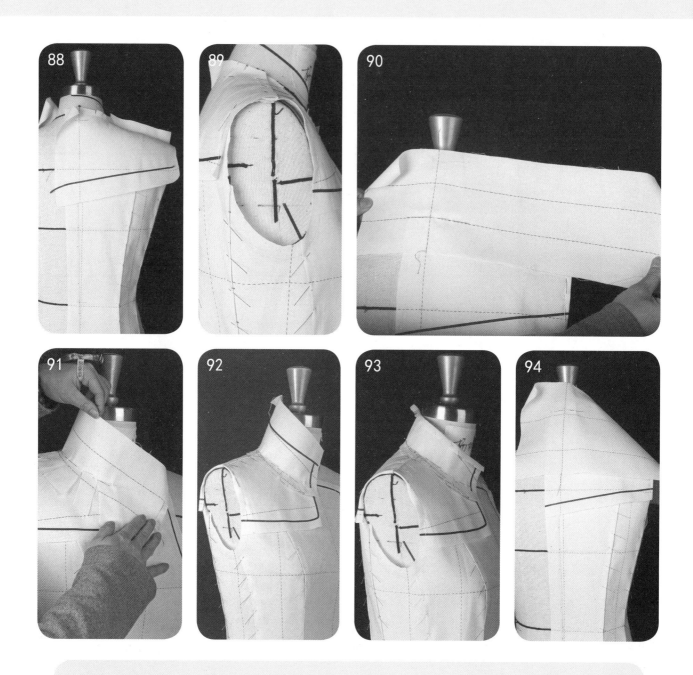

88 修剪完多余缝份。

89 别合肩缝部位，用叠合针法固定袖窿。加上育克后，袖窿多层止口对袖窿肩部形状有更好的支撑作用，但更厚的止口也需要增加相应的松量空间，将松量处理在冲肩部位便于满足人体运动时的活动趋向。

领子

90 对齐后领底线、后领中心线。

91~93 保持领上口和领下口符合下领（底领或领座）造型，沿领圈线边开剪口边推至领口，修剪多余缝份。

94 向上放 1 cm 坐势对齐后领中，用交叉针法固定后领中左右 2 cm 部位。

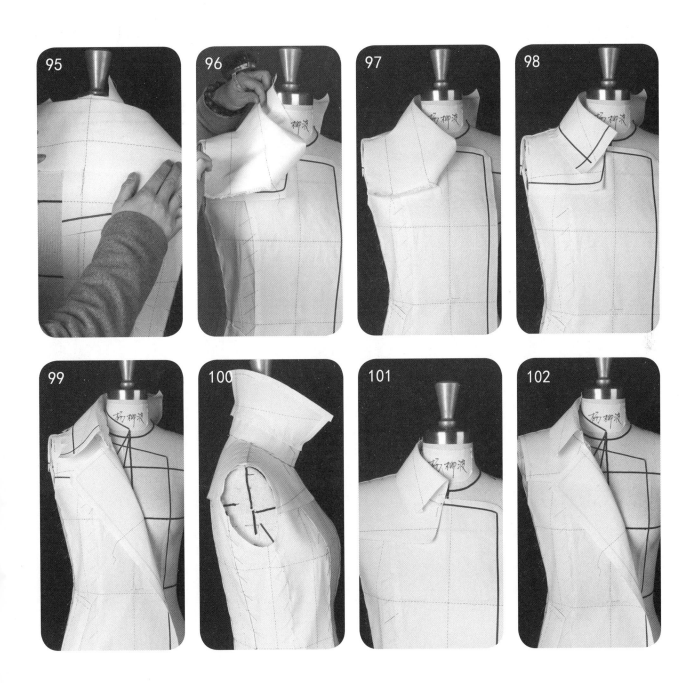

95~99 向下翻折领面，修剪后领中多余缝份。沿下领线条，保持领外口伏贴，向上搓出翻折线，修剪领上口缝份，标出领外口造型线，修剪多余缝份。

100~102 点影、描线，回样完成。

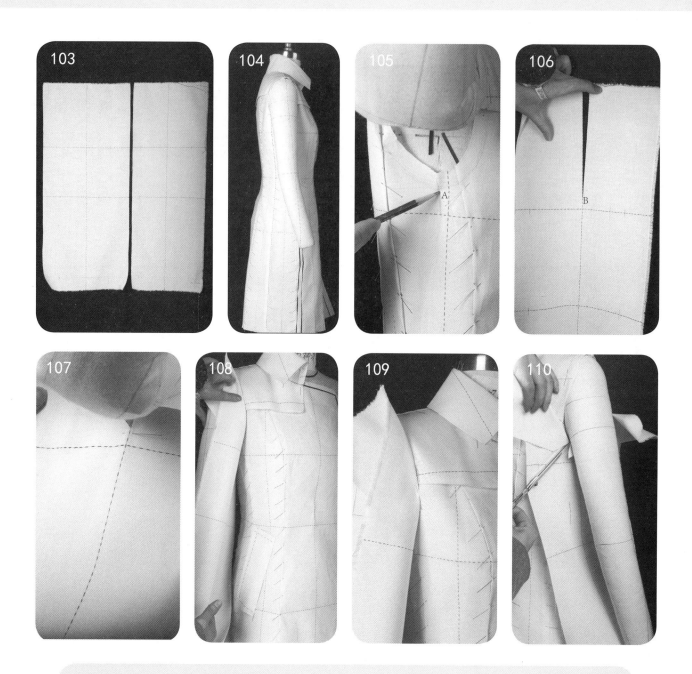

袖子

103 根据袖子造型标记袖肥、袖肘、袖口尺寸和放松量。

104 在人台上装好手臂。

105 在衣身袖窿弧线上标出侧缝点作为袖窿底点 A 点。

106 沿袖中线剪开至袖肥线向上 1 cm 作为 B 点。

107 叠合小袖片和衣身，对齐 A、B 两点，用交叉针法固定。

108、109 在小袖片前侧做出袖转折面造型；在前侧袖窿转折点处用交叉针法固定。

110 向上翻折后袖片，沿后袖窿底部开剪口。

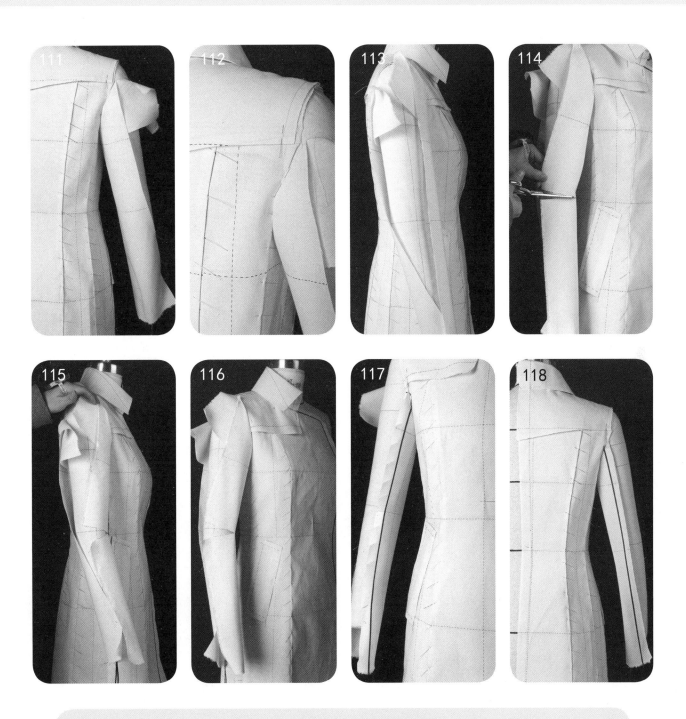

111、112 将小袖片后侧向上翻转折出袖转折面，在后袖窿转折面用交叉针法固定。

113 观察小袖前后转折与袖肘。

114~116 沿袖肘线剪开至袖肘尺寸标记点，沿手臂转折面推平上下布面，做出袖弯。

117、118 贴出前后袖弯线，修剪多余缝份。

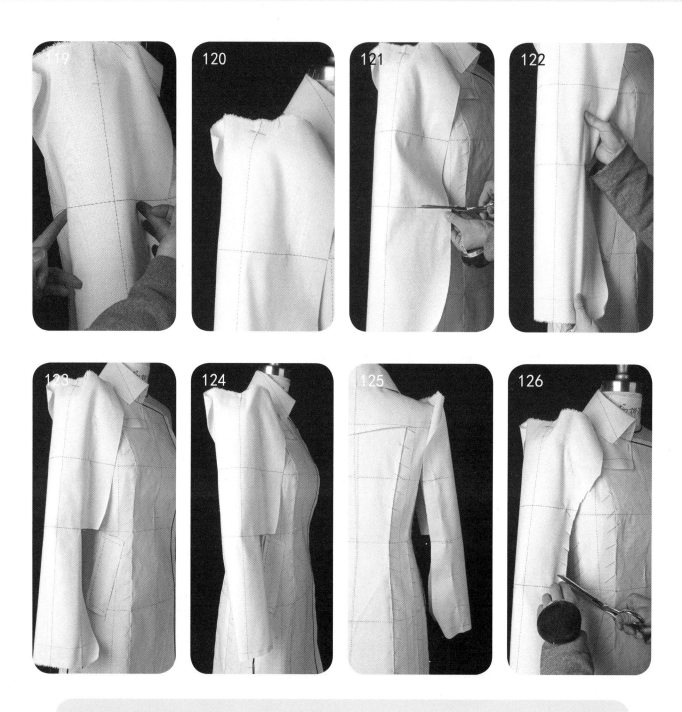

119 根据款式袖肥尺寸，固定大袖片前后袖肥点。

120 肩端点用交叉针法固定。

121 沿袖肘线剪开至袖肘标记点。

122 拉拽大袖片前袖肘位置。

123~125 根据款式造型固定前后侧袖肘和袖口位置。

126 修剪前后袖缝的多余缝份，沿袖缝弧线依次开剪口。

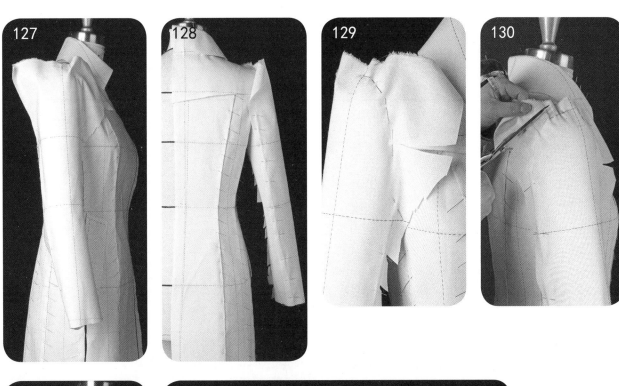

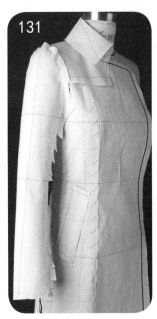

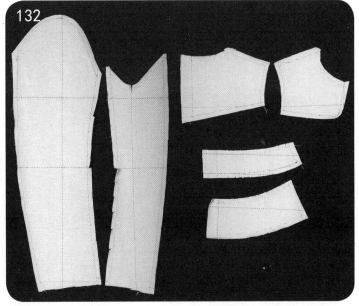

127、128 调整前袖弯，袖弯处需要拉伸处理。

129 用叠合针法固定袖缝。

130、131 别合前后袖山袖窿弧线，修剪多余缝份。

132 点影、平铺裁片图。

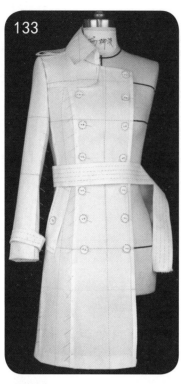

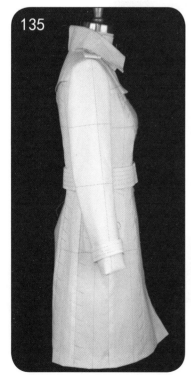

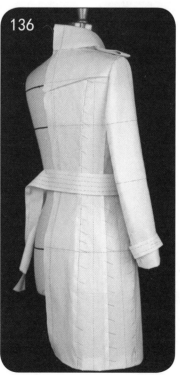

133~137 回样完成。

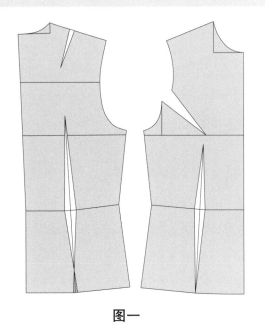

图一

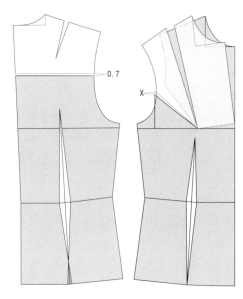

图二

图一：调用衣身原型。

图二：调节前后衣身平衡。①前片：将 1/3 胸省留在袖窿做松量，将 1/3 胸省转入肩部待转。②后片：在背宽处拉开 0.7 cm 左右，以平衡前片在袖窿处留的胸省量所产生的前袖窿高的增加 X 量。

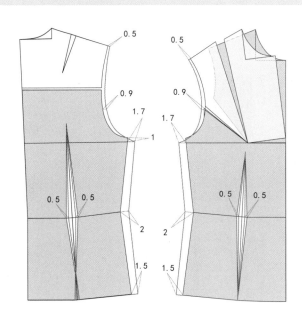

图三

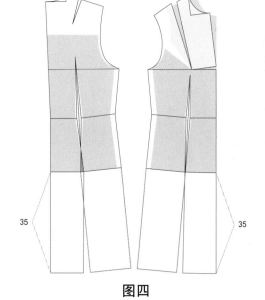

图四

图三：放出松量。分别在肩宽、胸宽、背宽、胸围、腰围、臀围处放出松量；袖窿深开深 1 cm。

图四：加出衣长。根据衣身造型确定衣长，即臀围线下 35 cm。

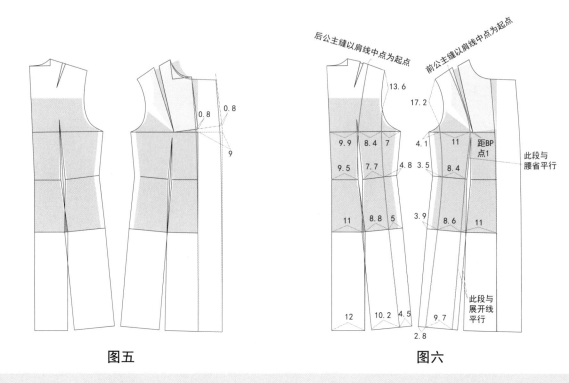

图五　　　　　　　　　　　　　　　　　　　　图六

图五：①根据造型加出叠门宽9cm。②双排扣后处理：从前颈点（FNP）至臀围线与前中线交点间拉直延长线作为新的前中线。

图六：根据衣身造型画分割线。

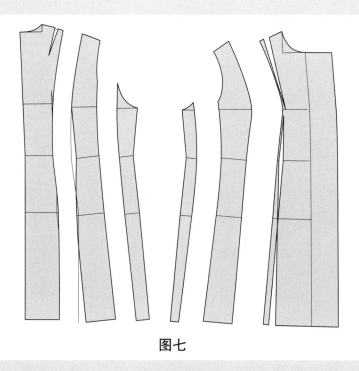

图七

图七：根据分割线分片。

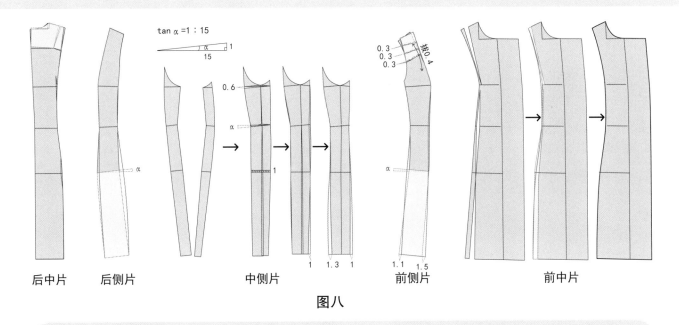

后中片　　后侧片　　　　　　　中侧片　　　　　　前侧片　　　　　前中片

tan α =1：15

0.6

1　1.3　1

0.3
0.3
0.3
拔0.4

1.1　1.5

图八

图八：分片后转省优化。①后中片：处理余省。将 1/2 肩省转至后中，1/2 肩省转至分割线。②后侧片：臀部侧长减短。臀围线旋转 α（tan α =1：15）叠掉侧长。③中侧片：臀部侧长减短以及腰围线以上后侧缝长减短。腰围线旋转 α（tan α =1：15）叠掉后侧长，后侧长减短的部分在胸围线处展开补足；在胸围线处平行叠掉 0.6 cm 左右；在臀围、摆围放出松量。④前侧片：臀部侧长减短以及冲肩量处理。臀围线旋转 α（tan α =1：15）叠掉侧长；⑤为解决人体冲肩量问题，在肩部袖窿分散展开 0.9 cm 左右，相应的肩部前公主线会叠掉 0.45 cm 左右。⑥前中片：转省。将胸省、腰省转至分割线。

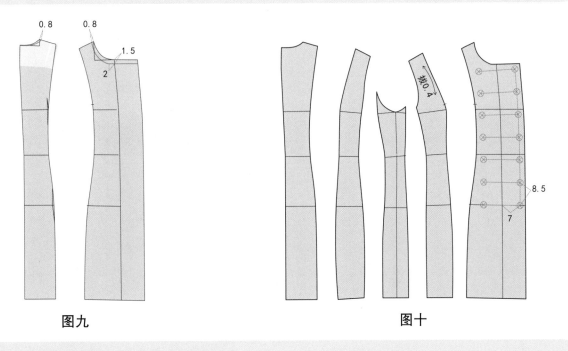

0.8　　0.8

1.5
2

拔0.4

8.5
7

图九　　　　　　　　　　**图十**

图九：开宽前后横开领，开深前后直开领。

图十：提取裁片，加扣位。

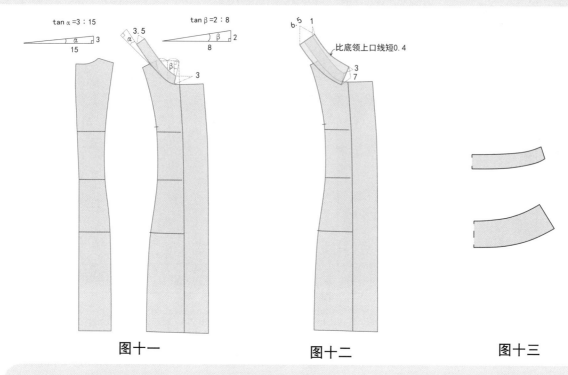

图十一　　　　　　　　　图十二　　　　　　　　　图十三

图十一：画底领，前领座高 3 cm，后中领座高 3.5 cm。
图十二：画翻领，后中领宽 6.5 cm，坐势 1 cm。
图十三：取出领子裁片。

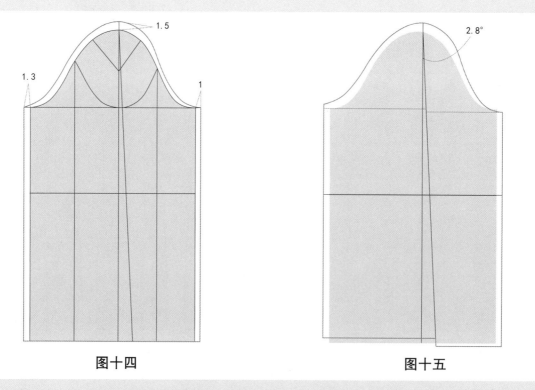

图十四　　　　　　　　　　　　　　　图十五

图十四：衣身处理过程中加大了袖窿高和袖窿宽，因此相应地加高袖山高、加大袖肥。
图十五：将袖山弧线旋转，开深前袖山深。

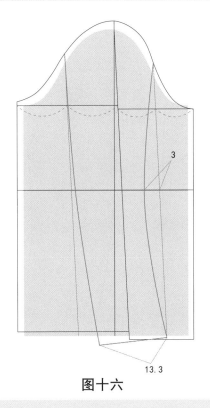

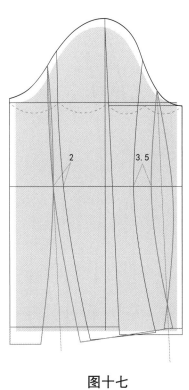

图十六

图十七

图十六: 画出前后袖弯转折线。　　　　　　　图十七: 画前后袖弯线。

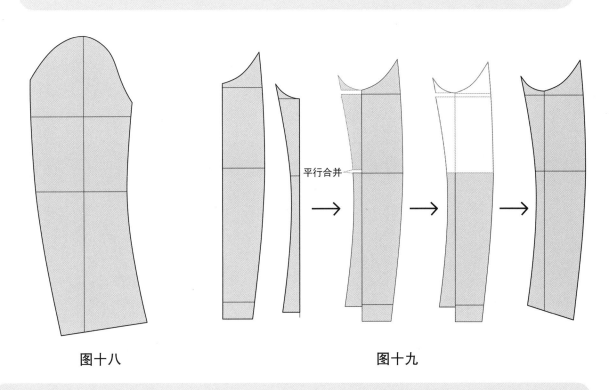

平行合并

图十八

图十九

图十八: 提取大袖片。　　　　　　　图十九: 处理小袖片。

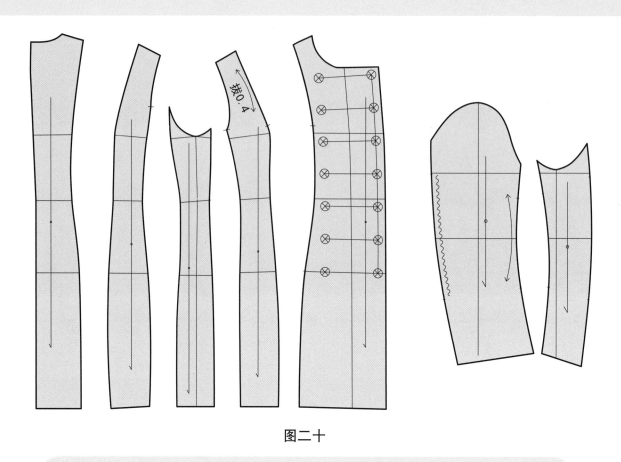

图二十

图二十：提取裁片。

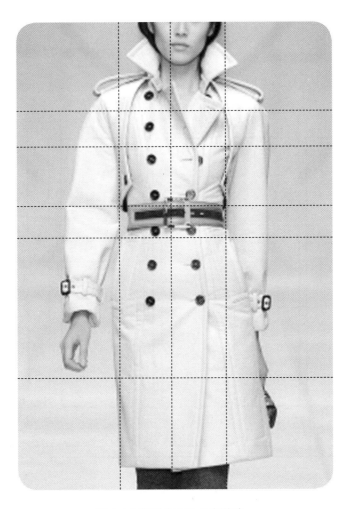

图 1.4.1 菱形角连袖外套款式

1.4.1 菱形角连袖外套的学习重点

(1) 胸省的分散转移、撇门的应用。
(2) 袖与衣身转折点的最佳位置。
(3) 插片的位置和最佳宽度。

单位：cm。竖虚线为经纱方向标注线，横虚线为纬纱方向标注线。

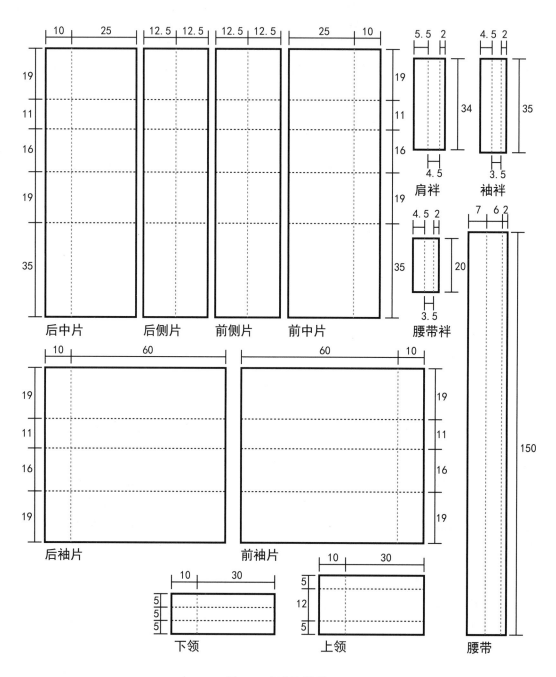

图 1.4.2 坯布取样图

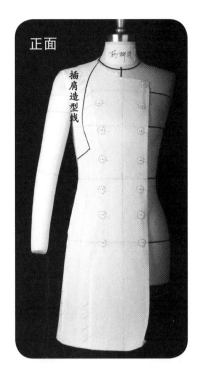
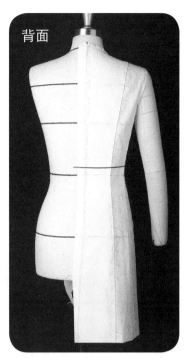

正面　　背面

补充标志线：

　　在上一款经典风衣衣身的基础上，根据款式造型粘贴插肩造型线。

插肩造型线

1.4.4 菱形角连袖外套立裁演示

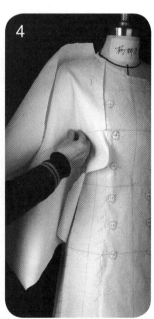

1 将前袖片与衣身的胸围线、前中心线对齐。
2 沿领圈线修剪多余布料，在前领中、领侧以交叉针法固定面料。
3 沿胸围线剪开至胸高点附近，向下修剪多余布料。
4 按住衣身布料，将手臂抬起至衣身和袖内侧之间预留 3~4 cm 抬臂松量的位置。

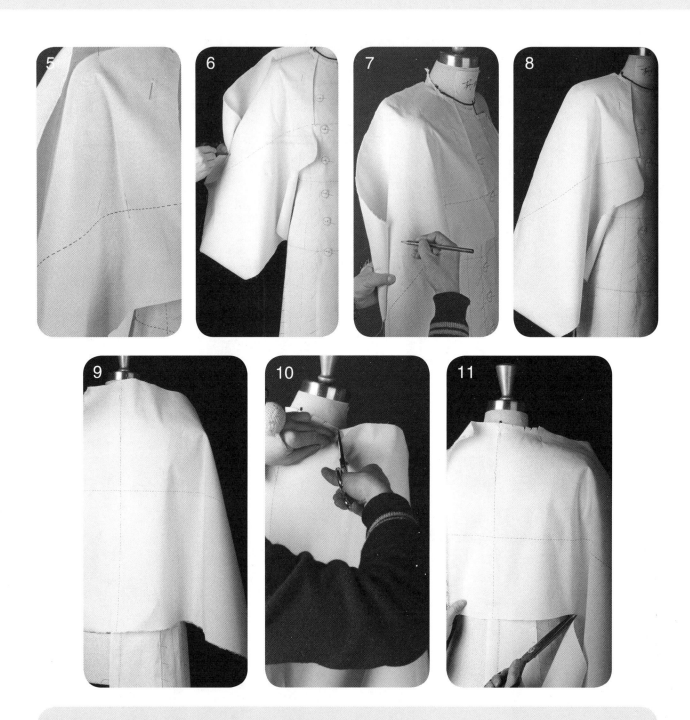

5 用交叉针法将抬手松量固定于衣身和手臂内侧。

6~8 根据造型用手托起手臂外侧的松量，在袖中位置做标记，沿肩线经过袖肘用铅笔做标记线。

9 将后袖片与衣身的胸围线、后中心线对齐；用交叉针法固定后领中，临时固定肩胛部位。

10 沿领圈标记线修剪后领圈，沿领圈开剪口。

11 根据造型尺寸修剪后袖片育克下口线。

12、13 根据前片抬臂角度，在后片放入大于或等于前片的抬臂松量。

14 用交叉针法将抬臂松量固定于衣身和手臂内侧。

15~18 将前袖片拉平，将后袖片与前袖片平整地对齐，抓合袖中缝，修剪多余缝份；在肩缝开剪口，观察并调整肩部是否平整圆顺。

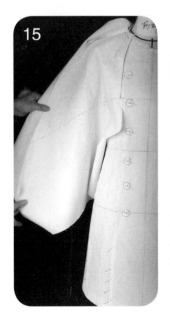   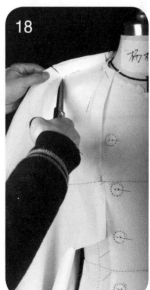

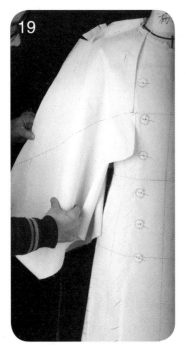

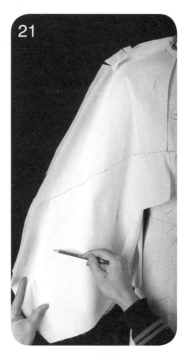

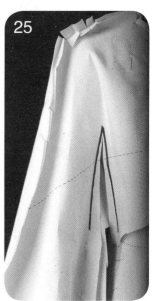

19、20 根据袖子抬臂角度和袖子造型，保持前后袖面平整，向下抚平前后袖面，临时抓合内侧缝。

21 确定袖口尺寸，用铅笔做标记线。

22、23 重新抓合袖肘至袖口的缝份，在袖口标记处用交叉针法固定，沿标记线加针，修剪多余缝份。

24、25 根据造型标记前插角的分割线和转折点位置，粘贴标志带。

26、27 根据造型标记后插角的分割线和转折点位置，粘贴标志带。

28、29 将插片对折，保持对折线水平，与袖片前后转折点对齐。

30、31 沿前后袖转折点对齐，向下抚平插片，然后沿插角分割线别合。

32 点影、平铺裁片图。

其他部位的操作参见上一款经典风衣外套。

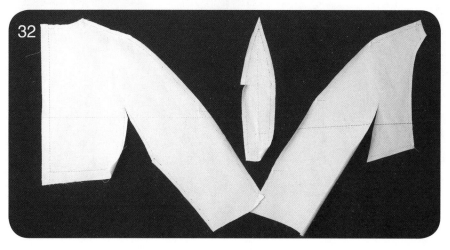

33~37 回样完成。

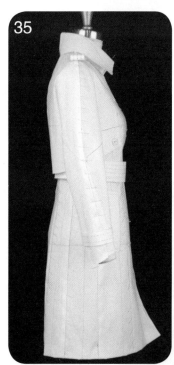

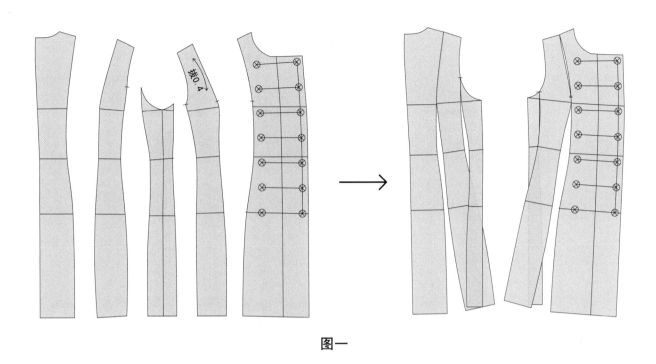

图一

图一：调出衣身裁片。

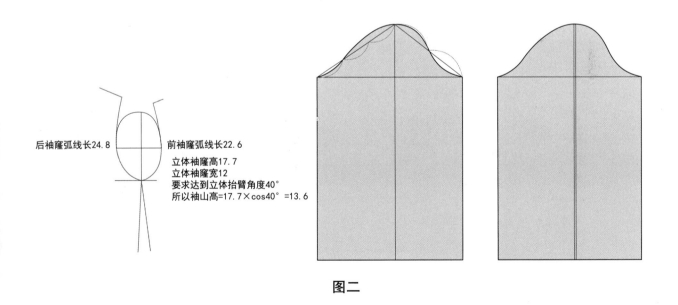

后袖窿弧线长24.8　　　前袖窿弧线长22.6
立体袖窿高17.7
立体袖窿宽12
要求达到立体抬臂角度40°
所以袖山高=17.7×cos40°=13.6

图二

图二：根据袖窿和立体抬臂角度画袖子。

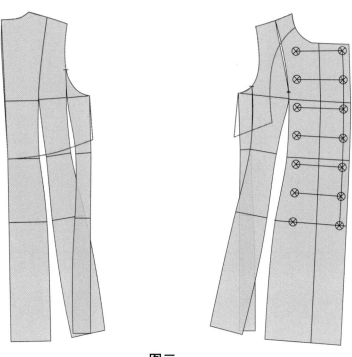

图三

图三：画出外部连袖在衣身上的轮廓线。

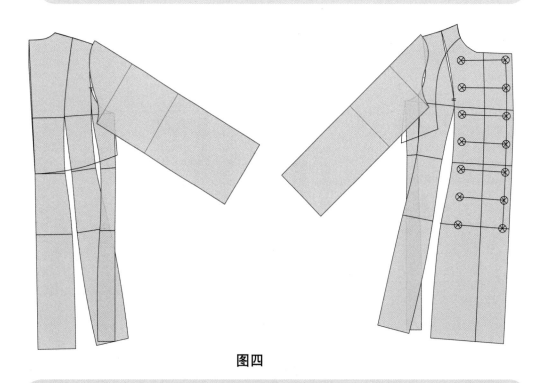

图四

图四：将衣身盖片与衣袖对合。

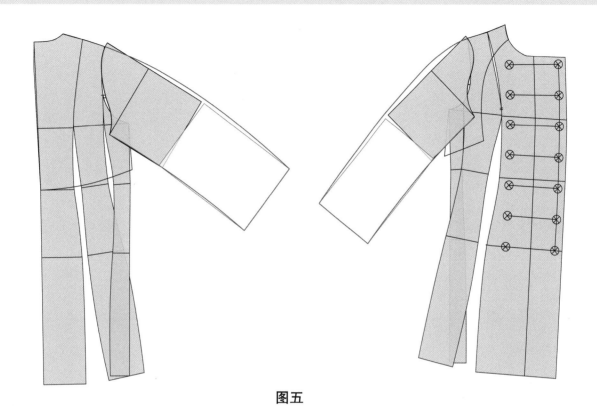

图五

图五：根据袖型将外轮廓线做调整。

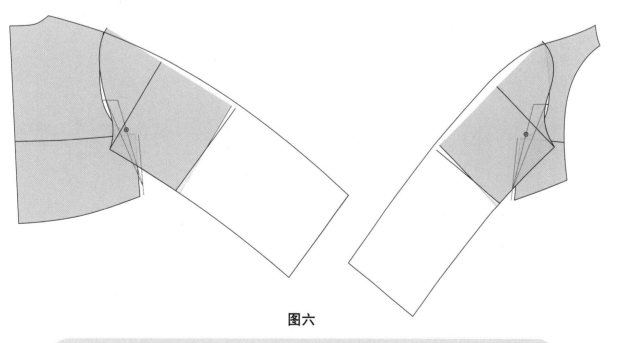

图六

图六：定转折线和转折点。

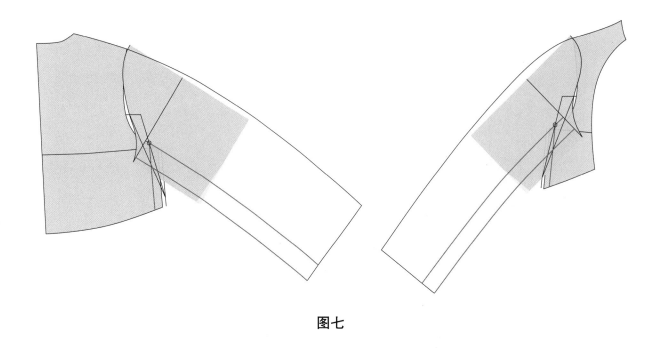

图七

图七：调整衣身插片宽度和衣袖插片宽度达到一致。

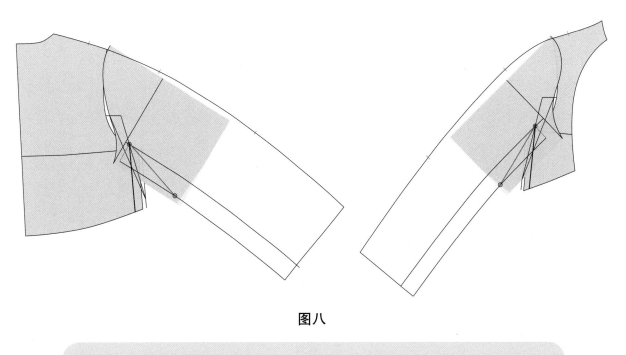

图八

图八：定袖子上的插片顶点。

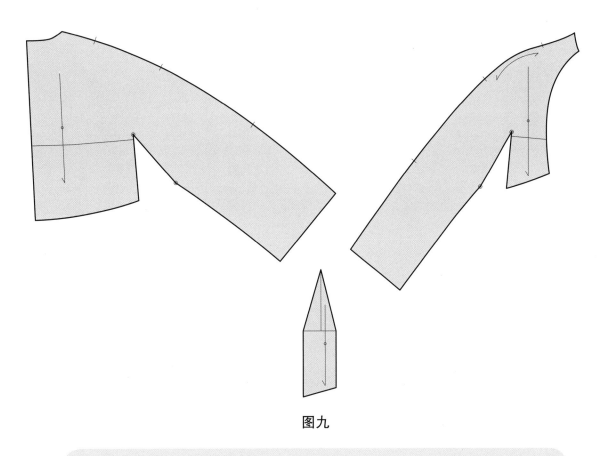

图九

图九：分割衣身，画袖底插片。

02

第二章 品牌服装板型实例解析二

◆ 平装落肩袖外套立裁
　平装落肩袖外套立裁转平面制图

◆ X 型圆装落肩袖外套立裁

图 2.1.1 平装落肩袖外套款式图

2.1.1 平装落肩袖外套的学习重点

（1）落肩袖的基本款、基础原理结构。
（2）落肩量与袖窿开深量、抬臂角度、袖窿切面、袖山高、袖肥、胸围放松量之间的平衡关系。
（3）胸省、肩省与造型面及抬臂角度的平衡以及分散转移。
（4）袖子静态、动态以及抬臂角度的平衡和美观。
（5）袖窿弧线、袖山弧线与袖窿切面之间的造型美观关系。

单位：cm。竖虚线为经纱方向标注线，横虚线为纬纱方向标注线。

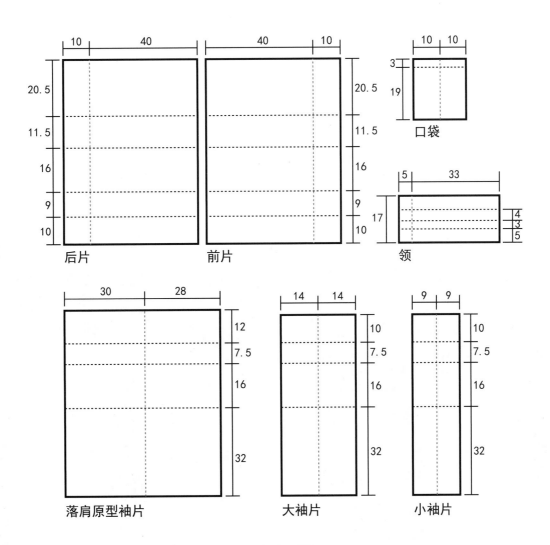

图 2.1.2 坯布取样图

补充标志线：

领圈线
领部造型线
领部翻折线
门襟造型线
袖窿线
下摆轮廓线

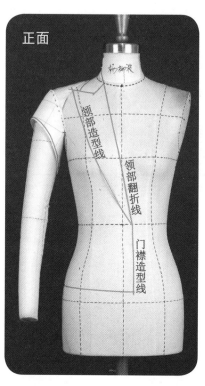

正面

领部造型线

领部翻折线

门襟造型线

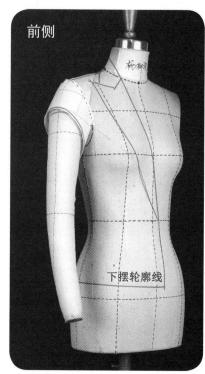

前侧

下摆轮廓线

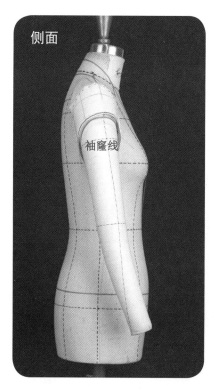

侧面

袖窿线

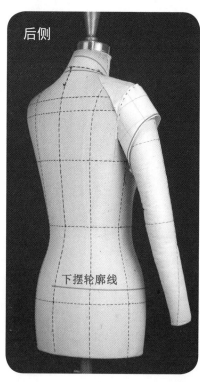

后侧

下摆轮廓线

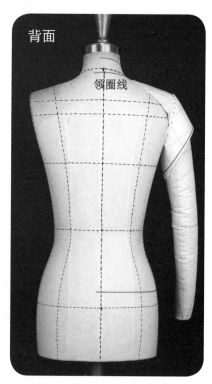

背面

领圈线

前片

1 将布料的前中心线、胸围线与人台上相应位置对齐，并将布料在胸围余量侧与人台固定，在前领中、胸宽侧面以及臀围处与人台临时固定。

2 根据衣身围度造型保持下摆接近水平，然后向上推平布料，理出衣身造型面，将衣身造型面推直，起点落在肩点的内侧，在肩部理出胸省余量。

3 将胸省剩余量推向前中，作为撇胸。

4、5 将剪刀对准腰围线剪开至驳头止点，沿驳头止点和翻折线位置，将驳头翻折过来。

6 根据款式造型，贴出驳头造型。

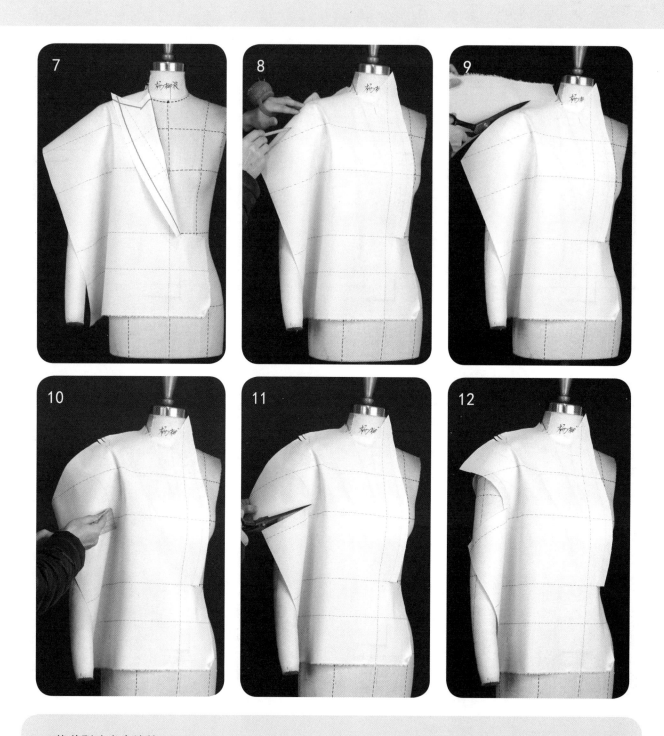

7 修剪驳头多余缝份。

8、9 将驳头缝份向前中翻平，沿肩缝用铅笔描线，并修剪多余缝份。

10~12 根据落肩量、袖窿开深量的位置，向上找出新腋点的水平位置，沿袖窿弧线的标记线和新腋点的交接线用铅笔画出水平线，沿水平线剪开至袖窿弧线处，然后修剪多余缝份。

13 沿袖窿新腋点下段打剪口，至袖窿与手臂内侧伏贴为止，打到袖窿深处。

14 将手伸进袖窿并调节袖窿松量使其均匀，将肩缝、袖窿与内层临时固定，将侧缝多余缝份向前翻折，并与前衣身固定。

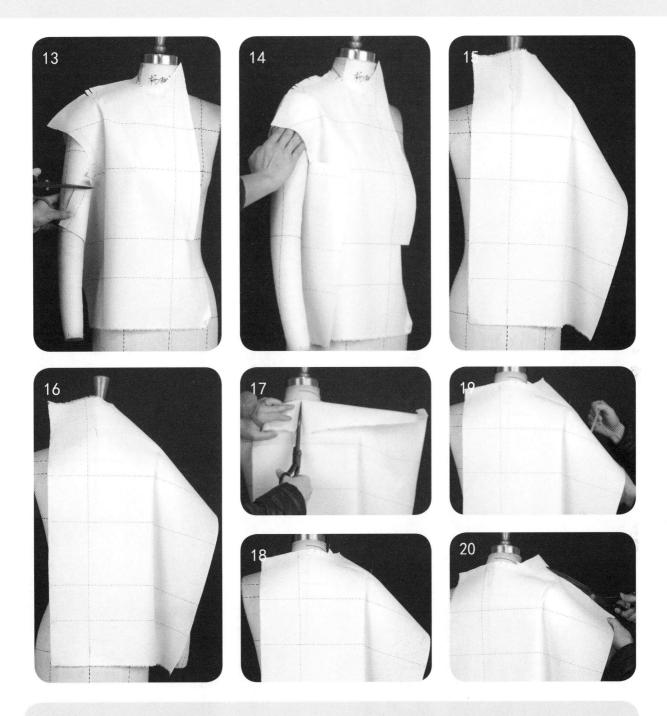

后片

15 将布料与人台上的后中心线、后胸围线对齐，保持布料平整，在臀围处、臀围侧面、领窝中以及肩胛骨上方与人台临时固定。

16 根据侧缝臀围线位置与前片臀围点对齐，保持丝缕线水平，以臀围为水平线，沿侧面向上将多余缝份推向后中，保持后背整体平整，造型面顺直，在后领中、肩胛骨上方造型面起点处，与人台固定。

17、18 将领圈上方操作余量向下翻折、剪开，沿后领圈依次打剪口并修剪多余缝份。

19、20 沿肩缝线、袖中心线，在布料上用铅笔描出，并修剪多余缝份。

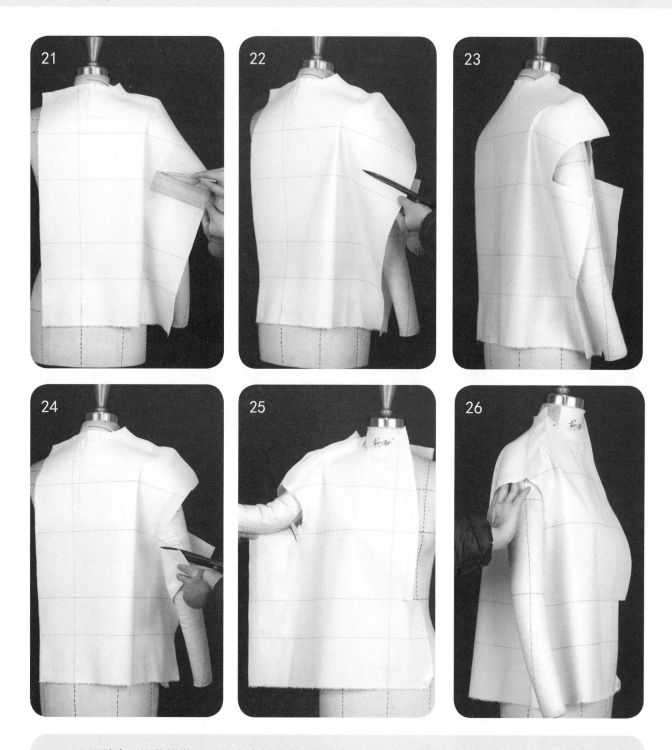

21~23 沿袖窿开深位置向上 7 cm 左右新腋点的位置水平画线，沿袖窿弧线在布料上标线，用剪刀剪开至两条线的交接处，然后修剪多余缝份。

24 沿袖窿下段打剪口至袖窿深位置，保持袖窿处与手臂内侧伏贴。

25 抓合侧缝，并修剪多余缝份。

26、27 将手伸进袖窿，调节袖窿松量使其均匀，然后向上推平布料，与前片一起抓合肩缝。

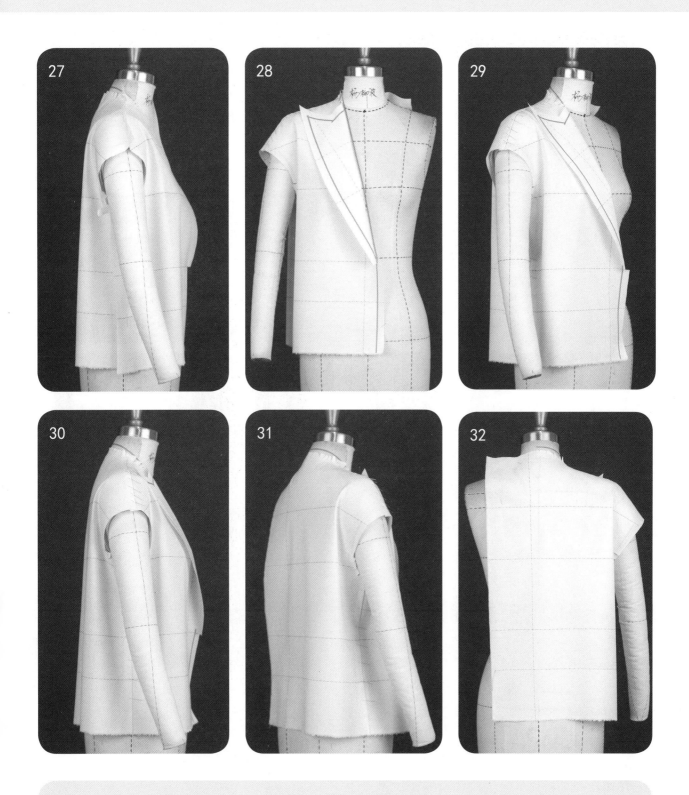

28~32　折别衣身侧缝，调整衣身的平衡，准备开始做领子和袖子。

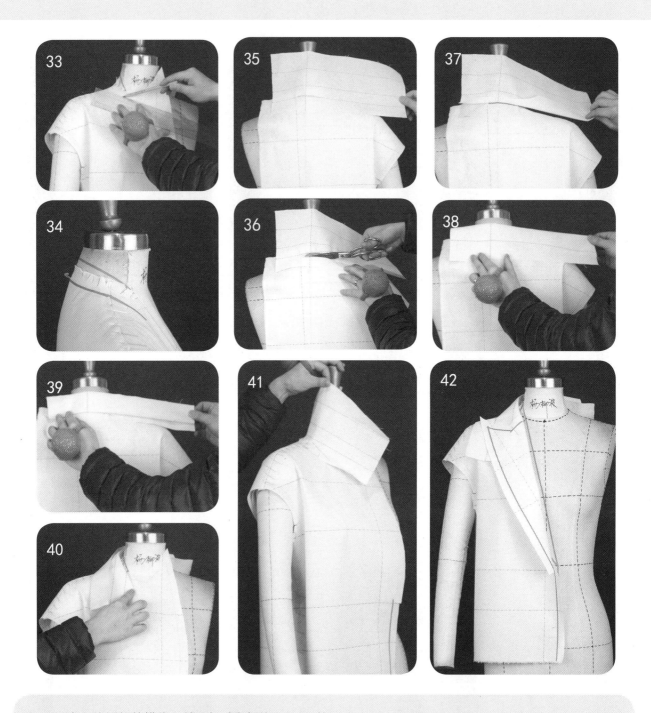

33 沿串口线用铅笔描线，并延长过翻折线 2~3 cm 处。

34 在衣身上标记领圈线，保持领圈线和翻折线近似平行且在一个切面上。

35 将领子的后领中、领底线与人台上的后中心线、领窝线对齐，并用叠合针法将领和衣身与人台固定，在后领中左右各 2 cm 处将领与衣身别合。

36 修剪领下口多余缝份。

37~39 先将领底的操作余量向上翻折、领座高向下翻折，再根据领外口宽度将可操作余量向上翻折。

40、41 根据领子造型保持领外口松量合适，搓出领子翻折线位置，掀起领片，在前领串口线处与领圈线处别合，保持领面平整，依次打剪口，修剪领下口的缝份并别合。

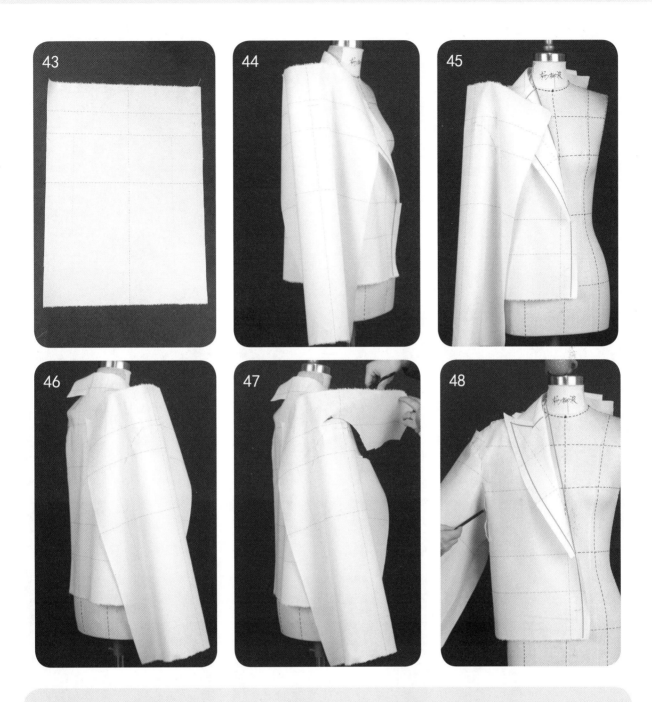

42 重新将领子向下翻折伏贴，并在领外口缝份处打剪口，再将驳头翻折过来，与领子对接，在串口线处与领子别合，然后调整领片，修剪多余缝份。

43 在袖片上，用袖原型对齐丝缕，画出袖山，并画出前后袖肥线的位置，在立裁时作为参考。

44 将袖片上的袖山头中点对准肩点，根据落肩位置的袖窿将袖中心线与袖窿中点对齐并别合，保持袖中心线与前后袖面的转折面平行，在前袖与后袖袖窿处临时别合。

45~47 保持袖面平整，沿前袖窿别合至前新腋点附近，沿后袖窿别合至后新腋点附近，修剪多余缝份。

48 抬起手臂，保持前衣身造型余量，使前袖角完全抬平，找出袖底的吻合点。

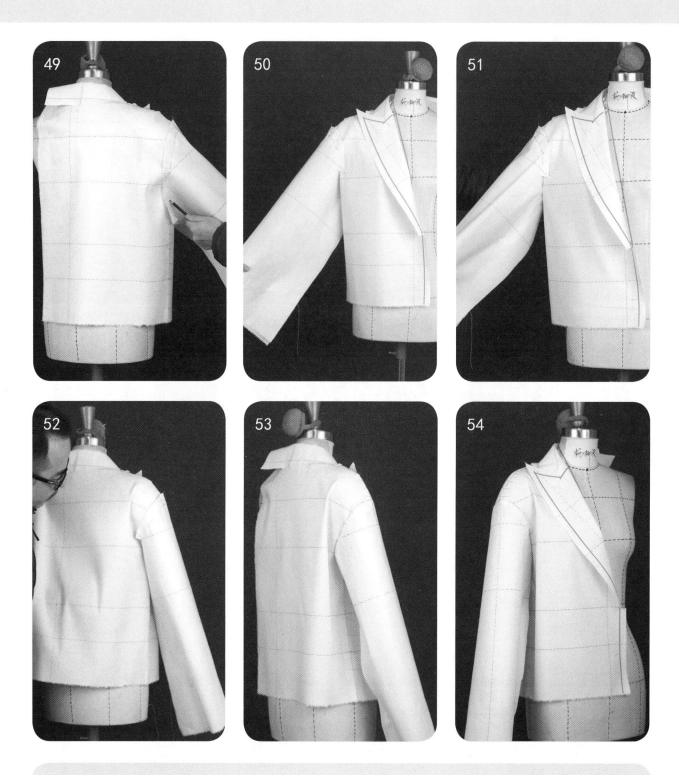

49 抬起手臂，保持后衣身造型余量，使后袖与后衣身夹角部分完全摆平整，找出后袖底的吻合点。

50 抬起手臂，别合袖底。

51、52 别合前后袖底。

53、54 折别袖山头的缝份，调整前后袖山与前后袖窿弧线的吻合与平衡。

55 点影、平铺裁片图。
56~60 回样完成。

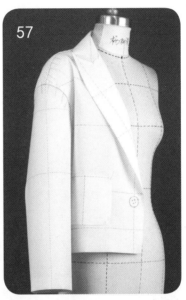

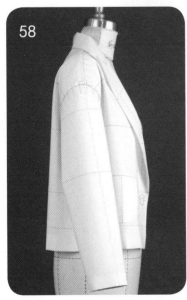

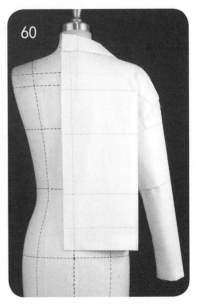

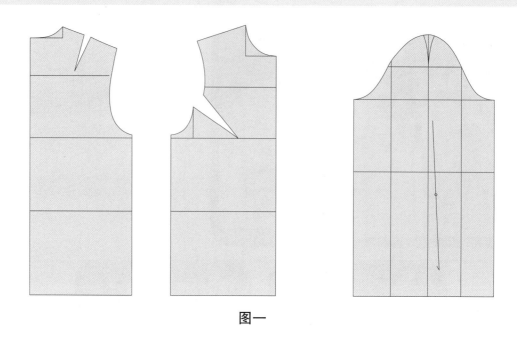

图一

图一：调出衣身、袖原型。

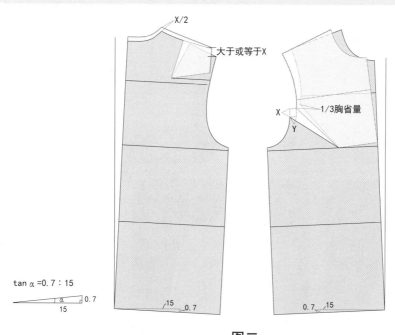

图二

图二：①与立裁对应，为了保持臀围线在立体状态下的水平，将前后片原型以前后中臀围点为中心，向侧面旋转 α(tan α=0.7︰15)。②将前片胸省量转出 1/3 作为撇胸，前袖窿增高 X 的量，增宽 Y 的量。③对应在后袖窿将肩省转入后袖窿并将后肩点抬高至少大于或等于 X 的量，同时后背长抬高 X/2 的量。

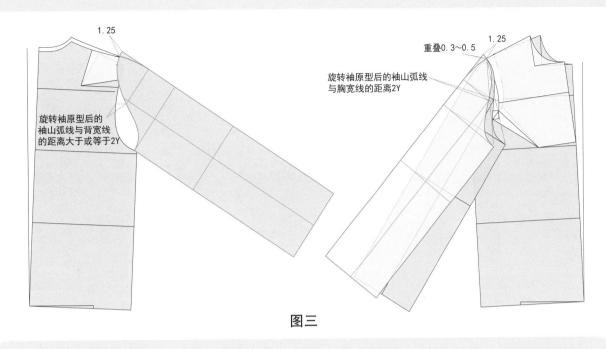

图三

图三：①将前袖原型袖山进 1.25 cm 处与前肩点重叠 0.3~0.5 cm 处对齐，袖山弧线与原型前腋点对齐。②根据落肩量 9.6 cm，还需要将前袖原型向上旋转 8°来满足最小的抬臂角度量，同时测量袖原型的袖山弧线中点至胸宽的量为 2Y。③将后袖原型袖山进 1.25 cm 与后肩点对齐，并在 1/2 袖山处与后袖原型拉开大于或等于 2Y 的量。

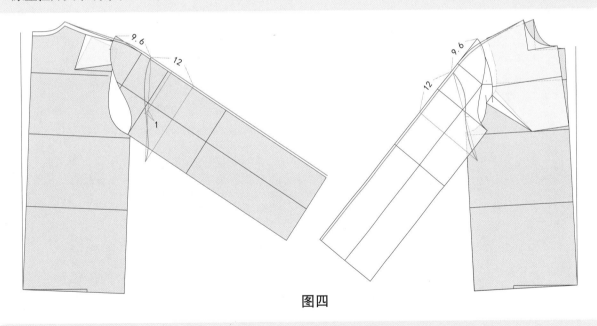

图四

图四：①与立裁对应定落肩点位置（距肩点 9.6 cm），根据落肩量和袖窿开深量推算袖山高：立体袖窿深 18.8 cm ×cos50°≈ 12 cm。②肩点及袖中线前移 0.5 cm，根据造型确定前袖肥的放量，在原型的基础上放出袖肥 2~3 cm（例如前袖肥放 2.5 cm，后袖肥放 3 cm），定出前袖斜线。③作前袖山弧线，经过 1/2 袖山高处。④作后袖山弧线，经过 1/2 袖山高中点加 1 cm 处。

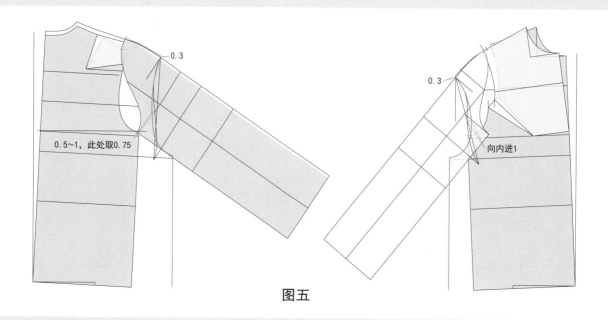

图五

0.3

0.3

0.5～1，此处取0.75

向内进1

图五：①作前袖窿弧线，在袖中抬高0.3 cm，在1/2袖山高点处向衣身进1 cm为新腋点，从新腋点向外定5.5 cm袖窿宽，并将袖窿开深落肩量的一半（4.8 cm左右），将前袖窿弧长调整到22.5 cm左右。②作后袖窿弧线，在袖中抬高0.3 cm，在1/2袖山高点处向衣身进0.75 cm为新腋点，从新腋点向外定5.5 cm袖窿宽，并将袖窿开深落肩量的一半（4.8 cm左右），将后袖窿弧长调整到25.5 cm左右。③沿前后袖底点竖直向下标出侧缝线。

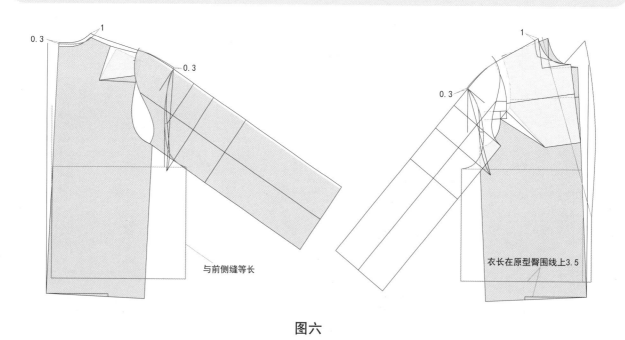

图六

0.3 1

0.3

1

0.3

与前侧缝等长

衣长在原型臀围线上3.5

图六：①根据款式确定衣长，前衣长在原型臀围线上3.5 cm，保持后侧缝与前侧缝等长。②前后横开领在原型基础上开宽1 cm，画出前驳头造型、后领圈造型。

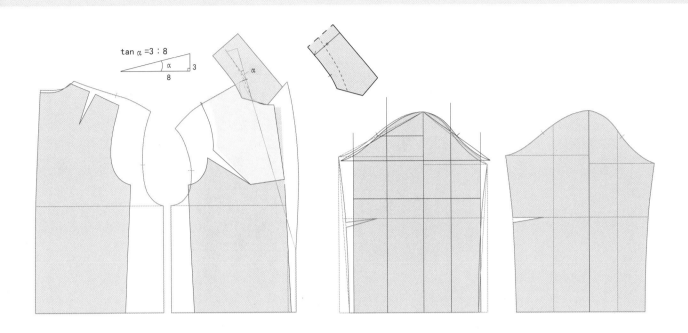

图七

图七：分离前后衣身与袖子，配领子。

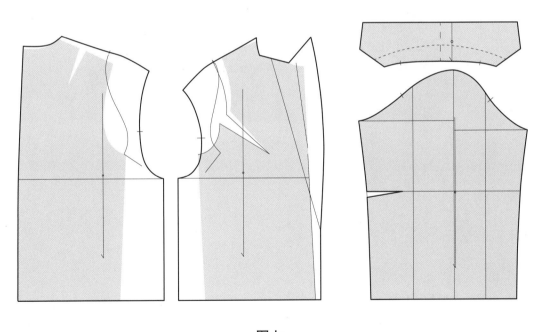

图七

图八：提取裁片。

图 2.2.1 X 型圆装落肩袖外套款式

2.2.1 X 型圆装落肩袖外套的学习重点

（1）裙片造型的立裁手法。
（2）合体小落肩袖窿切面及袖窿线条的变化。
（3）袖窿切面变化与袖山高的关系。

单位：cm。竖虚线为经纱方向标注线，横虚线为纬纱方向标注线。

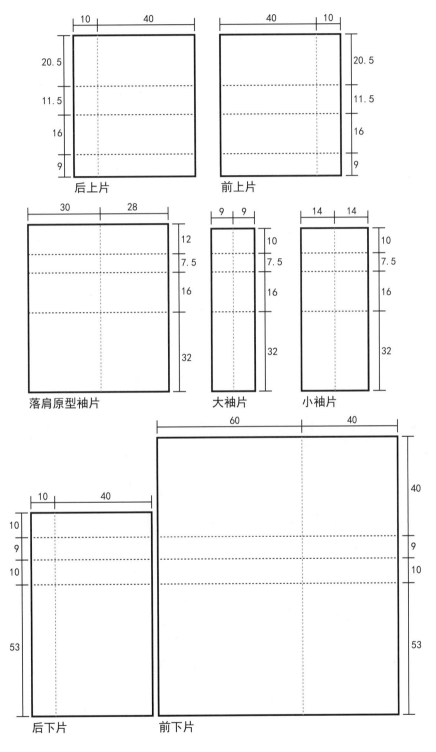

图 2.2.2 坯布取样图

补充标志线：

门襟造型线
侧缝线
领圈线
肩缝线
袖窿线
前腰省线
后腰省线
腰围造型线
造型转折点位

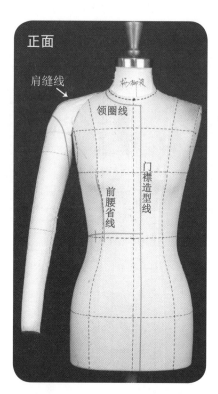

正面
肩缝线
领圈线
门襟造型线
前腰省线

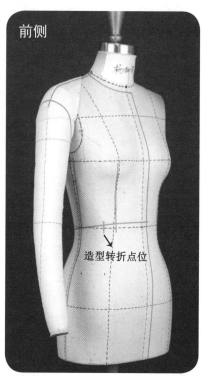

前侧
造型转折点位

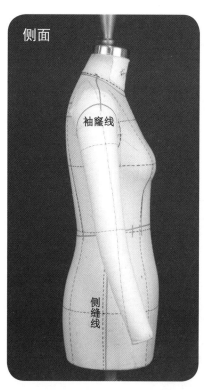

侧面
袖窿线
侧缝线

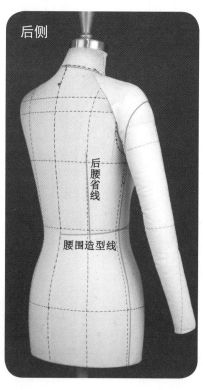

后侧
后腰省线
腰围造型线

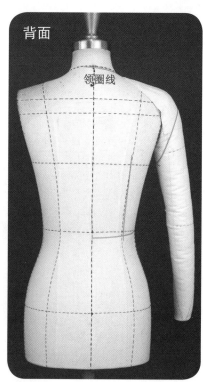

背面
领圈线

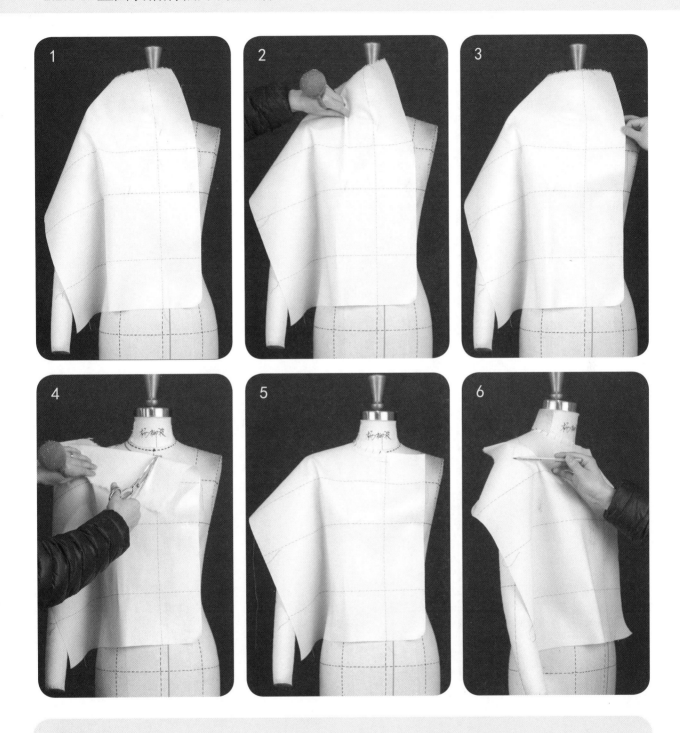

前片

1 将布料的胸围线、前中心线与人台上相应位置对齐，并在 BP 点处胸侧面和前领中处用临时针法固定。

2 根据衣身造型面向上理出侧面造型，让造型起点落在肩点内侧，然后理出胸省余量。

3 将胸省余量推向前中作为撇胸。

4、5 将领圈缝份向下翻折并剪开，依次沿领圈打剪口，修剪多余缝份。

6 沿肩缝、袖中缝用铅笔描线。

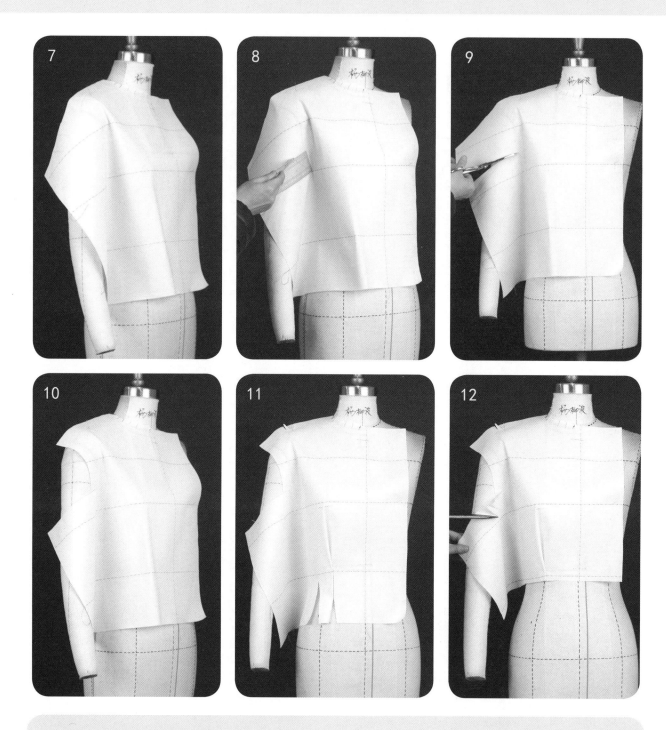

7 描线后，修剪多余缝份。

8~10 沿落肩新腋点的位置，画出水平线与袖窿弧线的交点，沿水平线剪开至袖窿线的交点，修剪袖窿上段多余缝份。

11 沿前侧造型面向下抚平布料，保持侧面的平整，将剩余的腰围松量在前中省道位置别合，然后将腰围线下段缝份打剪口。

12 沿新腋点下段打剪口，保持袖窿上段弧线和手臂内侧的袖窿弧线在同一个切面上。

13 修剪袖窿多余缝份和侧缝多余缝份，观察侧缝袖窿的松量并调整。

后片

14 将后片的中心线、胸围线与人台上相应位置对齐，但考虑到和前片丝缕对接的问题，需将后片整体下落与前片的胸围线对齐。

15、16 将后领缝份向下翻折，依次沿领圈打剪口，并修剪多余缝份。

17 理出后片侧面造型面，向下推平，将腰围处多余松量别成腰省，将腰围线下段多余缝份打剪口。

18 沿后肩缝、后袖中缝用铅笔描线。

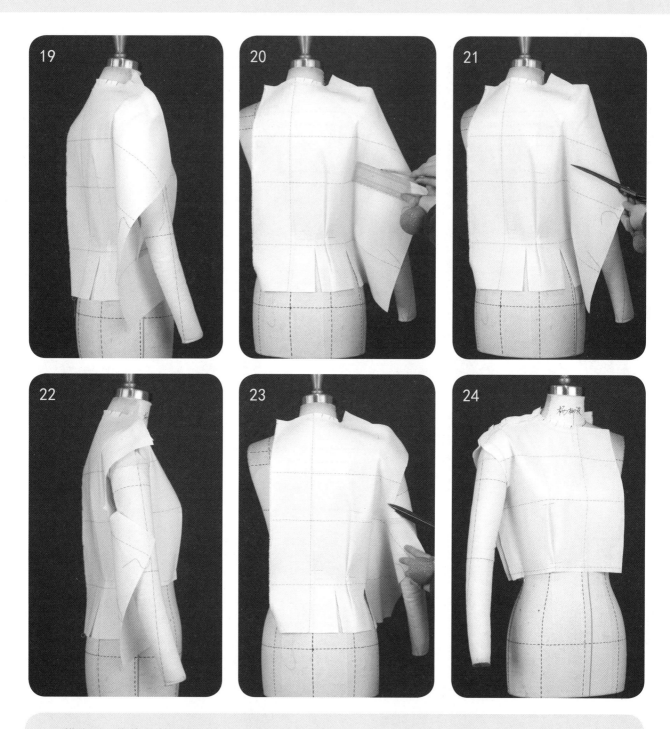

19 描线后，修剪多余缝份。

20~22 沿后片落肩新腋点的位置，画出水平线与袖窿弧线的交点，沿水平线剪开至袖窿线的交点，修剪后袖窿上段多余缝份。

23 沿后侧造型面向下抚平布料，保持侧面的平整，将剩余的腰围松量在后中省道位置别合，然后将后腰围线下段缝份打剪口。

24 沿新腋点下段打剪口，保持袖窿上段弧线和手臂内侧的袖窿弧线在同一个切面上，然后抓合肩缝侧缝。

25、26 折别肩缝、下摆缝。

袖子

27 在袖片上用袖原型对齐丝缕，画出袖山，并画出前后袖肥线的位置，在立裁时作为参考。

28、29 将袖中心线的袖山点对准肩点，在袖窿处与衣身别合，抬起手臂一直到衣身被摆平整，然后别合后袖山头上段；前片也是在抬起手臂到衣身被摆平整之后别合到袖窿上段的转折点位置。

30 放下手臂，从正侧面观察袖面前后是否平整，将前后袖山别合并修剪上段多余缝份。

31 抬起手臂到前衣身和袖窿底点位置被摆平，然后将袖下段与袖窿下段用手在里面调整，使布料保持吻合，并在袖窿底点、袖子上做标记。

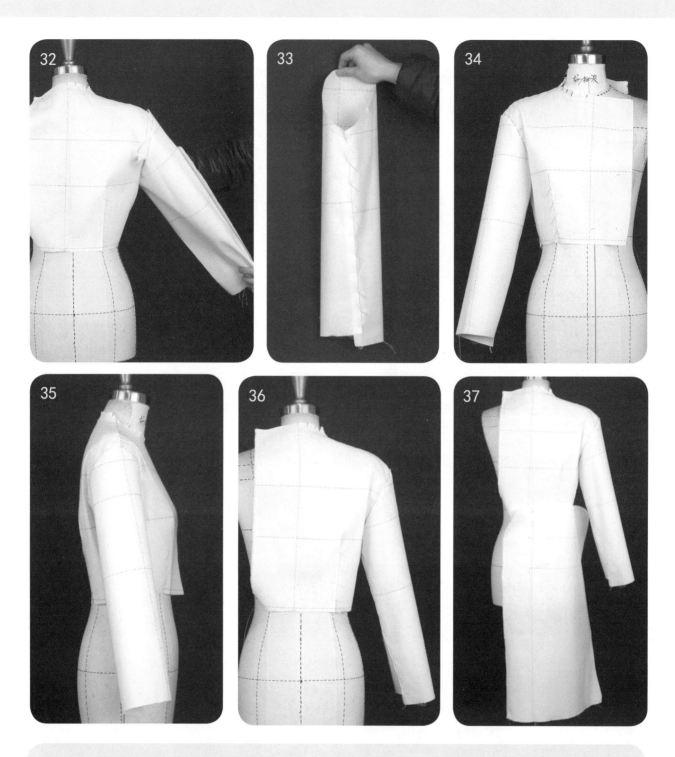

32 抬起手臂一直到后衣身与后袖窿底被摆平整，然后将袖下段的布料向内折，用手捏住袖窿底和袖山底，保持袖底吻合，并在袖窿底点与袖子上做标记点。

33 将粗裁的袖片取下，根据前后袖底点标点的位置，画出袖底缝，然后别合。

34~36 将袖山头折别，调整袖山与袖窿使其吻合。

37 将布料与人台上的后中心线、臀围线对齐，在臀围处、臀围侧面、腰围处与人台临时固定，并在后臀围处放入合适的松量。

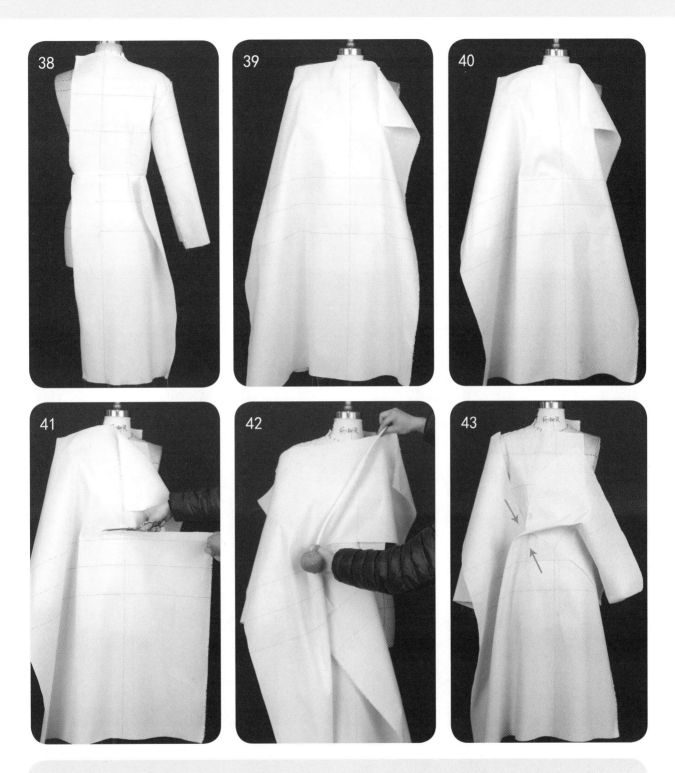

38 根据款式摆出下摆的 A 字形，保持臀围线接近水平，腰口余量向后中方向推掉一点，剩下的作为腰省量，再将侧面的缝份根据侧缝的位置向后翻折。

39 将前裙片与人台上的前中心线、臀围线对齐，将布料在臀围点、前中、侧缝及上面部分临时固定。

40、41 沿腰围线的分割线，从前中向侧面别合至造型转折点的位置，向上留出 1 cm 左右的缝份剪开。

42、43 在造型转折面的转折点上方和下方剪开，注意留出两边的操作余量。

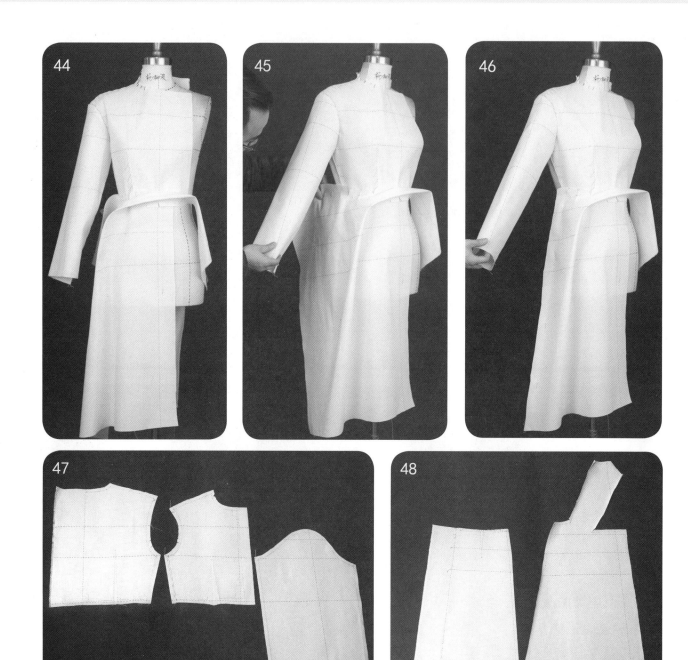

44 抓合腰带，修剪多余缝份。

45、46 抓合侧缝，修剪侧缝多余缝份。

47、48 点影、平铺裁片图。

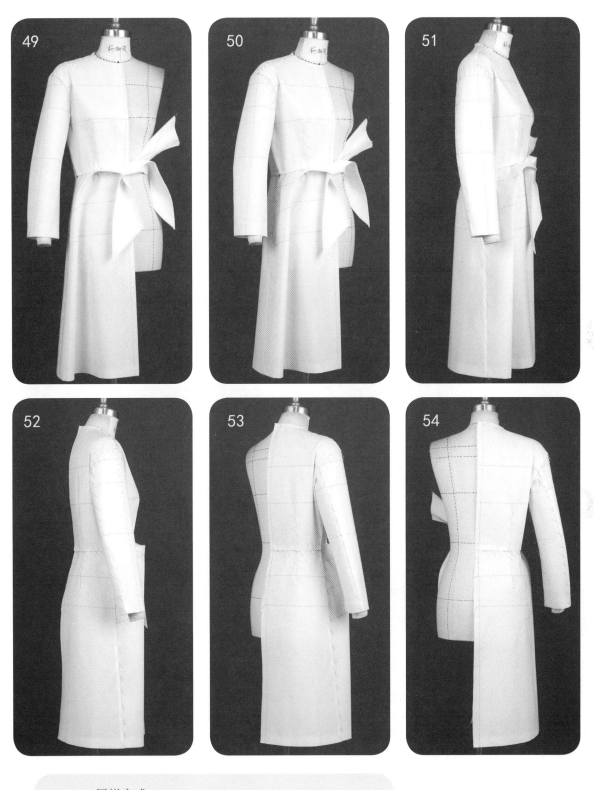

49~54 回样完成。

注：此款的立裁转平面制图内容略。

03

第三章 品牌服装板型实例解析三

◆ 落肩拐袖外套立裁
  落肩拐袖外套立裁转平面制图

◆ 插肩拐袖外套立裁
  插肩拐袖外套立裁转平面制图

◆ 大直线落肩袖外套立裁
  大直线落肩袖外套立裁转平面制图

◆ 柔性小宽肩落肩袖外套立裁
  柔性小宽肩落肩袖外套立裁转平面制图

图 3.1.1 落肩拐袖外套款式图

3.1.1 落肩拐袖外套的学习重点

(1) 落肩量与袖窿开深量、抬臂角度、袖窿切面、袖山高、袖肥之间的平衡关系。

(2) 胸省、肩省的分散转移。

(3) 后拐造型的美观塑造。

(4) 后拐造型量的分析、后拐造型袖窿线条的变化、袖山线条的变化、衣身造型量的变化。

3.1.2 落肩拐袖外套的坯布取样

单位：cm。竖虚线为经纱方向标注线，横虚线为纬纱方向标注线。

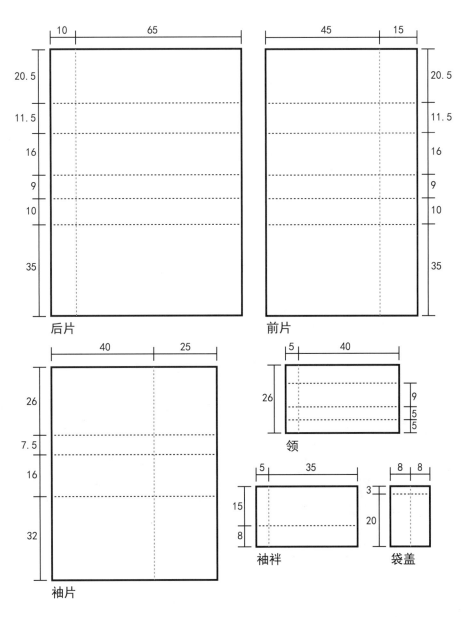

图 3.1.2 坯布取样图

补充标志线：

　　领部造型线
　　领部翻折线
　　门襟造型线
　　　肩缝线
　　　领圈线
　　　袖窿线

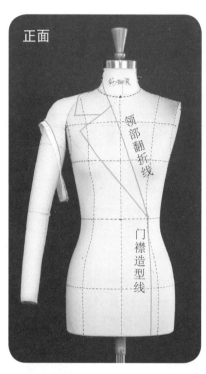

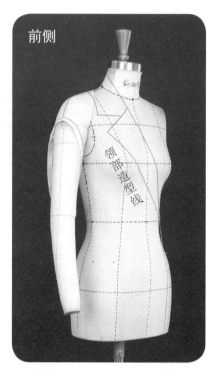

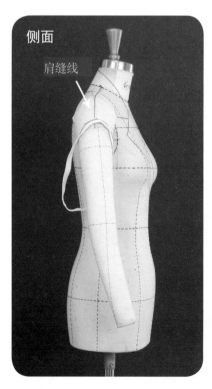

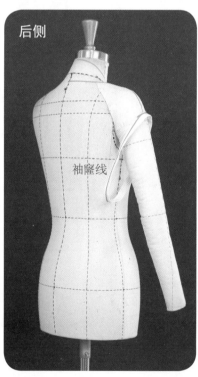

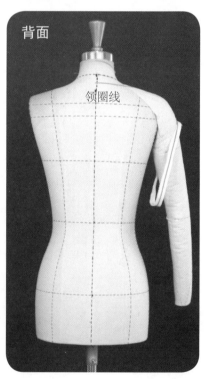

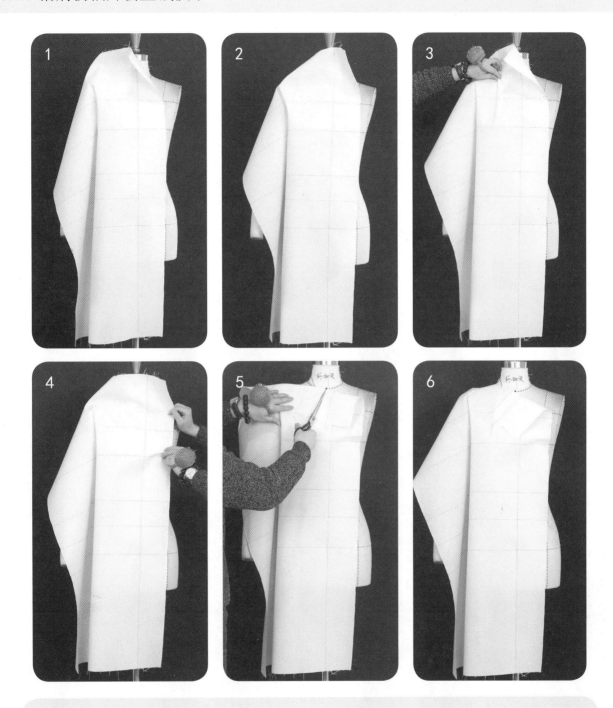

前片

1 将布料与人台上的前中心线、胸围线、臀围线对齐，并在臀围线、前中和侧面处将布料临时固定。

2 以前中臀围点为中心，保持臀围线水平，沿侧面向上推平布料，并向前中方向推平，保持前中布料与人台伏贴，在前中心处偏出 1.5 cm 左右为止，与人台用交叉针法固定，并在胸围、臀围处用交叉针法固定。

3 理出前侧造型余量和剩余胸省量。

4 将胸省余量推向前中作为撇胸量。

5、6 将布料沿前领中向下翻折并剪开，沿领圈修剪多余缝份并打剪口。

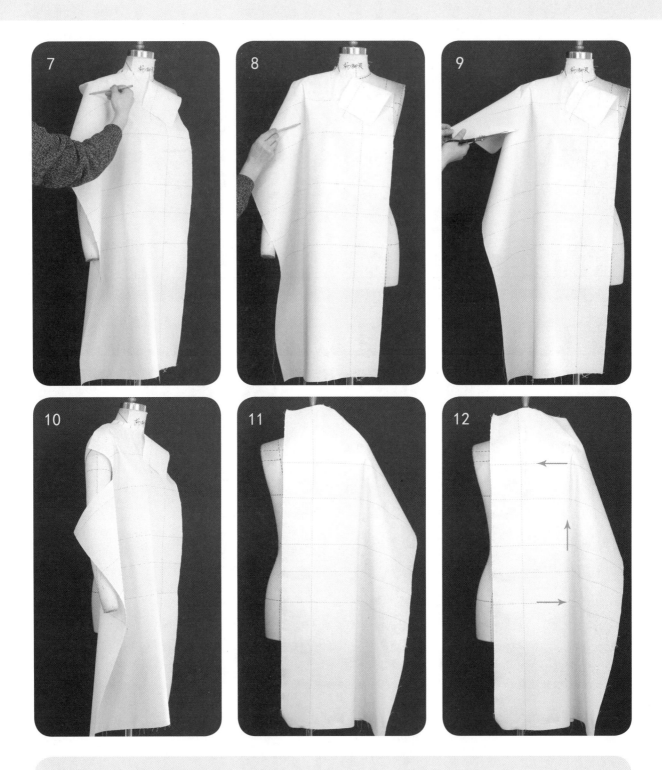

7、8 沿肩缝、袖窿标记线描线。

9、10 从腋点位置剪开至袖窿弧线，预留 1.5~2 cm 缝份，向上修剪，将肩缝多余缝份都修剪干净。

后片

11 将布料与人台上的后中心线、胸围线、臀围线对齐，并在后领中处、肩点处、臀围处与人台临时固定。

12 保持布料臀围线水平，从臀围沿侧面向上推平，然后将布料多余量推向后中。

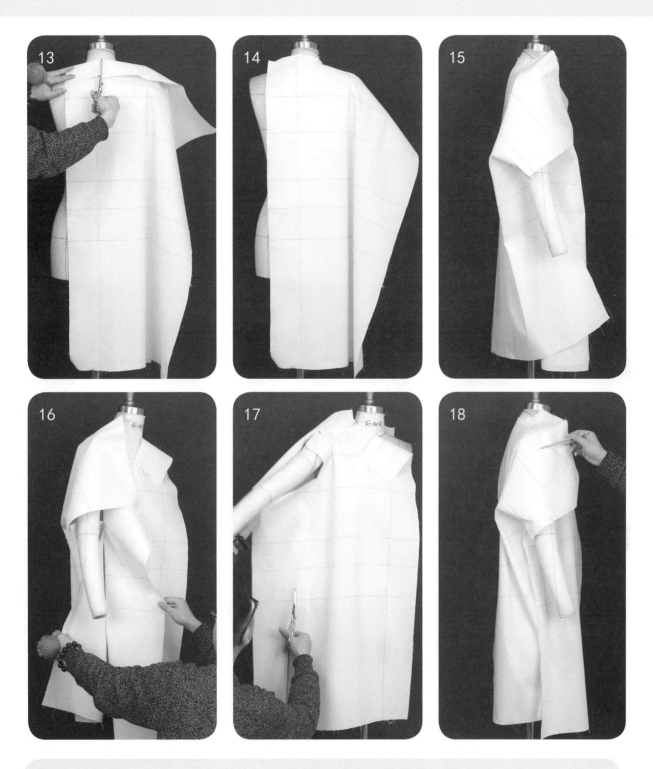

13、14 将后领中布料向下翻折并剪开，修剪后领圈多余缝份并打剪口。

15 根据造型款式，拉出后袖窿拐量。

16 抓合侧缝。

17 修剪侧缝多余缝份。

18 沿后肩缝、后袖窿上段弧线描线。

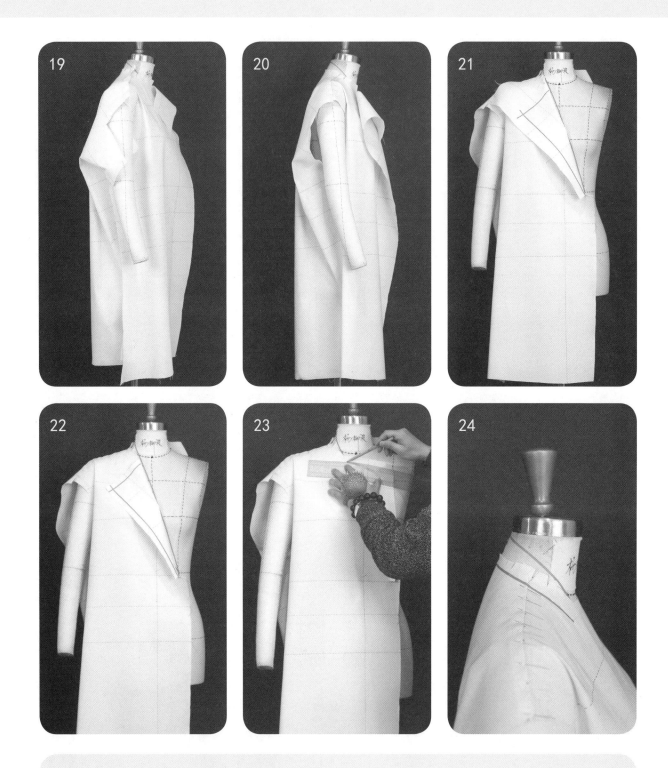

19 抓合前后肩缝，并修剪袖窿上段和肩缝多余缝份。

20 折别肩缝、摆缝，观察款式造型并调整。

领子

21、22 沿驳头造型，在前片上贴标记线并修剪多余缝份。

23、24 翻平驳头，延长串口线，保持后领中和领子翻折线近似平行，沿领圈贴出领圈线至串口线位置。

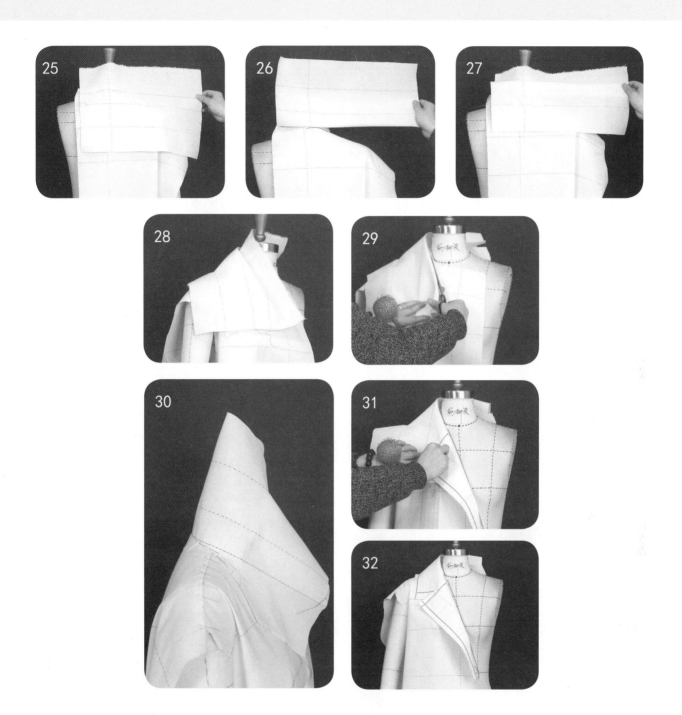

25 将领子的操作余量向上，沿领底线、后领中心线和后领窝对齐并别合，并沿领圈向右别合两针。

26、27 沿后领中、领底线向上翻折，沿领座高向下翻折，并在后领窝中间于人台固定。

28、29 沿领子的翻折线，在肩缝处翻出领子造型，抚平至前领中，修剪内部缝份，并把领子内口和外口调整伏贴。

30 将领子、领底缝份和领圈，沿领圈将领底缝份翻平并别合，观察领面是否平整。

31、32 将领片与驳头对齐、抚平，别合串口线，标记领子的形状并修剪多余缝份。

袖子

33 在袖片上画出袖原型。

34 将袖原型、袖山对准肩点,保持丝缕线和手臂中心位置对齐,沿落肩袖窿中心向两边推平布料,分别与前袖窿、后袖窿别合平整。

35 沿前袖窿别合至袖窿与袖底转折点处。

36 将手臂抬起,拉平并保持衣身造型面平整,在袖窿底部和袖片处别合一针。

37 将手臂抬起,保证手臂角度和衣身全部吻合,别合袖窿底部弧线。

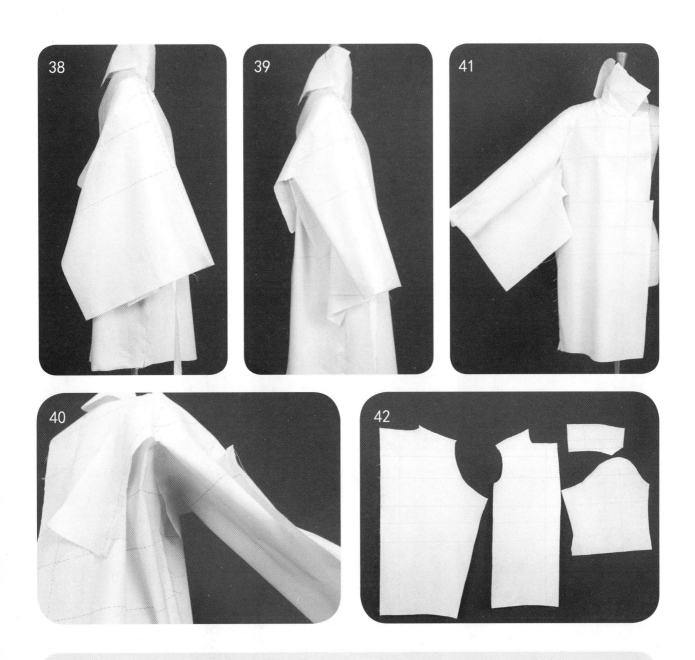

38 摆平衣身，沿袖窿中缝开始保持袖面平整，别合至后袖窿拐点处。

39~40 在袖片上的操作余量部位打剪口至袖窿拐点处，沿袖窿拐点根据袖口大小向内转折布料，并在袖窿底部与袖窿别合。

41 抓合前后袖底缝，并修剪多余缝份。

42 点影、平铺裁片图。

43~47 回样完成。
48 按款式图片摆出款式造型。

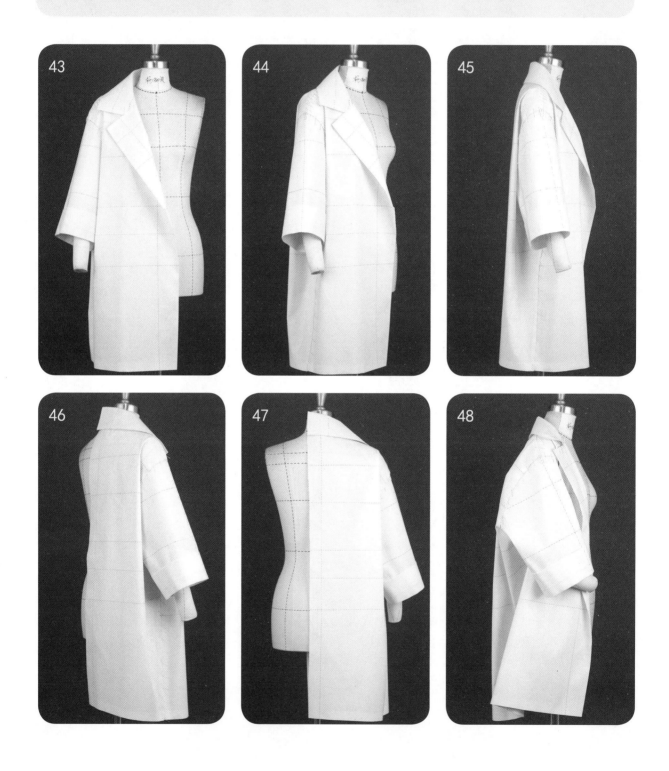

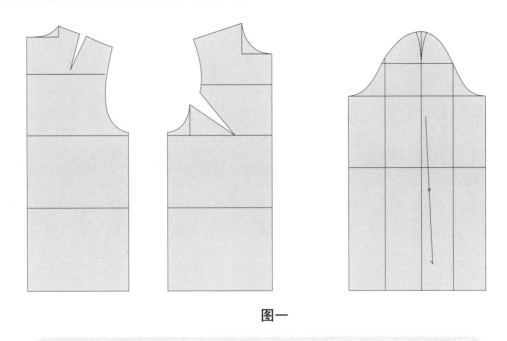

图一

图一：调出衣身、袖原型。

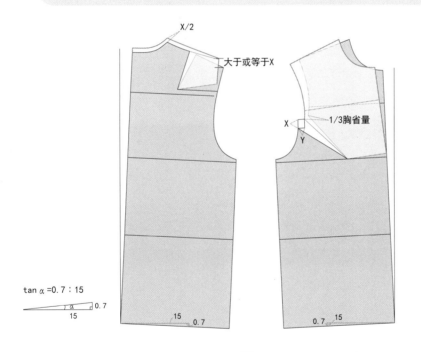

图二

图二：①与立裁对应，为了保持臀围线在立体状态下的水平，将前后片原型以前后中臀围点为中心，向侧面旋转角度 α (tan α =0.7：15)。②将前片胸省量转出 1/3 作为撇胸，前袖窿增高 X 的量，增宽 Y 的量。③对应在后袖窿，将肩省转入后袖窿并将后肩点抬高至少大于或等于 X 的量，同时后背长抬高 X/2 的量。

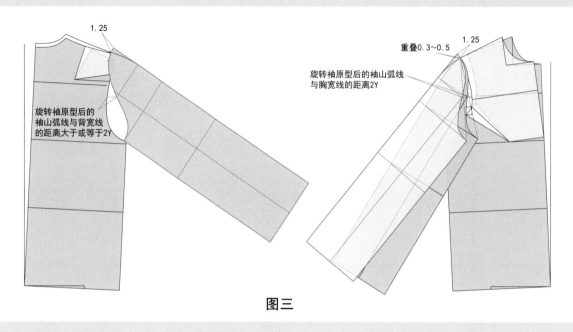

图三

图三：①将前袖原型袖山进 1.25 cm 处与前肩点重叠 0.3~0.5 cm 对齐、袖山弧线与原型前腋点对齐。②根据落肩量 8.4 cm，还需要将前袖原型向上旋转 7° 以满足最小的抬臂角度量，同时测量袖原型的袖山弧线中点至胸宽的量为 2Y，就是抬臂角度和胸省量之间有一个平衡关系。③将后袖原型袖山进 1.25 cm 与后肩点对齐，并在 1/2 袖山处与后袖原型拉开大于或等于 2Y 的量。

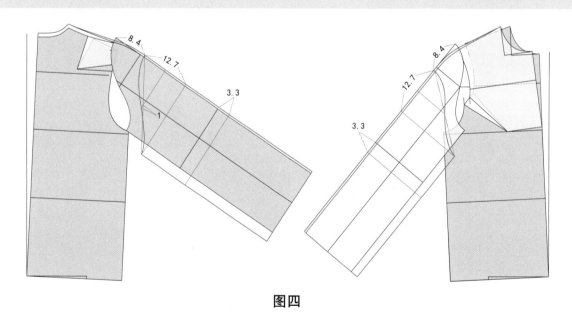

图四

图四：①与立裁对应，定落肩点位置（8.4 cm 处），袖窿开深量为 4.2 cm。②根据落肩量和袖窿开深量推算袖山高：立体袖窿深 18.8 cm ×cos47.5° ≈ 12.7 cm。③肩点及袖中线前移 0.5 cm，根据造型确定前袖肥的放量，在原型的基础上放 2~3 cm（如前袖肥放 2.5 cm，后袖肥放 3 cm），定出前袖斜线。④经过 1/2 袖山高处作前袖山弧线。⑤经过 1/2 袖山高中点加 1 cm 处作后袖山弧线。⑥平行画出袖底缝线、袖口线、袖肘线。

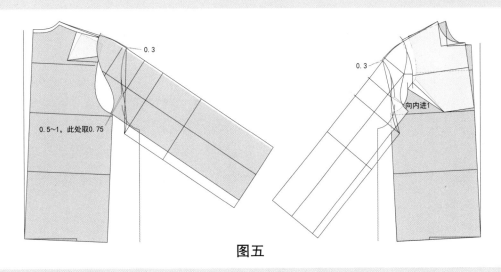

图五

图五: ①作前袖窿弧线。在袖中抬高 0.3 cm, 在 1/2 袖山点处向衣身进 1 cm 为新腋点, 从新腋点向外定 5.5 cm 袖窿宽, 并将袖窿开深落肩量的一半 (4.2 cm 左右), 将前袖窿弧长调整到 22.5 cm 左右。
②作后袖窿弧线。在袖中抬高 0.3 cm, 在 1/2 袖山高点处向衣身进 0.75 cm 为新腋点, 从新腋点向外定 5.5 cm 袖窿宽, 并将袖窿开深落肩量的一半 (4.2 cm 左右), 将后袖窿弧长调整到 25.5 cm 左右。
③沿前后袖底点竖直向下标出侧缝线。

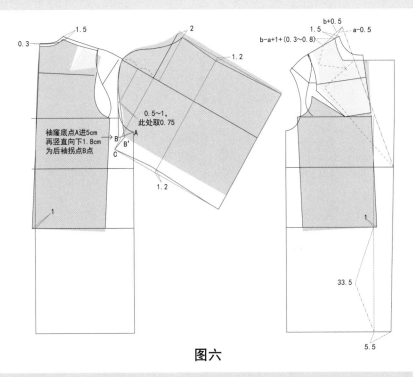

图六

图六: ①根据款式造型, 画前后领圈线, 确定驳口线, 并画好驳头造型, 沿驳口线将领子对称出去, 画前后衣长、下摆造型。②将前袖沿袖中缝合并到后袖上, 并将前袖山旋转开深 2 cm, 根据款式造型确定拐袖展开量之前的拐点 A 点。③在 1/2 袖山高处从袖窿弧线向外 0.7 cm 为袖山弧线经过点, 以 B 点向袖子方向 2 cm 为 B' 点, 以 B' 点为圆心, AB 长为半径画弧相交后袖肥的延长线于 C 点, 重新连接后袖窿袖山线、后袖底袖口线。

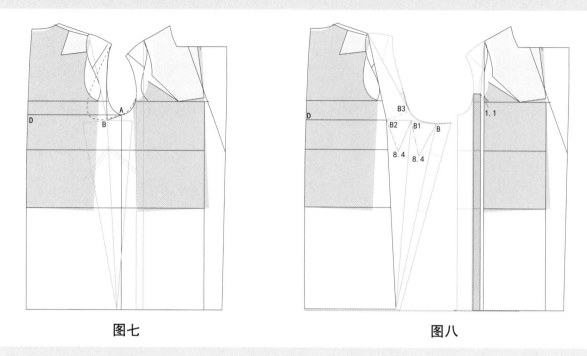

图七 图八

图七：取出前后衣身基础型，根据立裁造型的袖窿切面效果在基本型上画出前后袖窿切面线，根据袖窿切面效果画出展开线和展开量，对应前片画出展开线。

图八：沿前后各展开线根据造型量展开，B-B1、B1-B2、B2-B3 展开量相同，均为 8.4 cm，前片沿造型线拉开 1.1 cm。

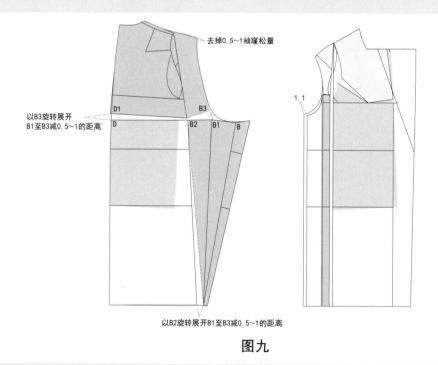

图九

图九：①后片。以 B3 点为圆心，将 D 点旋转张开至 D1 点，DD1 的长度等于 B1B3－(0.5~1) cm，连顺外轮廓线条。②前片。根据后袖窿造型调顺直袖窿底部弧线，并向外增加袖窿宽 1.1 cm，连顺外轮廓线条。

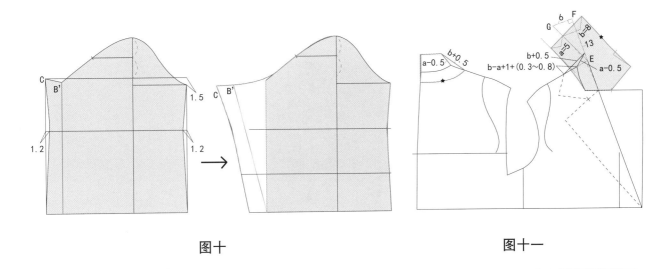

图十   图十一

图十：①取出袖子基础型，以 B'点竖直向下，标出后袖展开线。②沿后袖展开线，在 B'点处根据后袖窿弧长展开 9.5 cm，保持后袖山弧线比后袖窿弧线短 1 cm。

图十一：前肩缝的延长线与驳口线交于 E 点，过 E 点延长驳口线 13 cm 至 F 点，在过 F 点的垂直于 EF 线上取 6 cm 处为 G 点，作 EG 的平行线（平行宽度取领座高 a=5 cm）与肩缝相交，然后从与肩缝的相交点向后取后领窝的长度并作垂线。最后将领角以及前肩缝沿驳口线对称画线，连顺各线条。

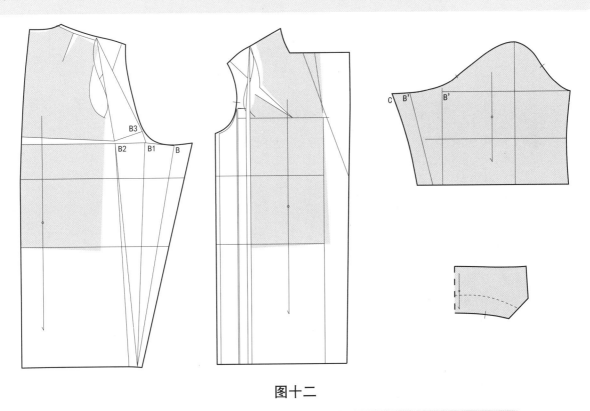

图十二

图十二：提取裁片。

图 3.2.1 插肩拐袖外套款式

3.2.1 插肩拐袖外套的学习重点

(1) 胸省、肩省的分散转移。

(2) 后连袖拐量的塑造、量的变化、切展原理。

(3) 肩斜角度余量、袖中角度余量的合理变化处理。

(4) 挖领脚配领的原理。

单位：cm。竖虚线为经纱方向标注线，横虚线为纬纱方向标注线。

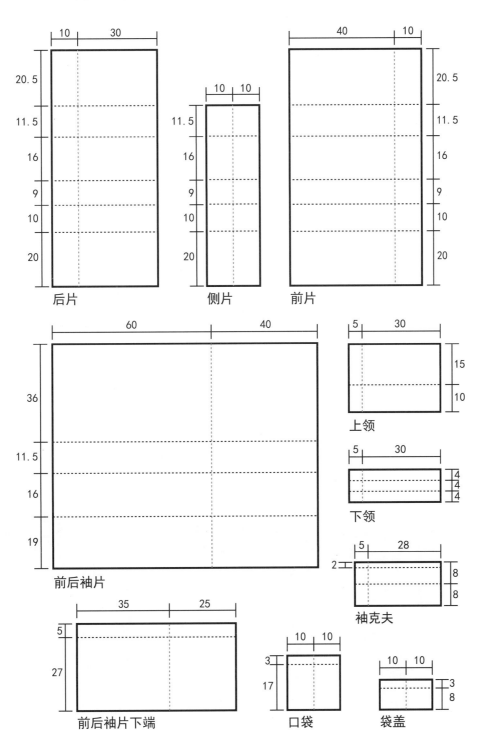

图 3.2.2 坯布取样图

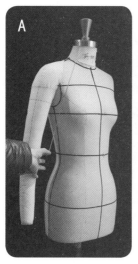

人台贴线:

　　宽松的款式在贴标志线时会用到投影的方式,可起到参考造型的作用。在实际立裁过程中需要制板师根据造型体量调整(图 A、B)。

补充标志线:

门襟造型线
领圈线
领部造型线
口袋造型线
袖窿线
后片分割线
插肩造型线
下摆造型线

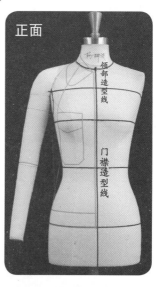

正面

领部造型线

门襟造型线

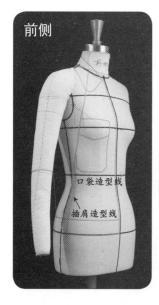

前侧

口袋造型线

插肩造型线

侧面

袖窿线

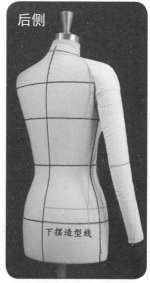

后侧

下摆造型线

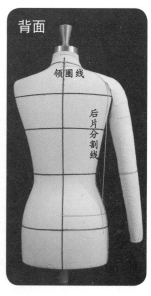

背面

领圈线

后片分割线

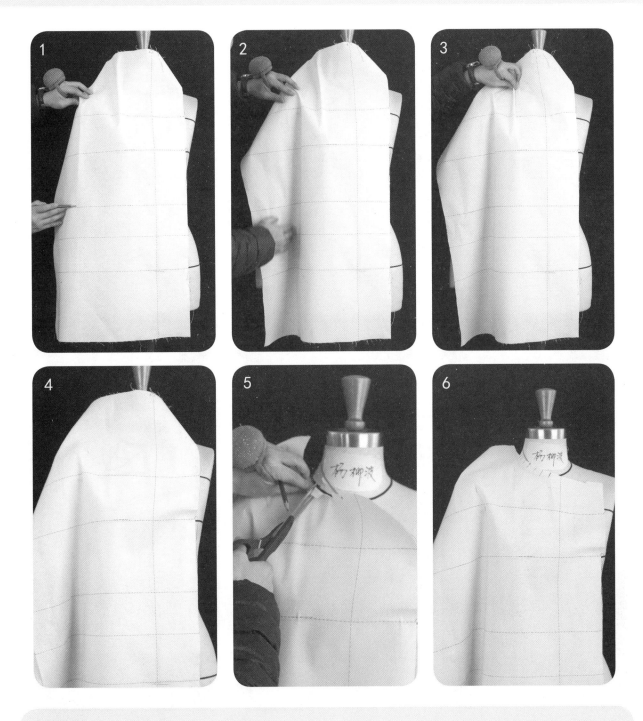

前片

1 把布料与人台上的前中心线、胸围线对齐，固定上下两端及胸高；根据款式在袖窿深处做宽度标记。

2 沿胸侧向上推平布料。

3 将胸省多余量放在前胸位置。

4 将胸省余量推向前胸作为撇胸。

5、6 沿领圈打剪口，修剪领圈，用针在肩部临时固定。

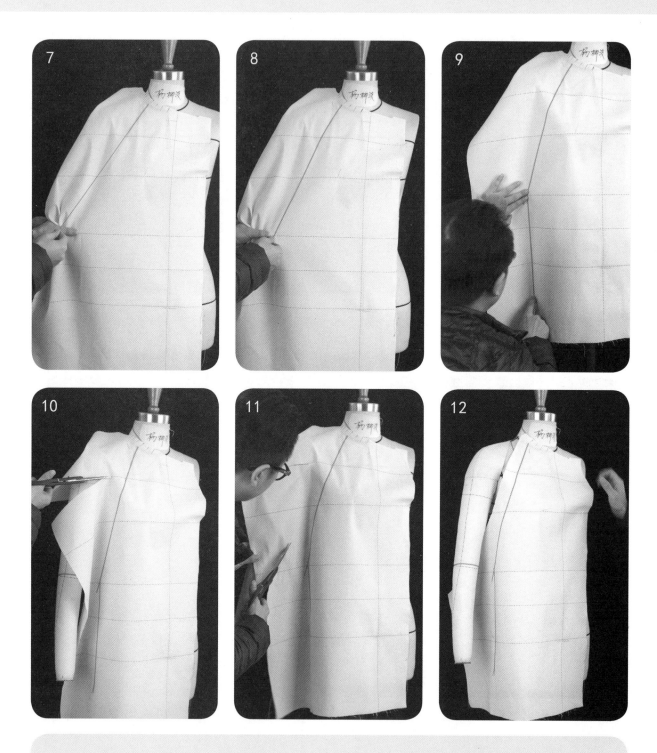

7~12 参照标志线，用标志带拉出袖窿宽度，标记插肩袖线条位置和前片分割线作为裁片修剪的参考，修剪袖窿多余缝份，在胸宽线上临时固定。

注意：沿胸宽线修剪至腋点位置，依照分割线上下分别修剪多余布料，可以避免丝缕变形，保留足够的操作空间。

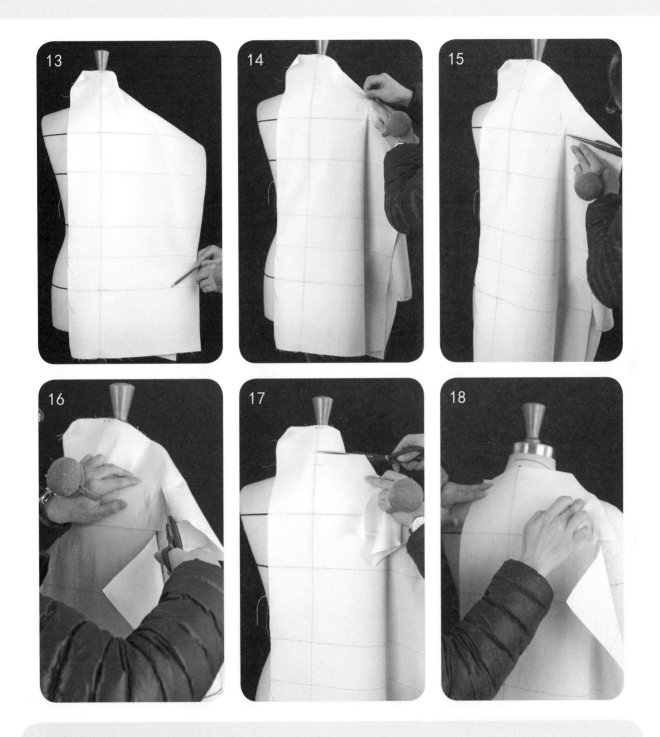

后片

13 将布料与人台上的后中心线、胸围线、腰围线、臀围线对齐，固定上下两端及背宽。根据款式在臀围线下摆的宽度处做宽度标记。

14 沿分割线向上推平布料，根据造型面保留适当松量。

15 沿背宽线开剪口至分割线 1.5 cm 处。

16~19 保留 3 cm 操作余量，修剪肩部其余缝份，沿领圈打剪口，修剪领圈，用针在背部临时固定。

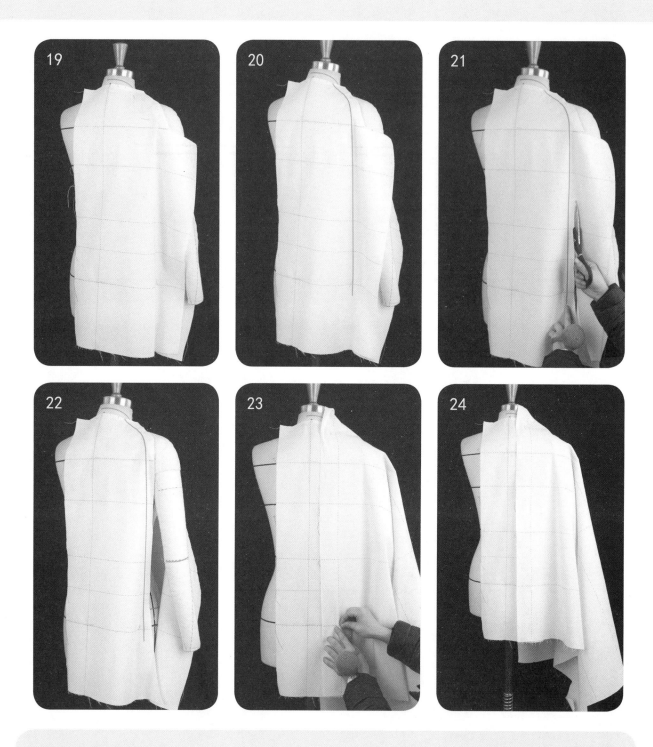

20 在后片分割处贴标志线。

21、22 保留 3 cm 的操作余量，参照标志线，用标志带拉出袖窿宽度，标记插肩袖线条位置和前片分割线作为裁片修剪的参考，修剪袖窿多余缝份，在胸宽线上与人台临时固定。

袖身

23、24 将袖片与后片的经纱方向平行对齐，沿袖片经纱叠合对齐领圈与袖窿的交点。用叠合针法固定。

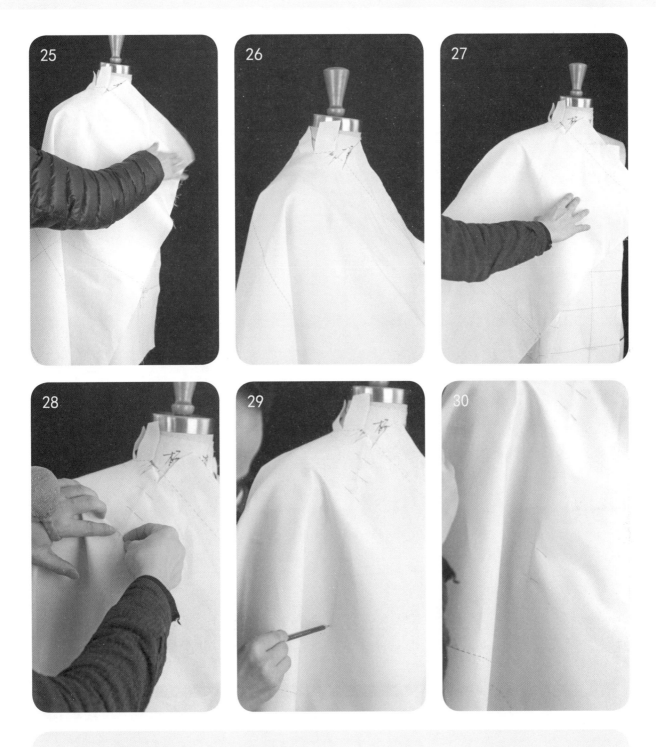

25、26 从肩部向前推平布料，沿领圈开剪口。

27 抬起手臂，观察前后衣身平衡与抬臂程度，预留抬臂松量。

28 保持布面平顺、伏贴，以叠合针法固定前片胸宽线以上部分。

29、30 在腋点向下与袖隆交叉处固定袖片与衣身，从此点向上叠合固定袖隆分割线。

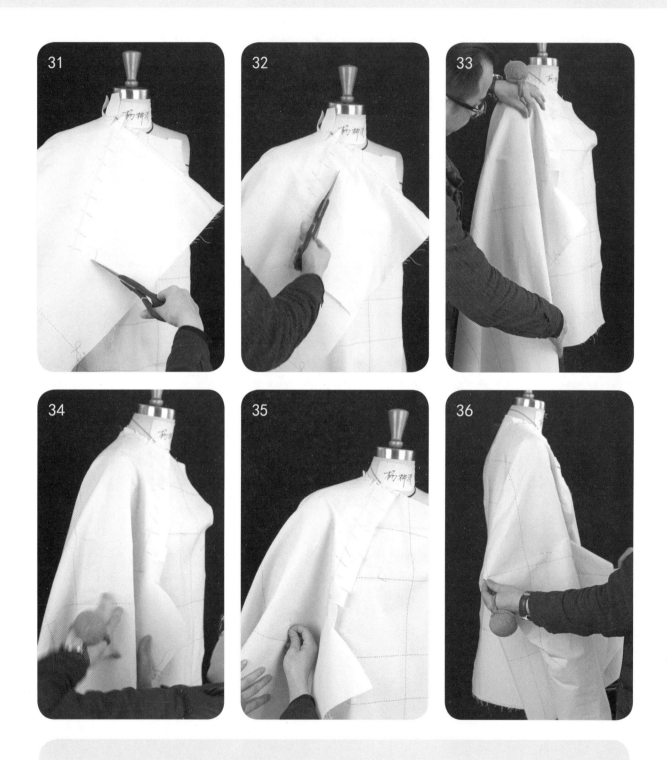

31、32 垂直于此点开剪口，保留缝份，修剪多余布料。

33~35 沿肩点向手臂抚平布面，分别固定袖口内侧和外侧。

36~38 反复调整袖型轮廓。

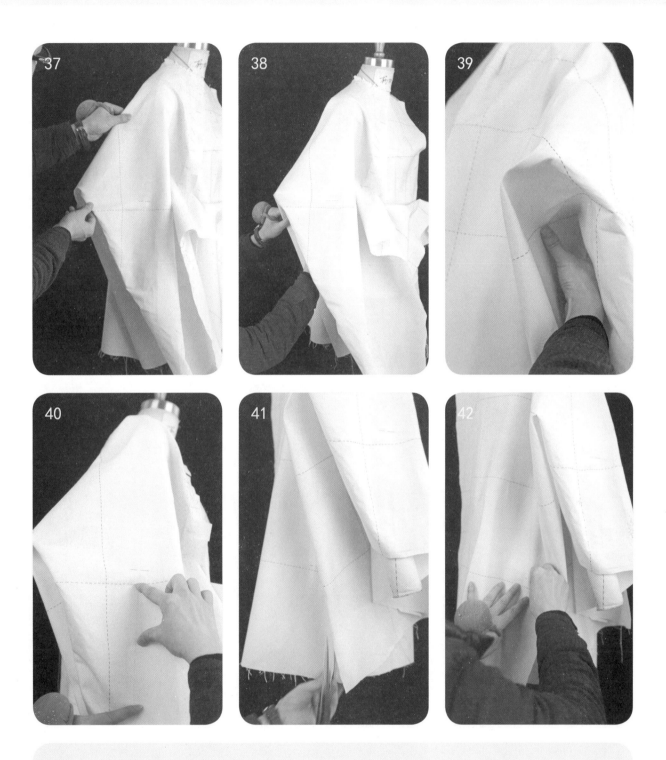

39、40 根据袖窿底宽在袖口增加操作余量，修剪多余缝份。

41、42 根据衣长沿转折面开剪口，松开底摆叠合，向后中推转适当的松量，重新固定。

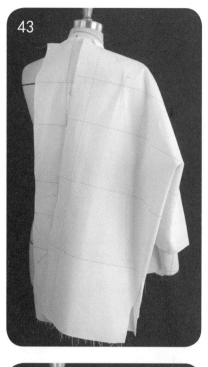
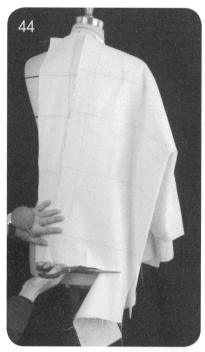
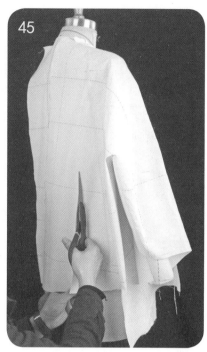

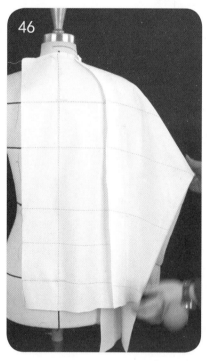
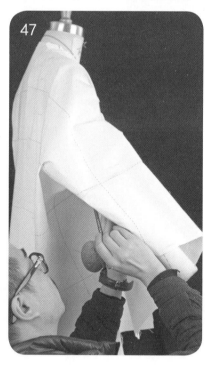

43 超宽针距临时叠合固定后片分割线。

44 底摆处预留 8 cm 缝份，修剪多余布料。

45 后片分割线预留 5 cm 缝份，修剪多余布料。

46 整理袖身轮廓。

47、48 用铅笔画出袖口分割线。

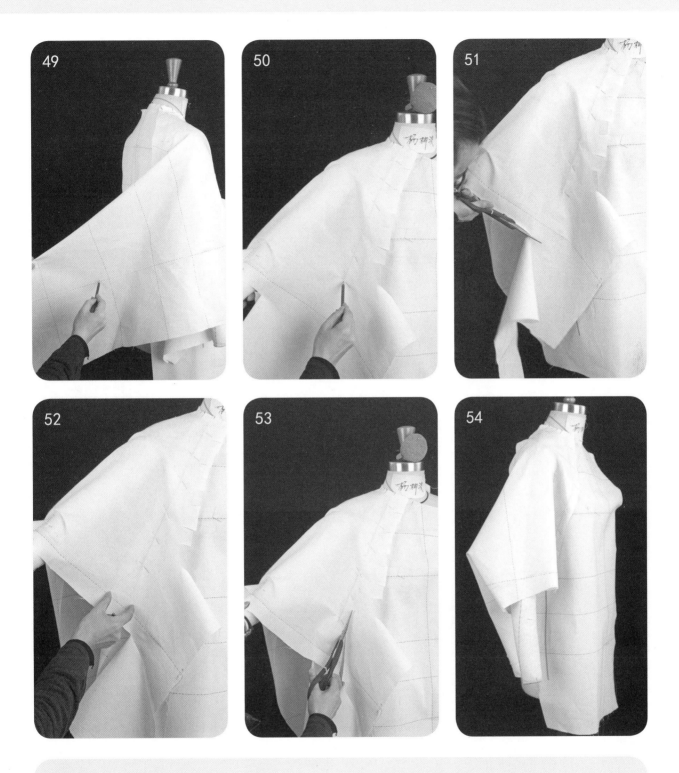

49、50 打开袖身裁片，调整画顺分割线。

51 预留 5 cm 缝份，修剪多余布料。

52~53 预留可能的抬臂松量后，修剪多余布料。

54 整理袖身。

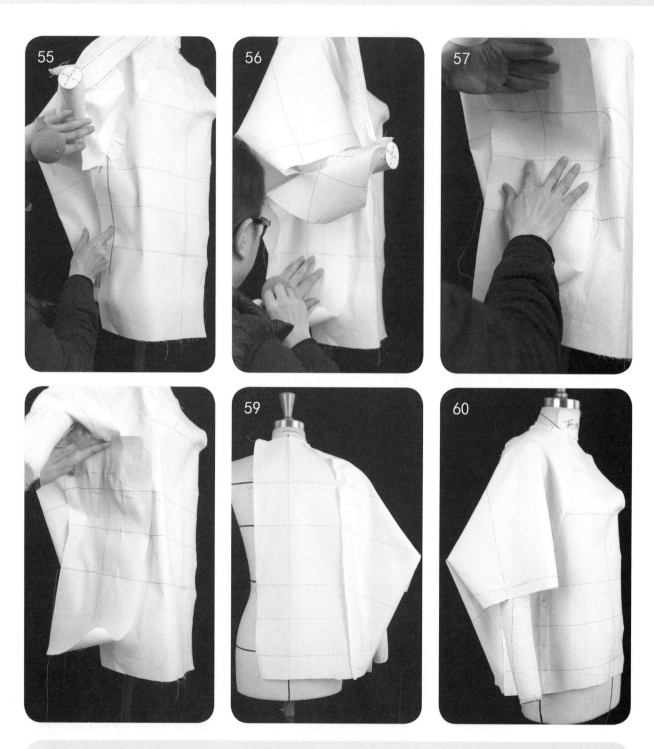

55 整理前后片侧面分割线，临时固定臀围线于人台上。

56、57 对齐侧片与前片的臀围线，保持经纱方向平行，叠合固定臀围线。

58 沿经纱方向向上抚推侧片，依次叠合固定轮廓边缘。

59~61 修剪缝份，整理轮廓。

袖子

62、63 将袖中线对齐手臂中线，在交叉点叠合固定，沿分割线叠合上袖口。

64~66 抓合袖底缝，修剪多余布料。

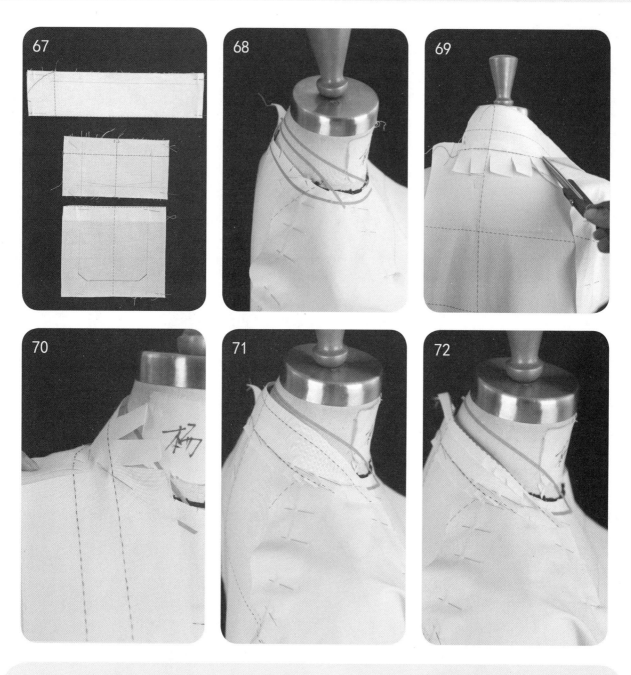

67 铺平布料，画出袖口、袋盖和口袋。

领子

68 贴领座参考线，底领裁片对齐后中心线和标志线。

69、70 沿领圈开剪口，向前推平布料，保持适量颈部松量，依照领座标志线叠合固定。参照标志线沿上领口开剪口。

71 修剪多余缝份。

72 翻折缝份。

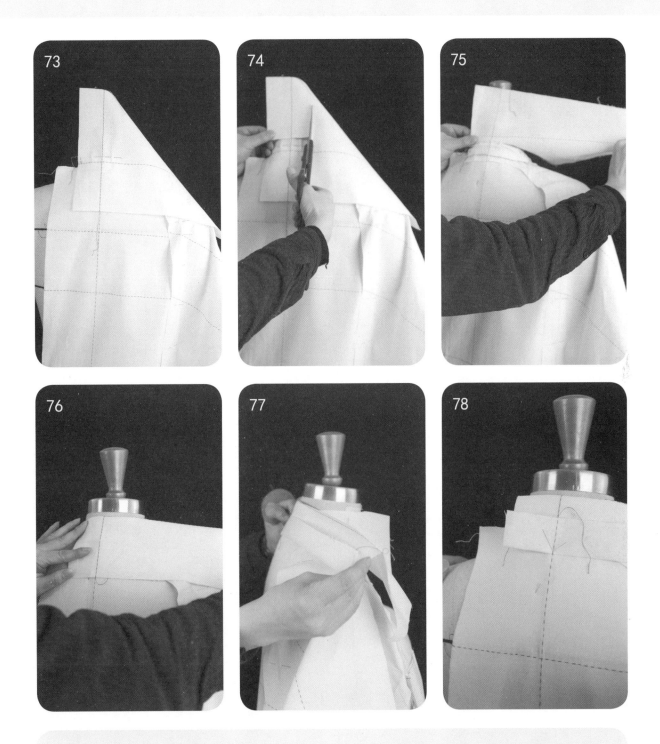

73、74 预留 1 cm 领面坐势，对齐后中心线、上领口线，将领面和底领叠合固定，沿领座上口隔 2 cm 叠合固定，向上修剪多余缝份。

75 将领面向上翻折。

76 留出坐势量向下翻折。

77 根据面领宽度沿领外口线向上翻折。

78 在后领中用交叉针法固定。

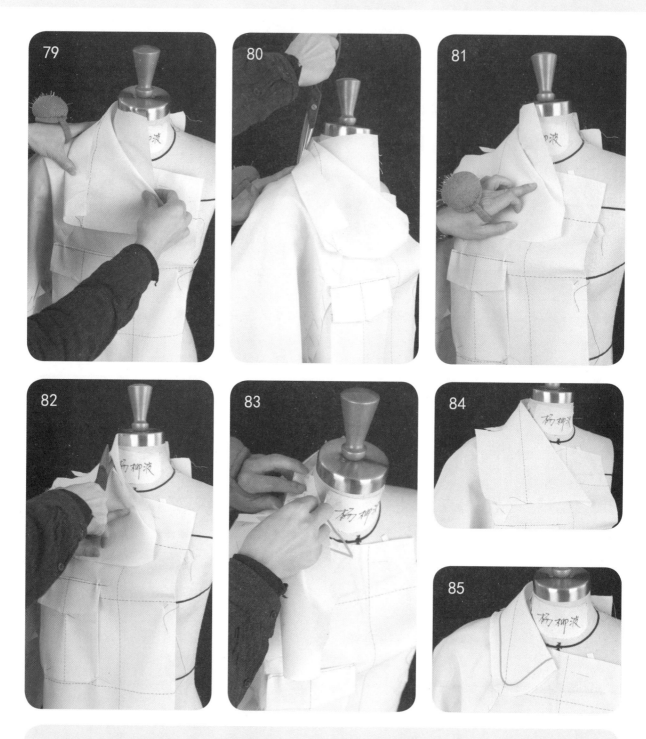

79 保持领外口松量伏贴，搓出面领翻折线，在前领中与人台临时固定。

80 沿领面外口缝份开剪口。

81 调整观察翻折线。

82 修剪面领下口缝份。

83~85 根据领座位置开剪口，将领座与面领别合，用标志线贴出领面轮廓。

86、87 点影、平铺裁片图。

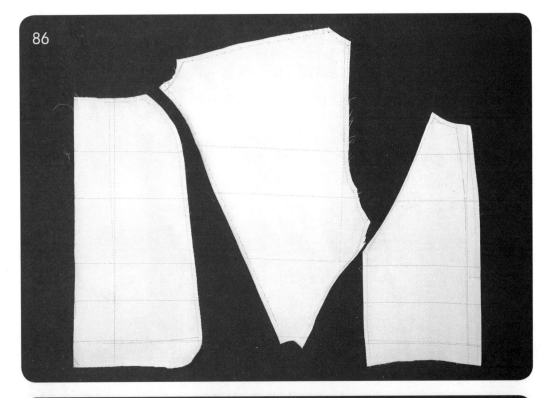

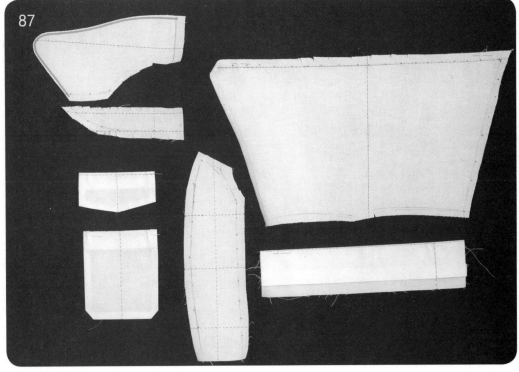

88、89 回样完成。

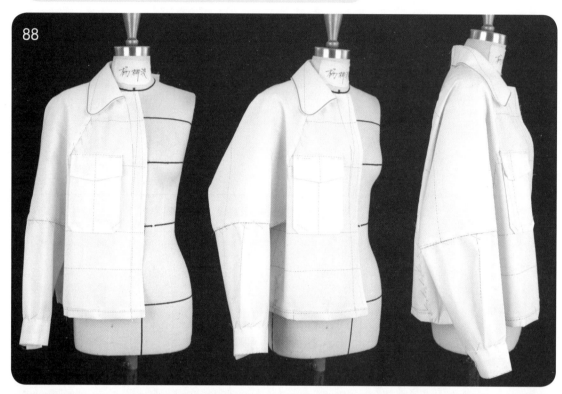

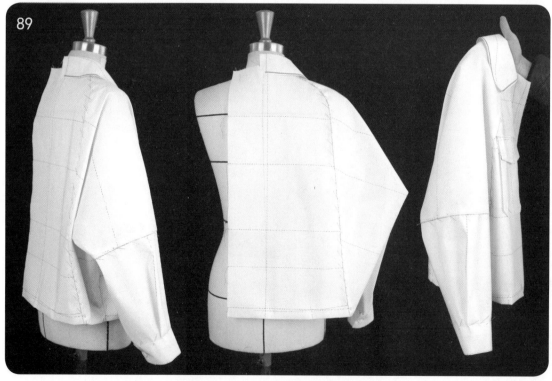

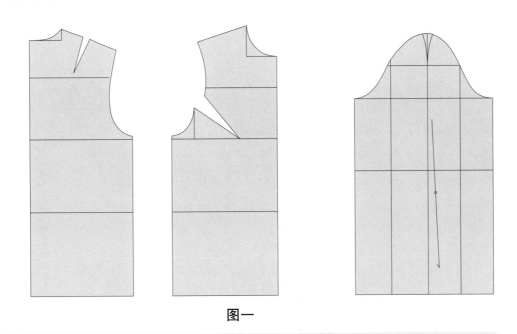

图一

图一：调出衣身、袖原型。

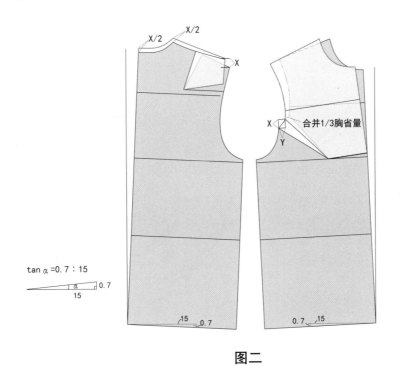

图二

图二：①与立裁对应，为了保持臀围线在立体状态下的水平，将前后片原型以前后中臀围点为中心，向侧面旋转角度 α（tan α =0.7：15）。②将前片胸省量转出 1/3 作为撇胸，前袖窿增高 X 的量，增宽 Y 的量。③对应在后袖窿，将肩省转入后袖窿并将后肩点抬高至少大于或等于 X 的量，同时后背长抬高 X/2 的量。

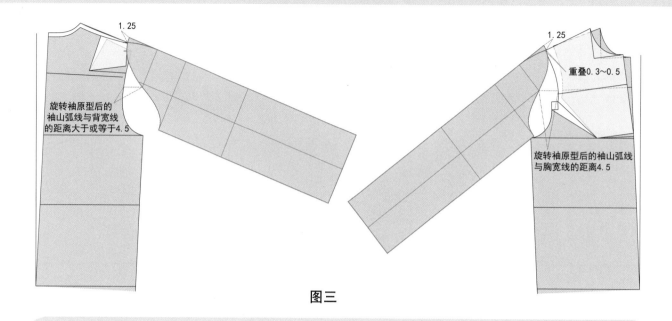

图三

图三：①将前袖原型袖山进 1.25 cm 处与前肩点重叠 0.3~0.5 cm 对齐，袖山弧线与原型前腋点对齐。②根据款式造型，还需要将前袖原型向上旋转 20° 来满足抬臂角度量，同时测量袖原型的袖山弧线中点至胸宽的量为 4.5 cm。③将后袖原型袖山进 1.25 cm 与后肩点对齐，并在 1/2 袖山处与后袖原型拉开大于或等于 4.5 cm 的量。

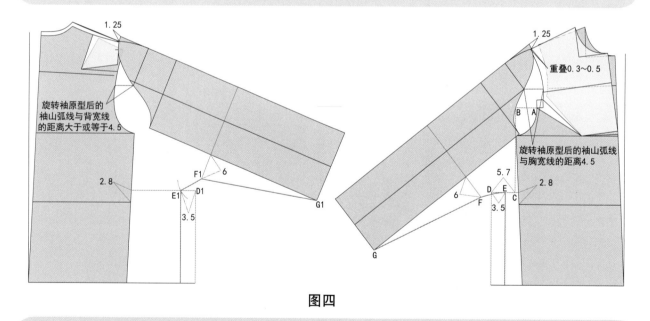

图四

图四：①根据款式造型面，袖窿深定在腰围线上 2.8 cm，沿原型腋点 A 画水平线与袖原型交点为 B，沿 B 点竖直向下和袖窿深线交点为 C，以 C 点沿袖窿深水平线放出袖窿宽 5.7 cm 为 D 点，以 D 点沿袖窿深线进 3.5 cm 定出前侧片宽度 E，向内延长袖肘线 6 cm 为 F 点，连接 EFG 为前袖底线。②后片根据前片平衡操作，将后袖肘线延长 6 cm 为 F1，以 F1 为圆心，EF 长为半径画弧，与后袖窿深线相交于 E1，E1 向外放出后侧片宽度 E1 至 D1 点，连接 E1F1G1 为后袖底线，过点 D、E、D1、E1 竖直向下画出侧缝线至臀围线。

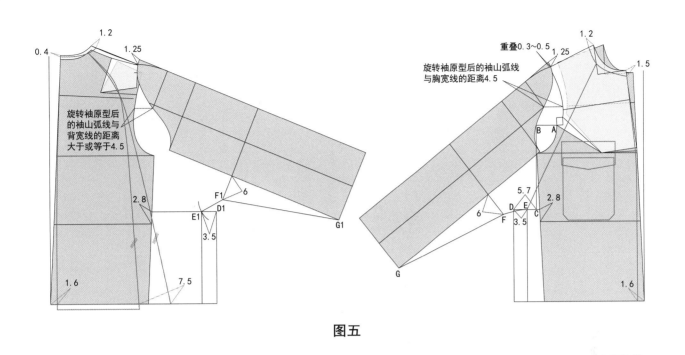

图五

图五：绘制前后中心线、领口线、前袖窿弧线、后分割线、袋盖、口袋位置。

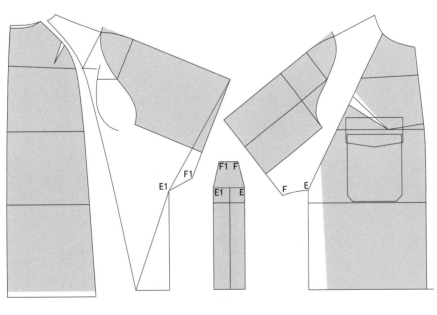

图六

图六：取出前后身各裁片，在后袖片上画出拐量造型展开线，后肩点至后肩胛骨线连接成切展线，侧片 E、E1 连接为切展线。

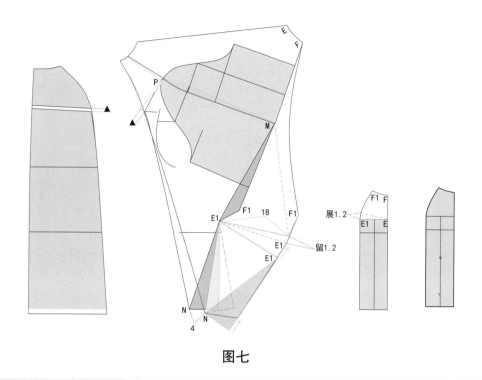

图七

图七：①在后袖上以后肩点 P 点为圆心展开至后肩和前肩重合，造成开刀缝增长▲，同时在后中片对应位置拉开▲，圆顺连接外轮廓线。②以 M 点为圆心，将 E 点位置拉开 18 cm 拐量，以 E1 点为圆心，将 N 点拉开 4 cm 为新 N 点，再以新 N 点为圆心将 E1 点拉开 18 cm，将后侧缝展开增长的量从下摆去掉，即 E1 点上移，连顺袖片外轮廓。

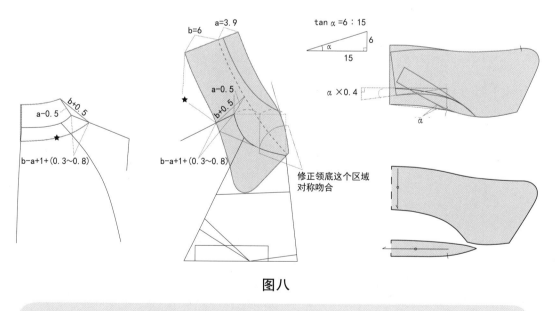

图八

图八：配领子、分领座。

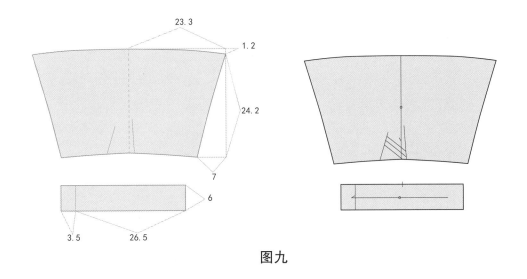

图九

图九：配袖子下段、袖克夫。

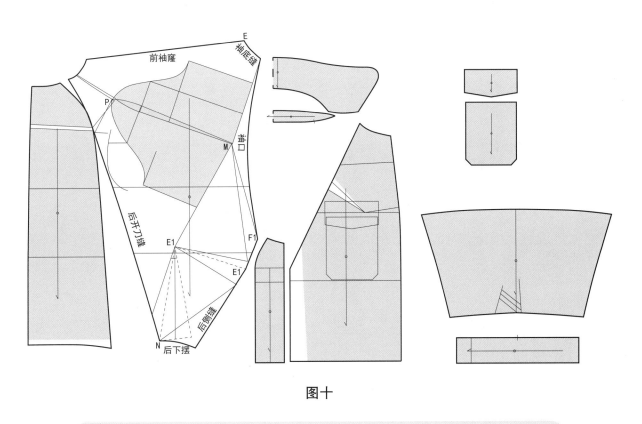

图十

图十：完整裁片图。

图 3.3.1 大直线落肩袖外套款式

3.3.1 大直线落肩袖外套的学习重点

(1) 落肩量与袖窿开深量、抬臂角度、袖窿切面、袖山高、袖肥之间的平衡关系。

(2) 胸省、肩省的分散转移。

(3) 直线型落肩量的任意型设计应用。

(4) 直线型落肩袖袖窿袖山线条的美观塑造。

单位：cm。竖虚线为经纱方向标注线，横虚线为纬纱方向标注线。

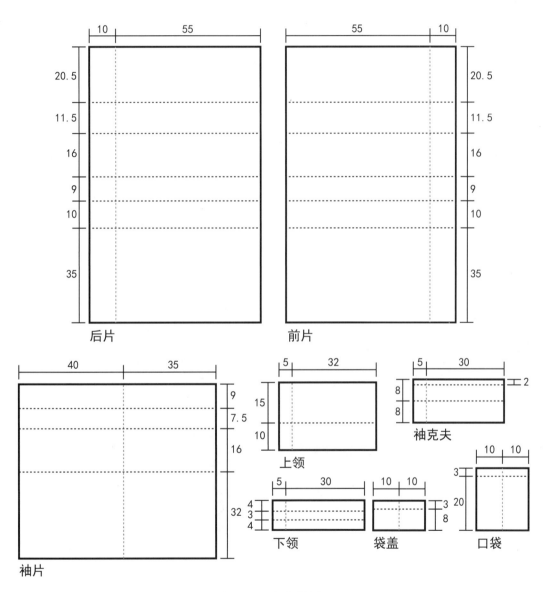

图 3.3.2 坯布取样图

补充标志线:

领圈线
翻领造型线
口袋造型线
肩缝线
落肩袖窿线
门襟造型线

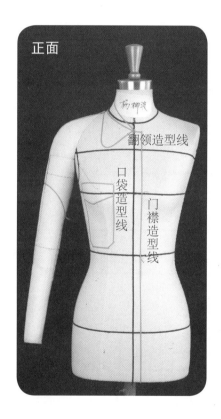

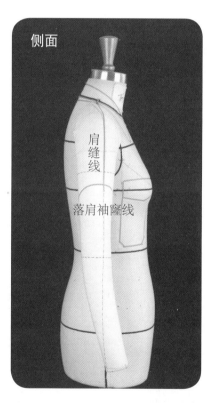

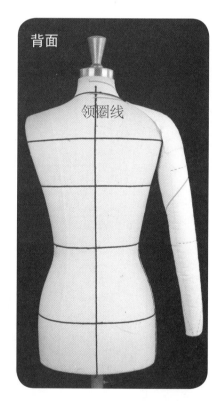

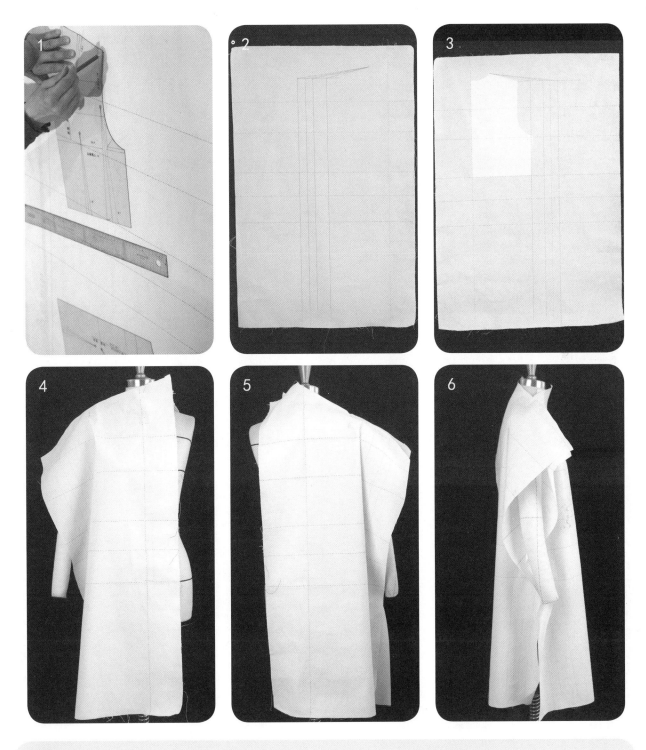

衣身

1~3 根据落肩程度的不同来确定肩宽尺寸，在经纱方向画参考线，作为立裁的袖窿参考。

4 将前片与人台上的前中心线、胸围线对齐，固定上下两端，平推至肩侧，预留款式松量，固定肩部和侧摆。

5 将后片与人台上的后中心线、胸围线对齐，固定上下两端，平推至背侧，预留款式松量，固定背部和侧摆。

6 调整前后片形态。

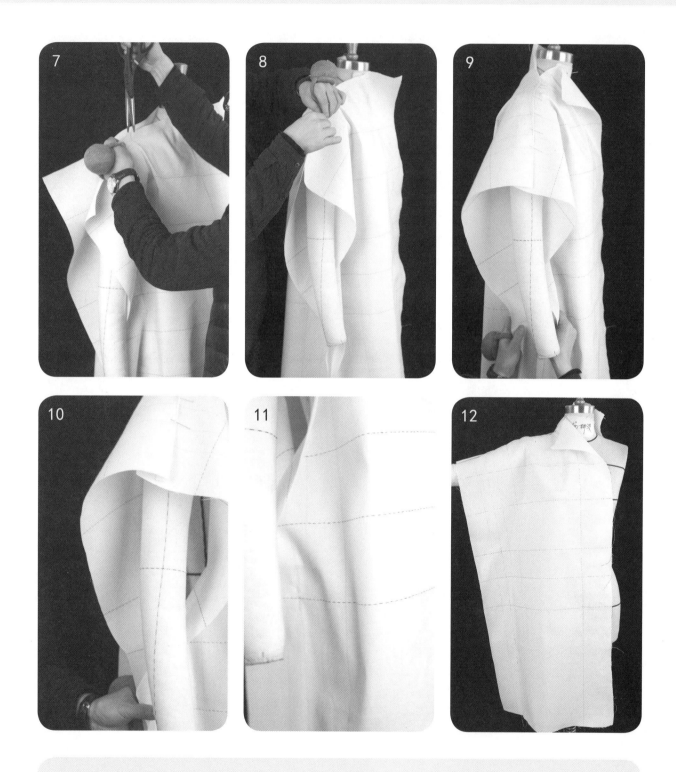

7、8 从肩部开剪口，根据需要的袖窿宽度，调整袖窿尺寸，叠合固定肩部。

9~12 对齐臀围线，抓合侧缝，叠合固定。

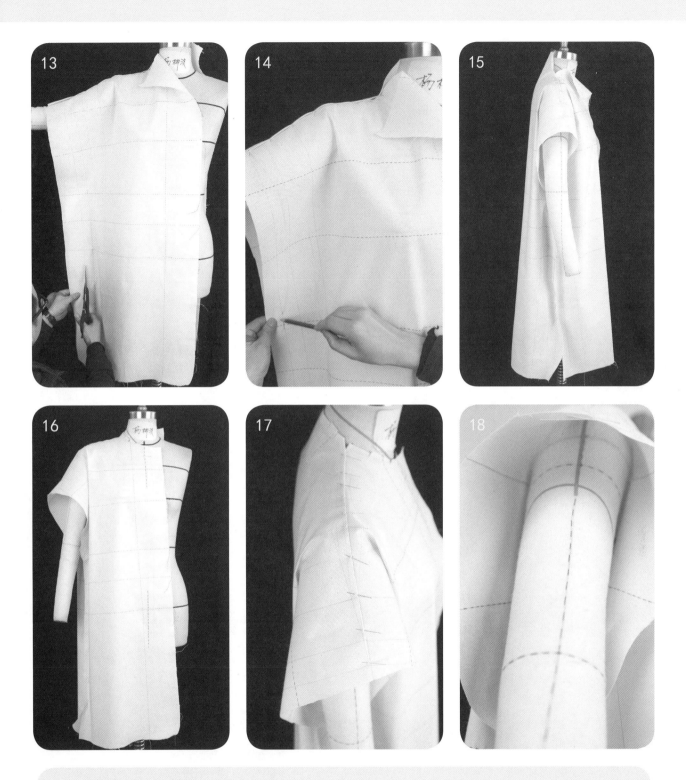

13 修剪侧缝。

14、15 用铅笔在前袖窿画出袖窿弧线，修剪多余布料。

16 沿肩线向外侧旋转拉动衣身，调整肩头形状和衣身转折面的位置。

17 沿领圈开剪口，修剪多余缝份。

18 根据款式调整袖口，保持袖身内部空间均匀。

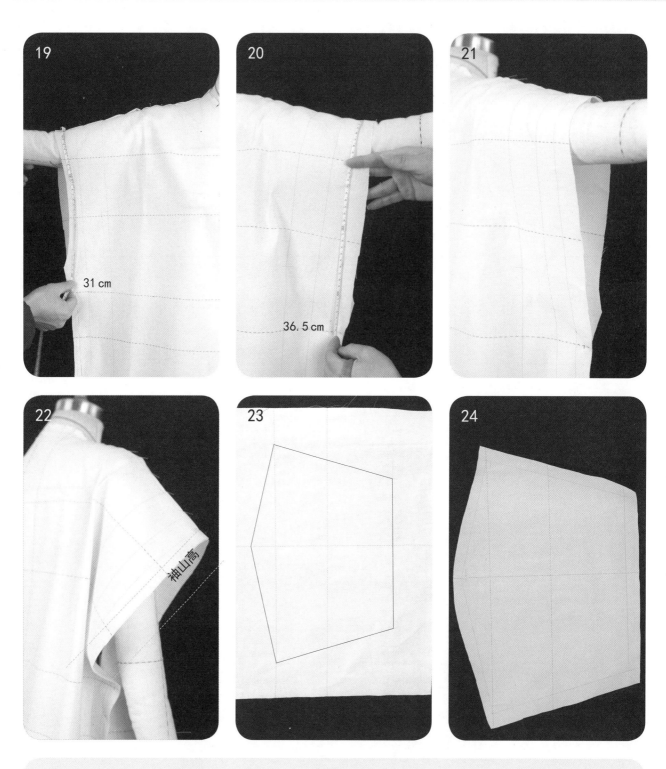

袖子

19~22 测量前后袖窿长度，前 31 cm，后 36.5 cm ，测量袖山高。

23、24 在布料上画出袖子的框架线，预留 3 cm 操作余量，修剪多余布料。

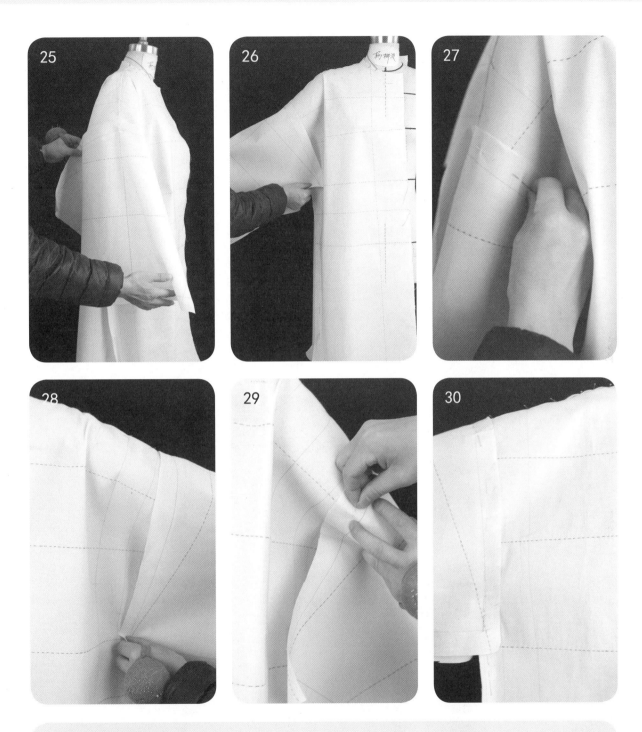

25 在肩端对齐袖中心线。

26、27 叠合固定，抬起手臂，向前推平，叠合固定前袖窿。

28 向后推平。

29 叠合固定后袖窿。

30 抓合袖底缝，叠合固定。

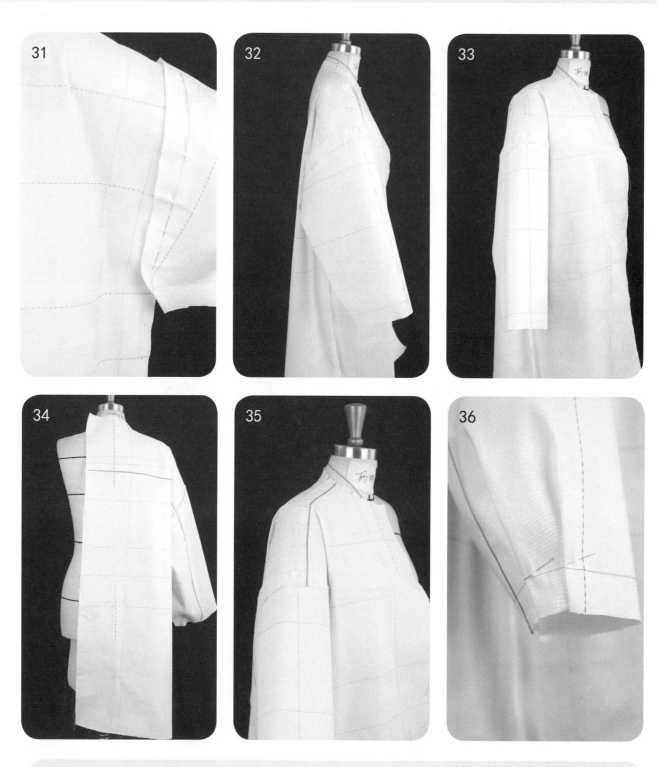

31~33 修剪多余缝份。

34、35 贴前后过肩分割线。

36 袖口处折叠两个褶裥。

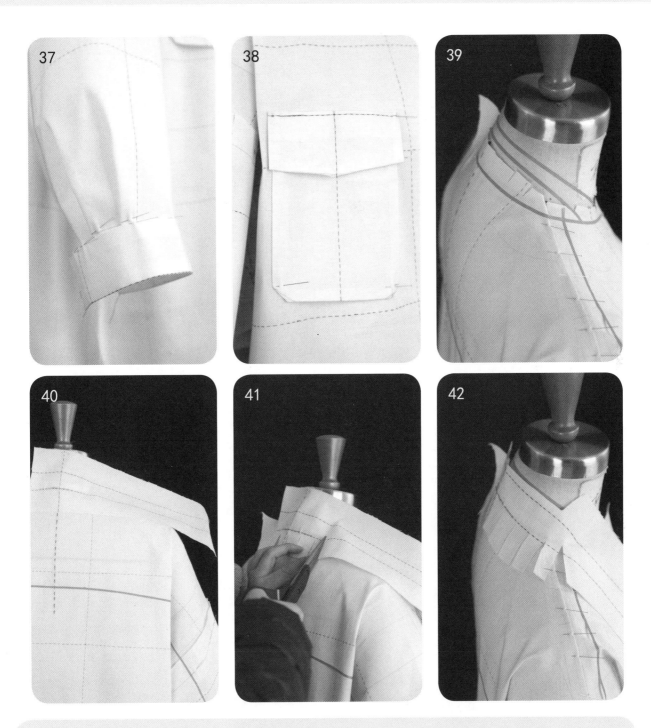

37、38 平面画出袖口、口袋形状，叠合固定。

领子

39 贴领座参考线。

40 底领裁片对齐后中心线和标志线。

41、42 沿领圈开剪口，向前推平布料，保持适量颈部松量，依照领座标志线叠合固定。参照标志线沿
上领口开剪口。

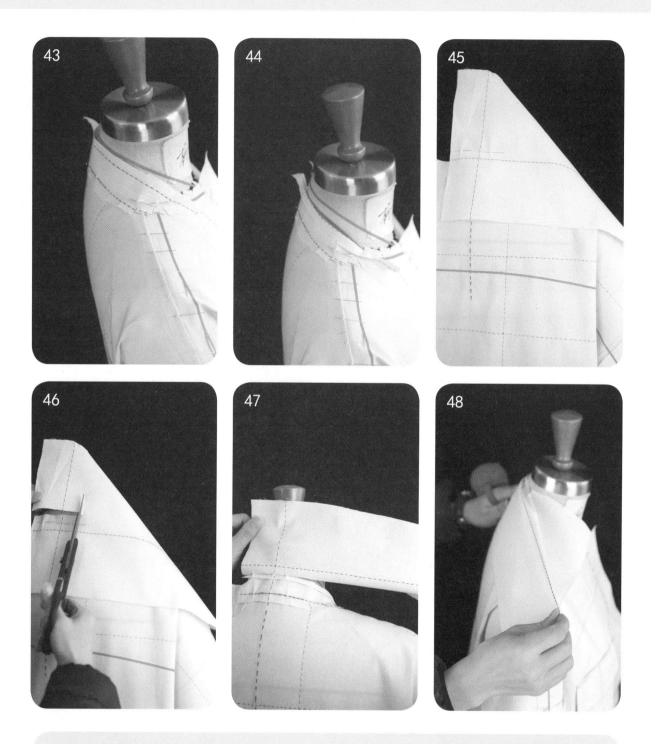

43、44 修剪多余缝份，翻折缝份。

45 预留 1 cm 领面坐势，对齐后中心线、上领口线，将领面和底领叠合固定，沿领座上口隔 2 cm 叠合固定。

46 向上修剪多余缝份。

47 将领面向上翻折。

48 留出坐势量向下翻折。

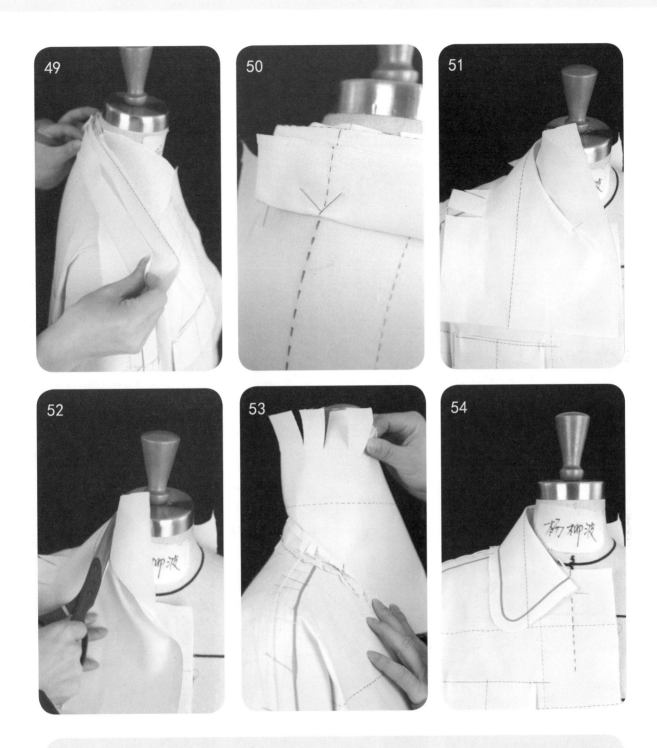

49 根据面领宽度沿领外口线向上翻折。

50 在后领中以交叉针法固定。

51 保持领外口松量伏贴，搓出面领翻折线，在前领中临时固定，沿领面外口缝份开剪口。

52~54 调整、观察翻折线，修剪面领下口缝份，根据领座位置开剪口，将领座与面领别合，用标志线贴出领面轮廓。

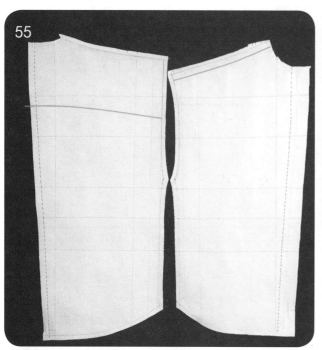

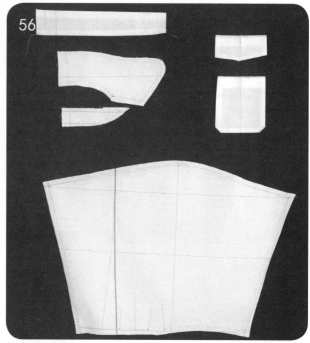

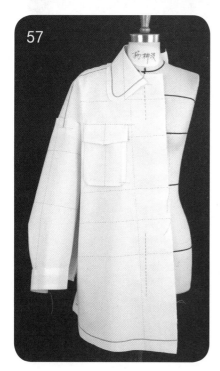

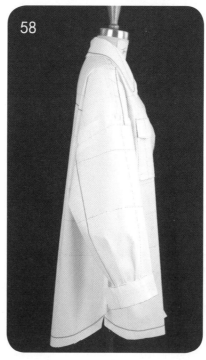

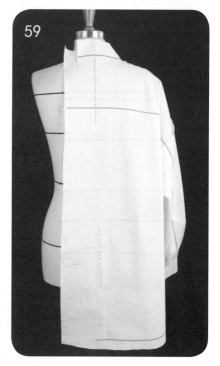

55、56 点影、平铺裁片图。
57~61 回样完成。

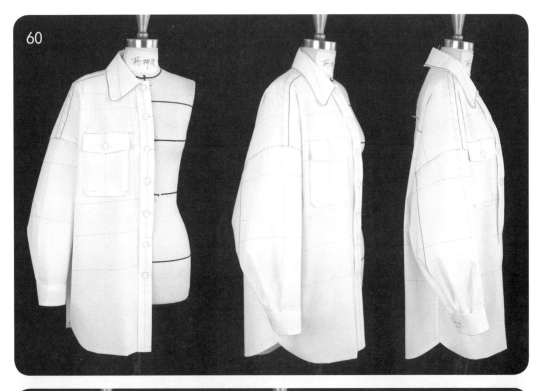

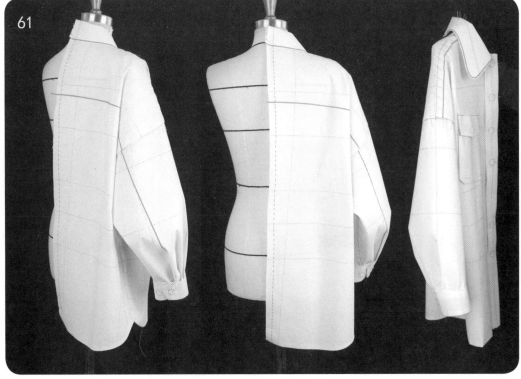

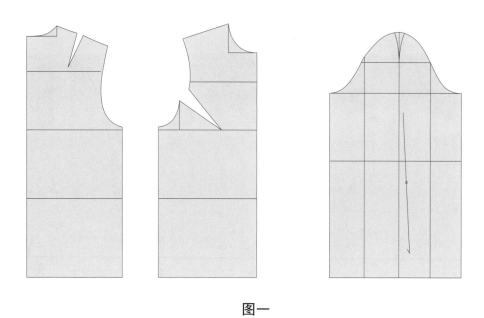

图一

图一：调出衣身、袖原型。

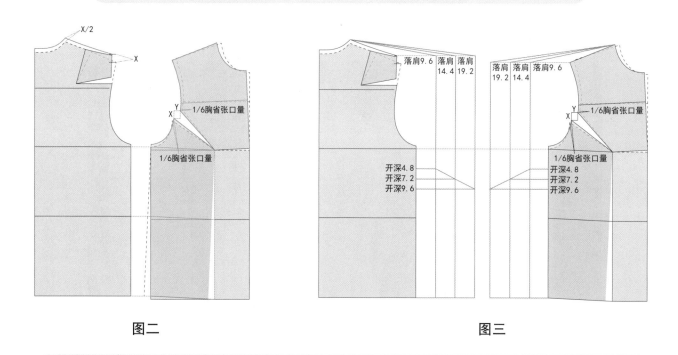

图二   图三

图二：①将前片胸省量转出 1/6 作为撇胸，转 1/6 到下摆，前袖窿增高 X 的量，增宽 Y 的量。②对应在后袖窿将肩省转入后袖窿并将后肩点抬高至少大于或等于 X 的量，同时后背长抬高 X/2 的量，保持前后袖窿高差值大于 1.5 cm。

图三：根据款式设计落肩量、肩斜抬平量、袖窿开深量及胸围放量的基本量的平衡。

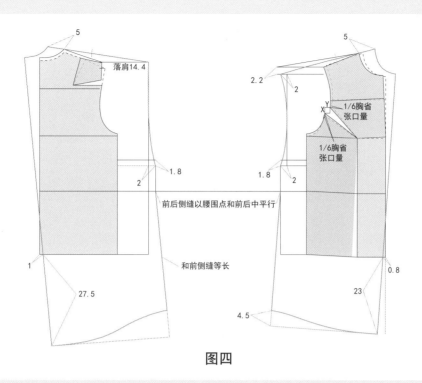

图四

图四：根据款式造型，选择落肩 14.4 cm 作为实例讲解。立裁时有塑造肩点视觉上外扩的感觉，平面上
对应立裁：沿新的肩斜线向前后中方向延长 5 cm，达到造成肩宽视觉变宽 1.4 cm 左右，剩下 3.6 cm 又
变成落肩量，对应袖窿需要再开深 1.8 cm 以达到平衡。

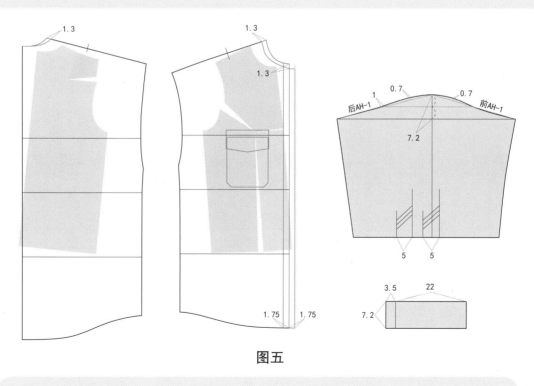

图五

图五：取出衣身裁片，绘制前后领圈、前门襟，确定口袋位置。

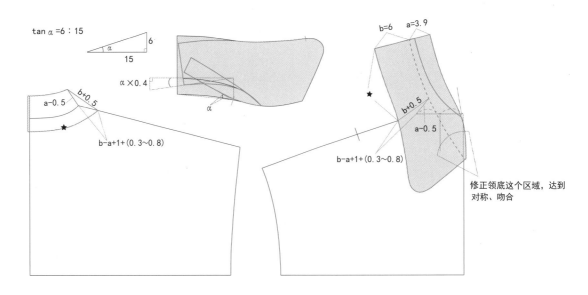

图六

图六：配领。

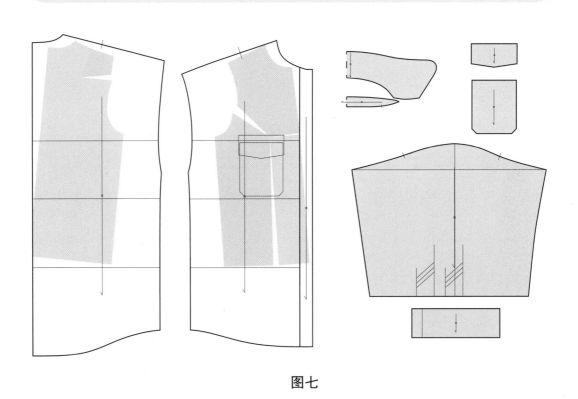

图七

图七：取出全部裁片。

图 3.4.1 柔性小宽肩落肩袖外套款式图

3.4.1 柔性小宽肩落肩袖外套的学习重点

(1) 微落肩的袖窿切面变化，落肩量与新腋点、肩点、袖窿开深点、胸围放量之间的平衡关系。

(2) 胸省、肩省的分散转移。

(3) 袖窿切面变化与袖山、袖肥的平衡关系。

单位：cm。竖虚线为经纱方向标注线，横虚线为纬纱方向标注线。

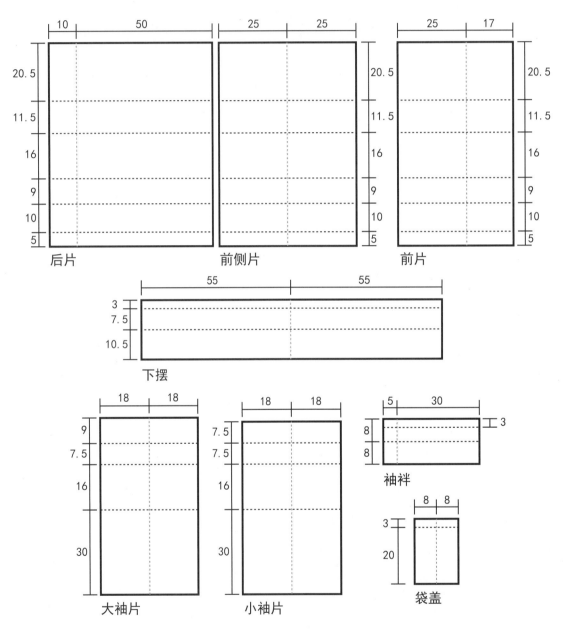

图 3.4.2 坯布取样图

补充标志线：

领圈线

领子造型线

口袋造型线

袖窿线

袖片分割线

前片分割线

下摆造型线

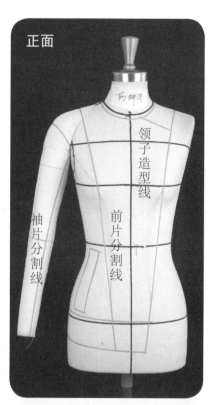

正面

领子造型线

前片分割线

袖片分割线

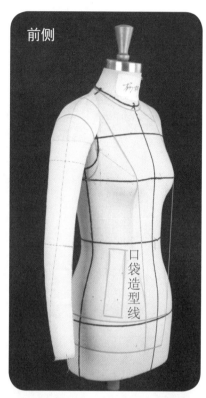

前侧

口袋造型线

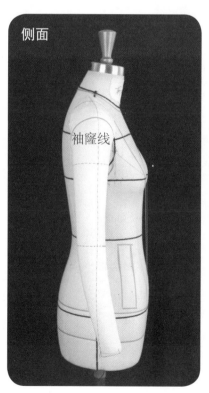

侧面

袖窿线

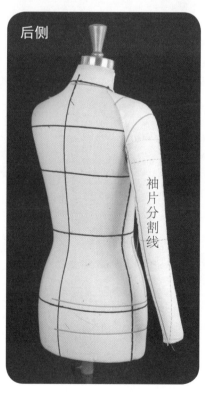

后侧

袖片分割线

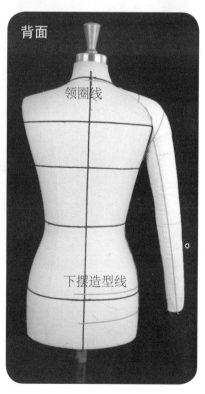

背面

领圈线

下摆造型线

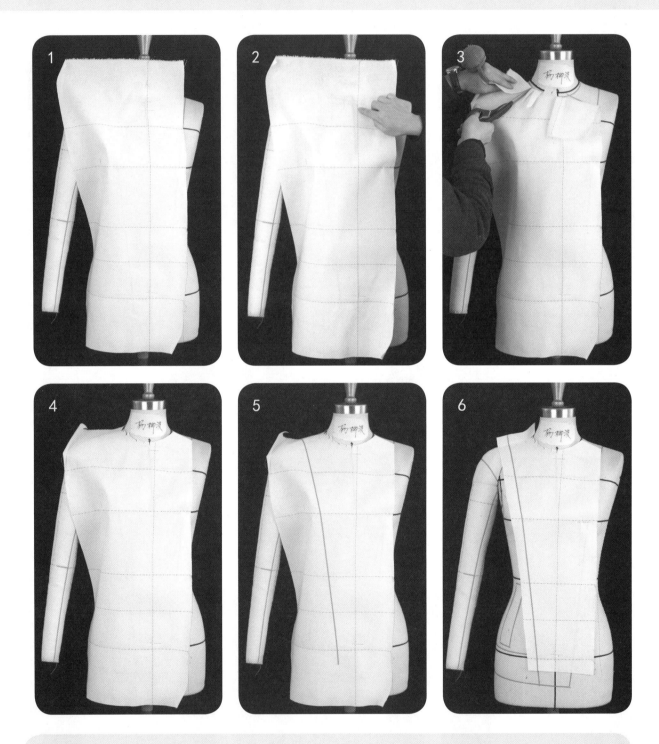

前片

1 将布料与人台上的前中心线、胸围线对齐，固定上下两端及肩部。

2 将胸省余量推向前胸做 1.5 cm 撇胸。

3、4 沿领圈打剪口，修剪领圈。

5、6 依照分割线位置贴标志带，预留缝份，修剪多余布料。

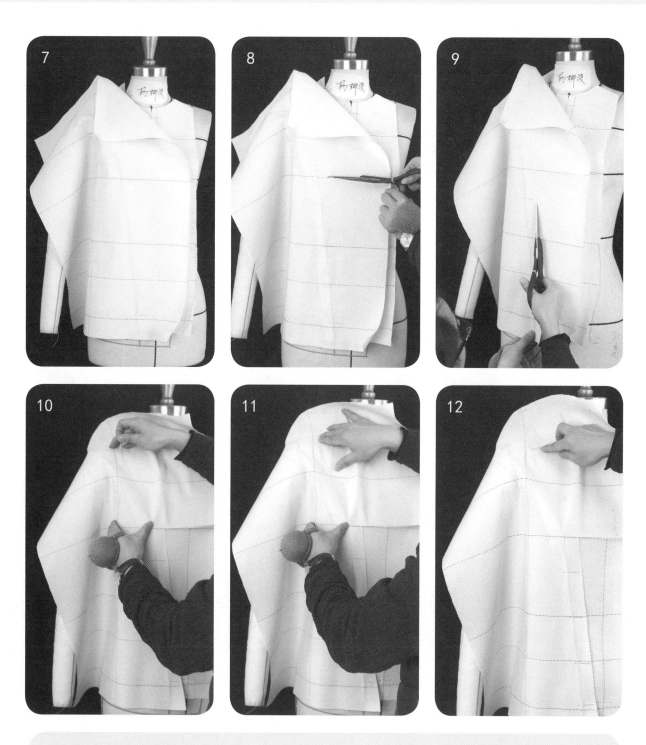

7 将侧片与前片胸围线、臀围线对齐，保持丝缕竖直向下，在胸围线和臀围线处叠合固定。

8 沿胸围线剪开至分割线 1 cm 处。

9 预留 3 cm 缝份，修剪胸围以下部分缝份。

10~12 调整适当的胸侧松量，向上推平布料，固定肩部。

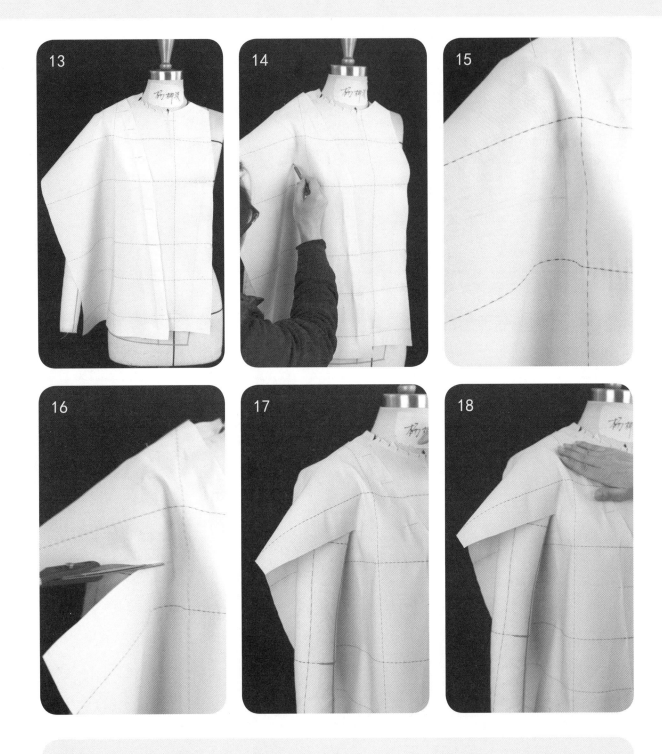

13 叠合分割线上半部分，修剪多余缝份。

14~16 参照标志线描出袖窿弧，剪开至距离腋点 1 cm 位置。

17 将下半部分放进手臂下面。

18 向肩头方向推平布料。

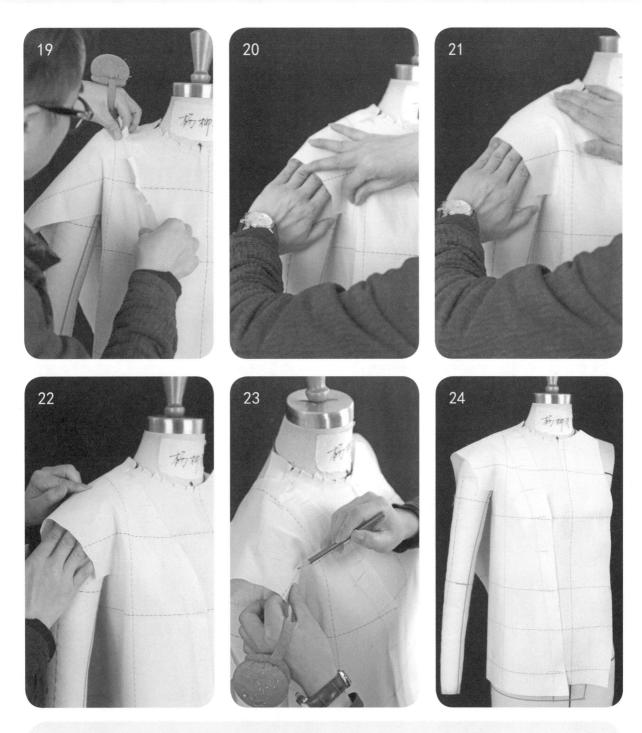

19 分割线上半部分开剪口，略微拉伸，叠合固定。

20 向前旋转落肩部分，手指在袖内托出均匀的松量，同时由颈侧推向肩头。

21、22 由后向前推转出长度松量，固定肩部。

23、24 根据参考线用铅笔描绘袖窿线，修剪多余缝份。

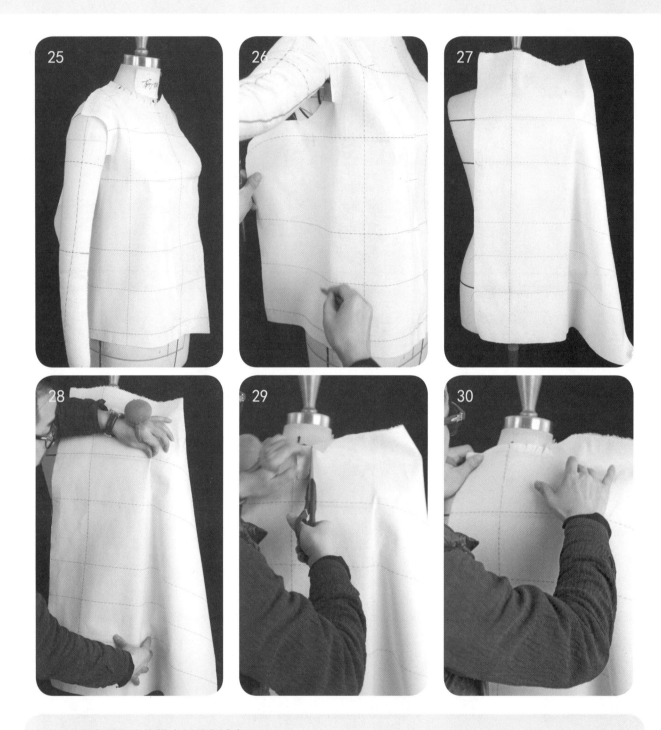

25、26 参照标志线描出侧缝和袖窿。

后片

27 对齐后中心线、胸围线，固定上下两端。

28 在转折面预留适当松量，临时固定侧摆和背部。

29 沿领圈开剪口，修剪多余缝份。

30 由后中向肩部推紧至肩头固定。

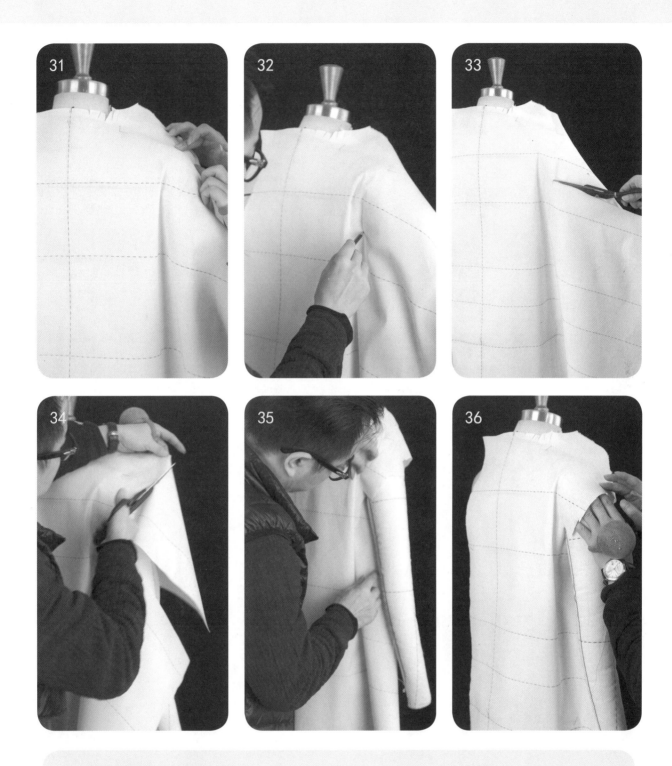

31 在转折面保持足够的活动松量。

32、33 参照袖窿标志线画出袖窿，剪开至后腋点。

34 修剪多余布料。

35 由肩缝向后推转。

36 手指在袖内托出均匀的松量。

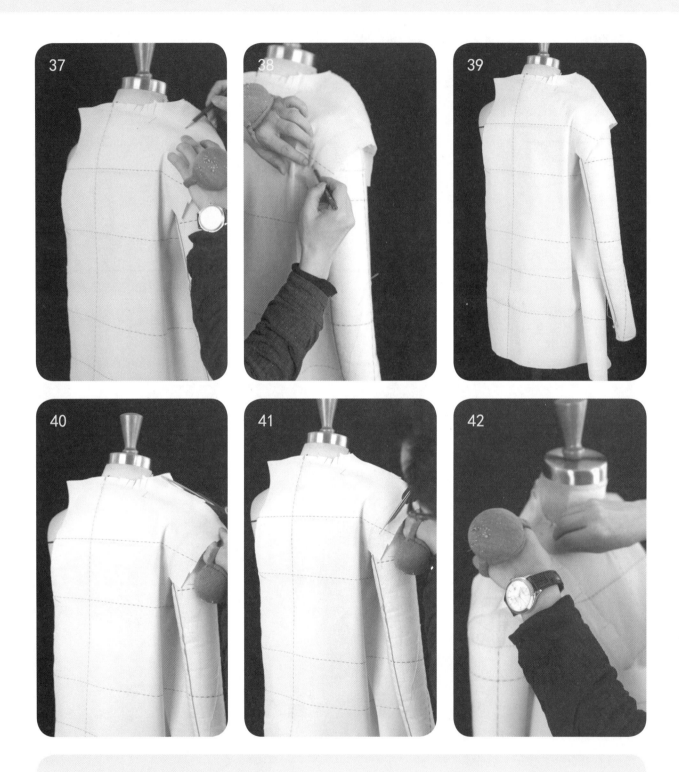

37~39 依照参考标志线描画肩线和袖窿。

40、41 修剪多余布料。

42 抓合肩缝固定。

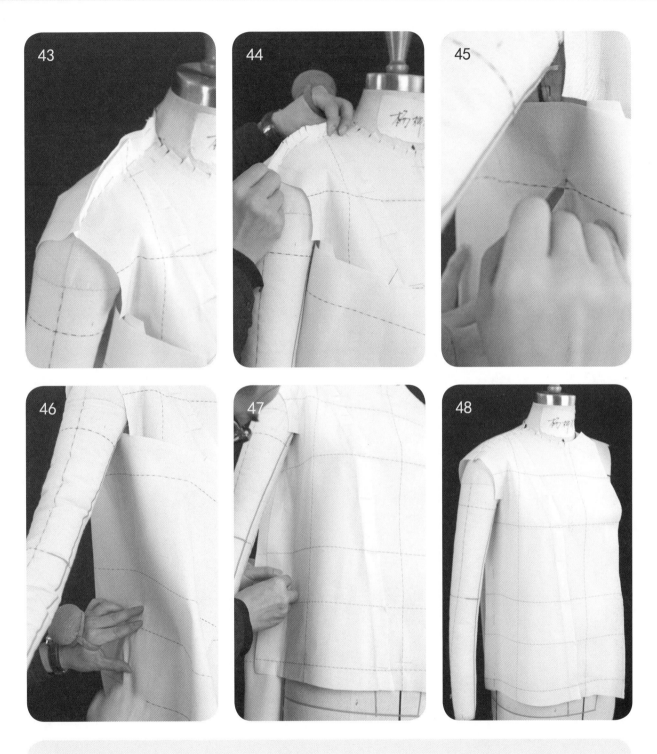

43 沿肩线开剪口。

44 拉伸肩端部位。

45~48 依照参考标志线描画袖窿底部和侧缝，抓合侧缝。

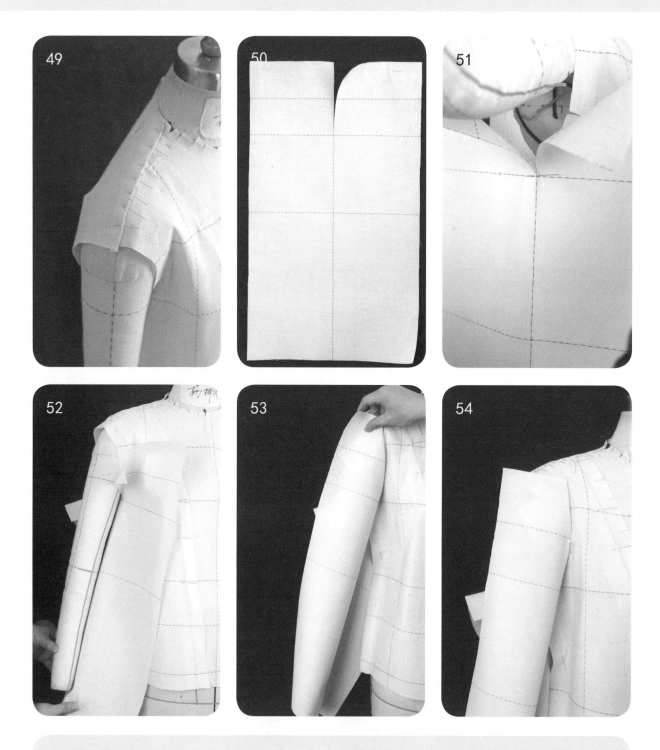

49 叠合整理肩缝。

袖子

50 沿小袖中线剪开至胸围线上 1 cm。

51 叠合小袖片和衣身，将袖窿底线中点对齐侧缝胸围线交点，以交叉针法固定。

52~54 在小袖片前侧做出袖转折面造型。在前侧袖窿转折点处以交叉针法固定。

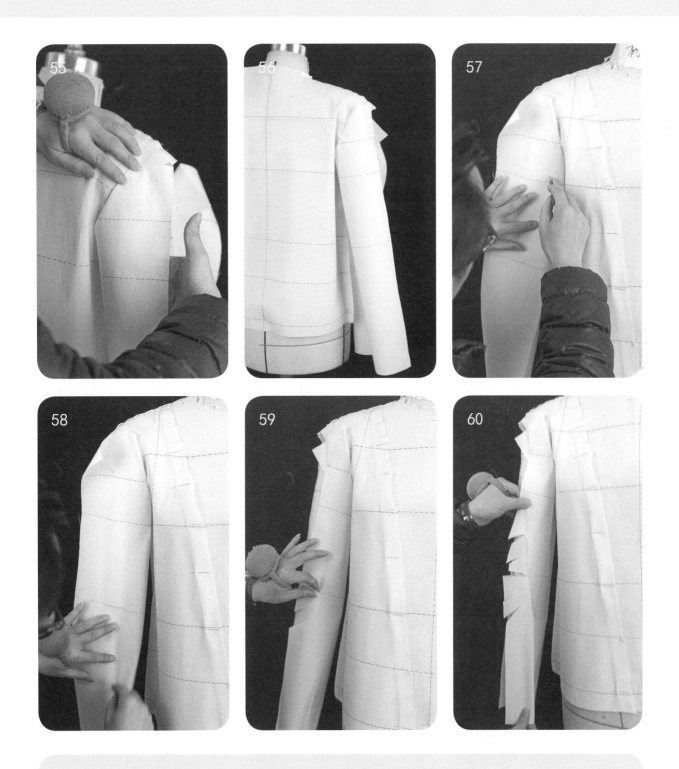

55、56 将小袖片后侧向上翻转折出袖转折面，在后袖窿转折面交叉针法固定。

57~60 观察小袖前后转折与袖肘。依照标志线描出分割线，沿袖弯开剪口至袖肘尺寸标记点，拉伸袖弯，沿手臂转折面推平上下布面，做出袖弯。

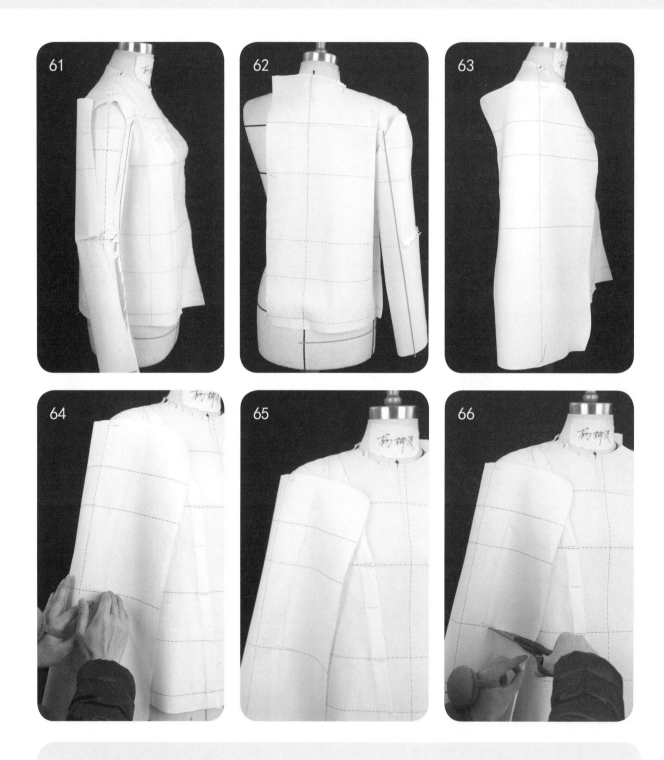

61 观察小袖前后转折与袖肘。

62 贴出前后袖弯线，修剪多余缝份。

63~65 肩端点以交叉针法固定。根据款式袖肥尺寸，固定大袖片前后袖肥点和袖肘点。

66 沿袖肘线剪开至袖肘标记点。

立体裁剪与平面制板互通：国际品牌服装板型实例解析

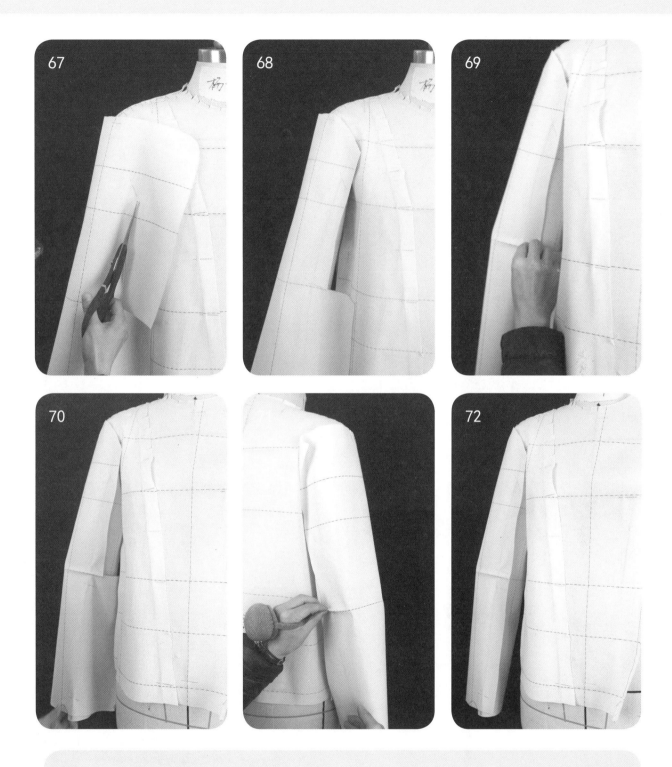

67、68 向上修剪多余布料。

69、70 保留前袖肘造型褶量，固定前袖口位置。

71 依照后袖造型，固定后袖口位置。

72、73 依照参考线修剪多余布料。

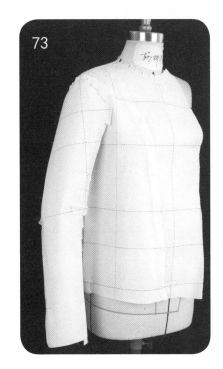 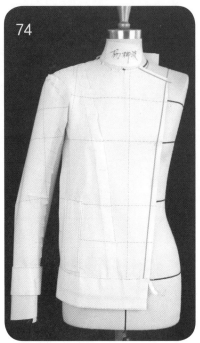 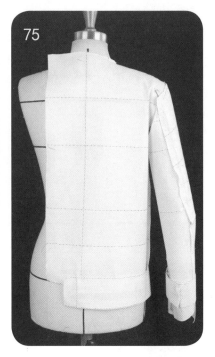

74、75 平面裁出口袋、袖搭袢、下摆，并把它们叠合固定在衣身上。

76 点影、平铺裁片图。

77~79 回样完成。

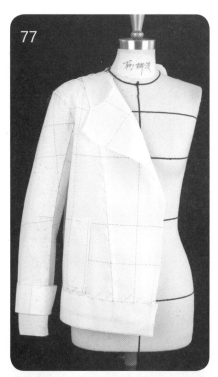

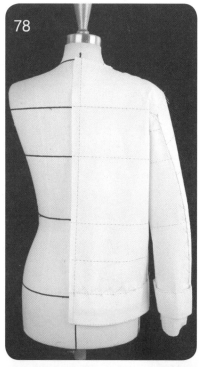

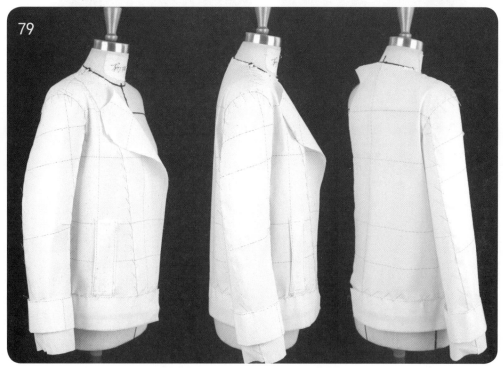

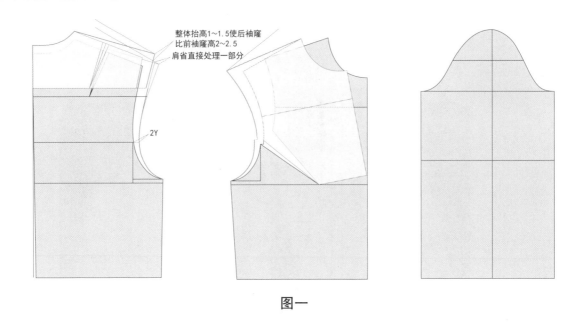

整体抬高1~1.5使后袖窿
比前袖窿高2~2.5
肩省直接处理一部分

2Y

图一

图一：前后衣身的平衡。①按款式需求以后袖窿底点为不动点，将袖窿弧线和肩线旋转至需要加宽的肩宽处，并将后肩省处理，连接后肩颈点为新的后肩斜线，在后腋点处产生一个 2Y 的加宽量。②前胸省袖窿处留一个横向 Y 的量，以平衡后片腋点加宽的 2Y 量，其余暂时转入前中。③以前袖窿底点为不动点，将前袖窿与肩线旋转至需要的肩宽，并与前肩颈点连接为新的肩斜线。④将后袖窿抬高 1~1.5 cm，使后袖窿比前袖窿高出 2~2.5 cm。

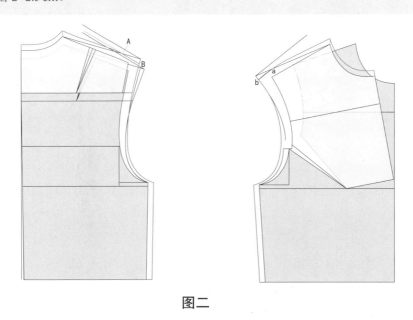

A
B
a
b

图二

图二：调整袖窿弧线及胸围。①前后肩点各进 3 cm，分别定为点 a、A，过点 a、A 分别作前后旋转后肩线的平行线，并与前后袖窿分别交于 b、B 点。②将前后肩颈点抬高 0.5~1 cm，经点 a、A 分别与 b、B 点连接并画顺。③加宽前后胸围，胸围加放量大于或等于腋点加放量，并画顺前后袖窿弧线。

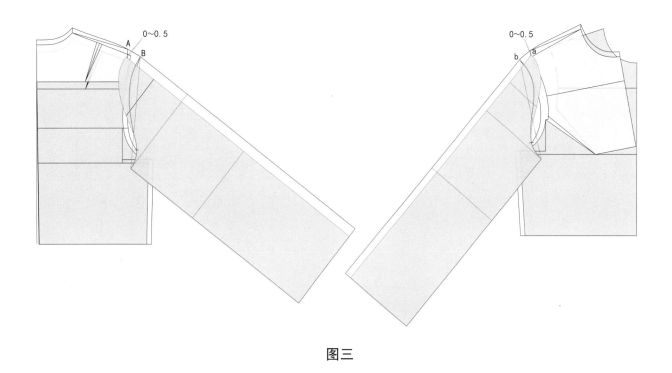

图三

图三：袖子与衣身的角度平衡。①将前后袖山 4 cm 处与前后袖窿 4 cm 处分别重合，袖山处如图所示，将前后袖角度确定。②过 B、b 点分别作前后袖中缝的平行线，确定前后袖肥。③分别以 B、b 点为前后袖山顶点，重新画出前后袖山弧线。

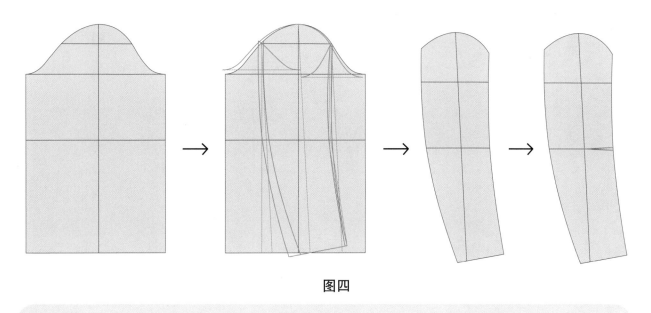

图四

图四：袖型变化。参照扭势袖的方法，按造型需求分割两片袖。

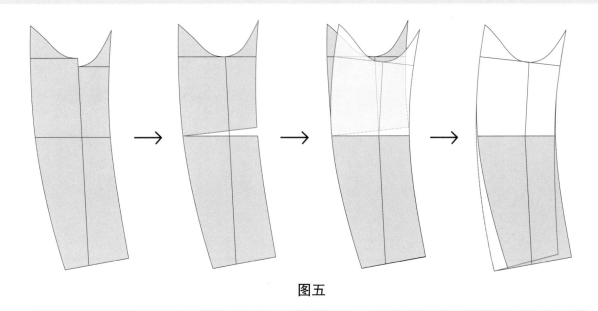

图五

图五：袖型变化。由于大袖做了个前袖省，所以小袖需如图五所示进行调整。

图六

图六：衣身处理。①提取裁片，加宽前后领宽、领深，按款式加长衣长，并画出分割线。②将前胸省转入分割线并画顺，按款式画出前中造型。

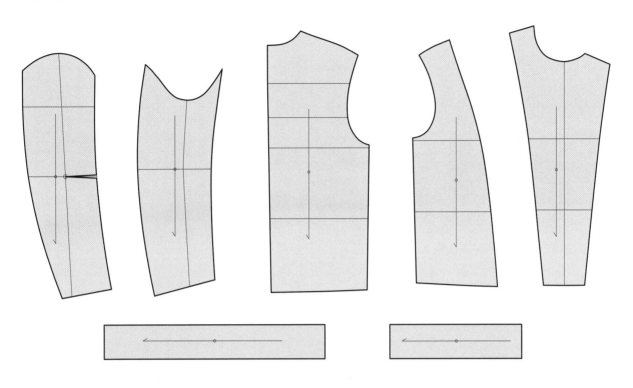

图七

图七：提取裁片。

04

第四章 品牌服装板型实例解析四

◆ 男友款小宽肩外套立裁
  男友款小宽肩外套立裁转平面制图

◆ 几何肩型（小宽肩延伸款）外套立裁
  几何肩型（小宽肩延伸款）外套立裁转平面制图

图 4.1.1 男友款小宽肩外套款式

4.1.1 男友款小宽肩外套的学习重点

（1）肩线造型与前后衣身造型面之间的平衡关系。

（2）肩省、胸省与衣身造型面之间的平衡关系。

（3）宽肩量与袖窿切面、新腋点、胸围放松量之间的变化关系。

（4）袖窿切面变化与抬臂角度、袖山高之间的关系。

4.1.2 男友款小宽肩外套的坯布取样

单位：cm。竖虚线为经纱方向标注线，黑横虚线为纬纱方向标注线。

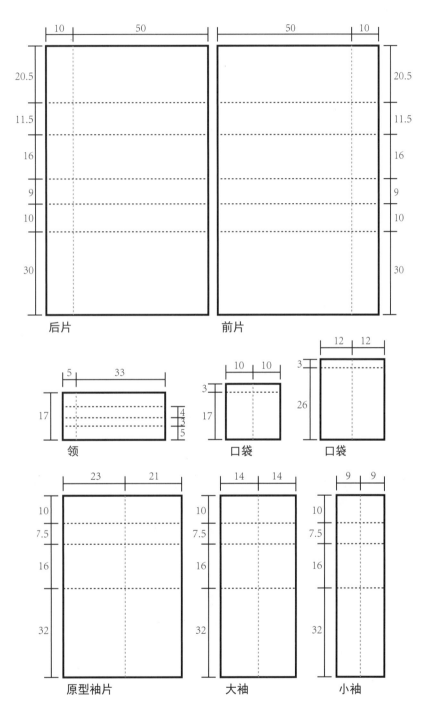

图 4.1.2 坯布取样图

★图 A、B：在贴标记线之前，先根据款式图确定好宽肩的位置，并保持前后袖窿弧线在同一个切面上。

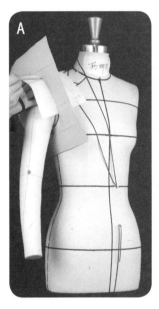

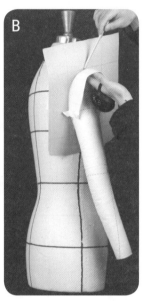

补充标志线：

门襟造型线
领部造型线
领部翻折线
领圈线
口袋轮廓线
袖窿线

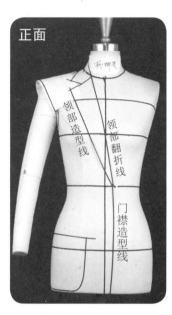

正面

领部造型线
领部翻折线
门襟造型线

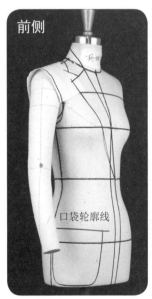

前侧

口袋轮廓线

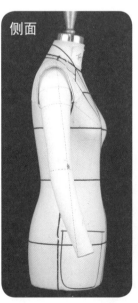

侧面

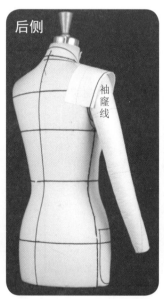

后侧

袖窿线

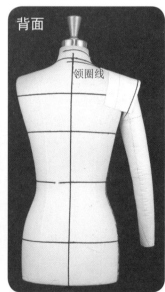

背面

领圈线

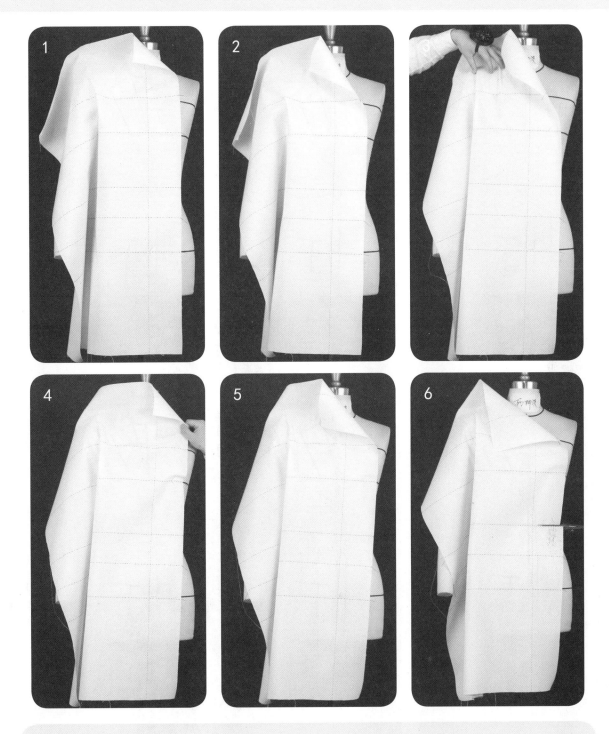

前片

1、2 将布料与人台上的前中心线、胸围线、臀围线对齐，并临时固定，以臀围线前中心点为中心，保持臀围线水平，向前中方向旋转布料。

3~5 根据款式的造型面，在肩点进去 2 cm 的位置，理出前造型面的造型，然后将胸省剩余的量推向前中作为撇胸，将前中胸省的撇胸松量往缝份处推平，保持前中是伏贴的。

6 沿驳头止点剪开至驳头止点位置。

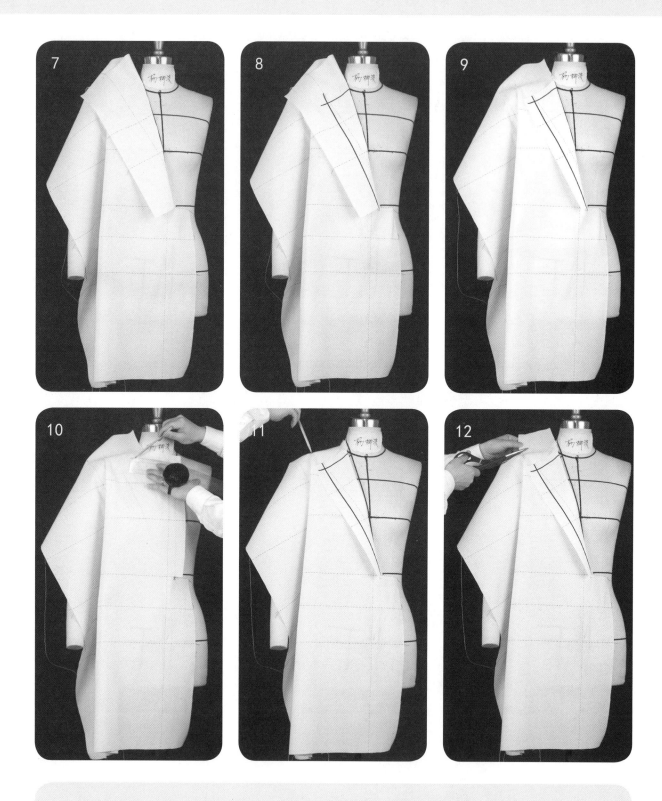

7~9 沿翻折线翻折驳头，在布料上用标记线贴出驳头造型，并修剪多余缝份。

10~12 将驳头的布料翻平，沿串口线标记延长，然后修剪领圈，标记肩缝至造型点位置。

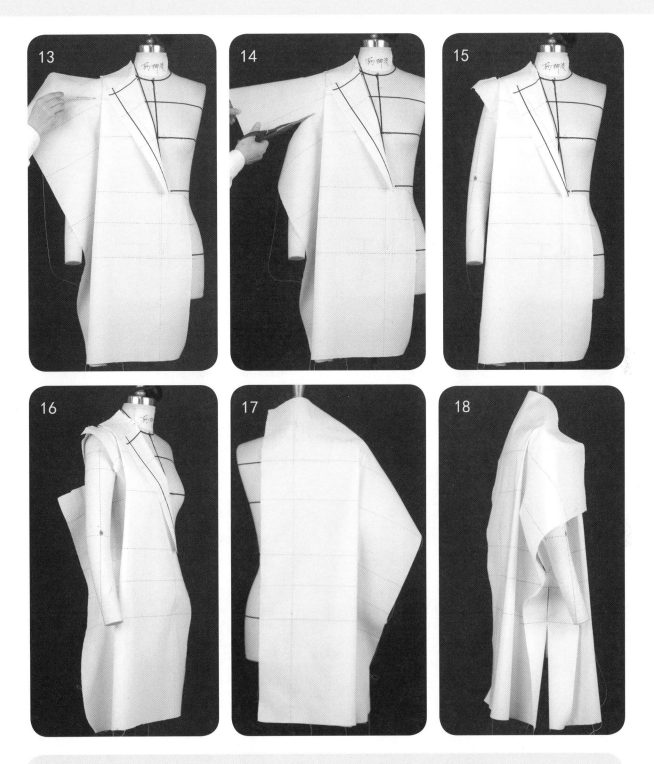

13、14 理出前片的造型，标记袖窿腋点上段弧线和腋点水平线，并修剪多余缝份。

15、16 从正面和侧面观察前衣身的造型面以及袖窿与侧缝的平整面，并调整直到平衡。

后片

17 将布料与人台上的后中线、胸围线、臀围线对齐，并临时固定。

18 将后片与前片的臀围线对齐，并保持后臀围的放松量大于前片至少 2 cm 以上。

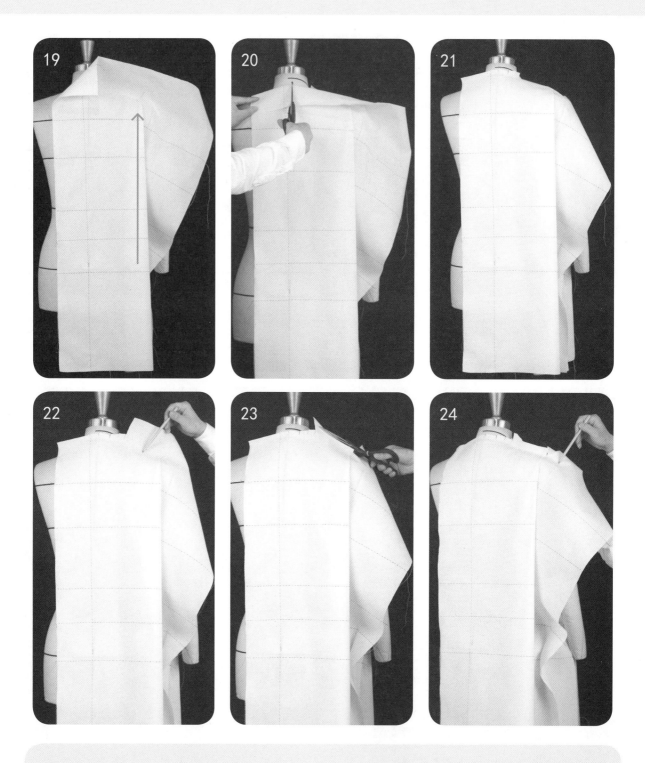

19 向上推平布料，理出侧面、后侧面的造型，将多余的量推向后中，在后领窝中点和后背造型面的上方用针临时固定。

20、21 将后领中上段的缝份向下翻折，并打剪口，然后沿领圈依次打剪口，并修剪多余缝份。

22、23 用铅笔标记肩缝线至后侧面的造型点起点位置，修剪多余缝份，并打剪口至起点位置。

24 沿肩线用铅笔画线至袖窿弧线，并画出后腋点上段的袖窿弧线和腋点水平线。

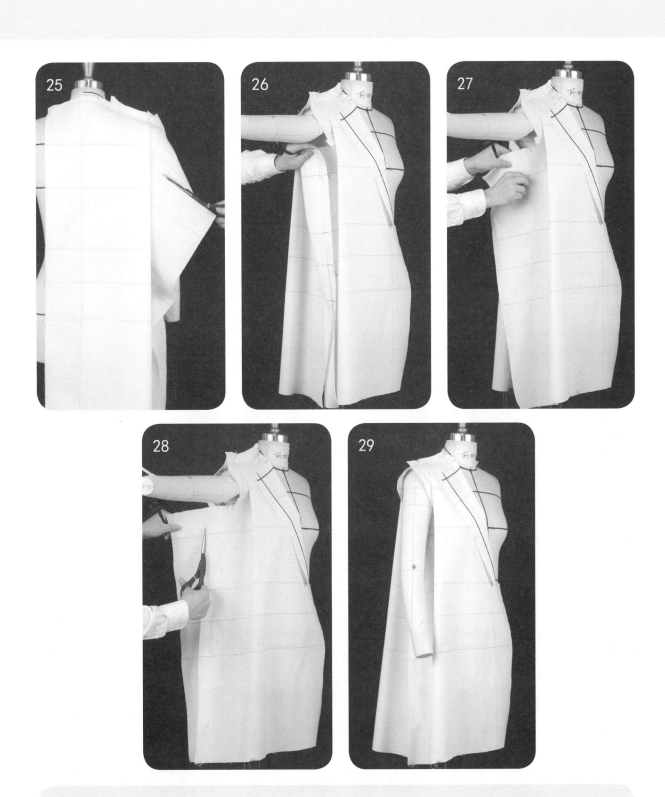

25 剪开至后腋点水平线，向上修剪袖窿肩部的多余缝份，抓合肩缝，修剪肩缝多余缝份。

26~28 以臀围点为起点对齐前后衣身的布边，保持前后衣身布边平行，向上向下别合布边，然后沿臀围点向上抓合至袖窿底，并观察袖窿底部的袖窿宽松量，修剪侧缝多余缝份。

29 观察并调整前后袖窿的松量，使侧缝、肩缝保持平衡。

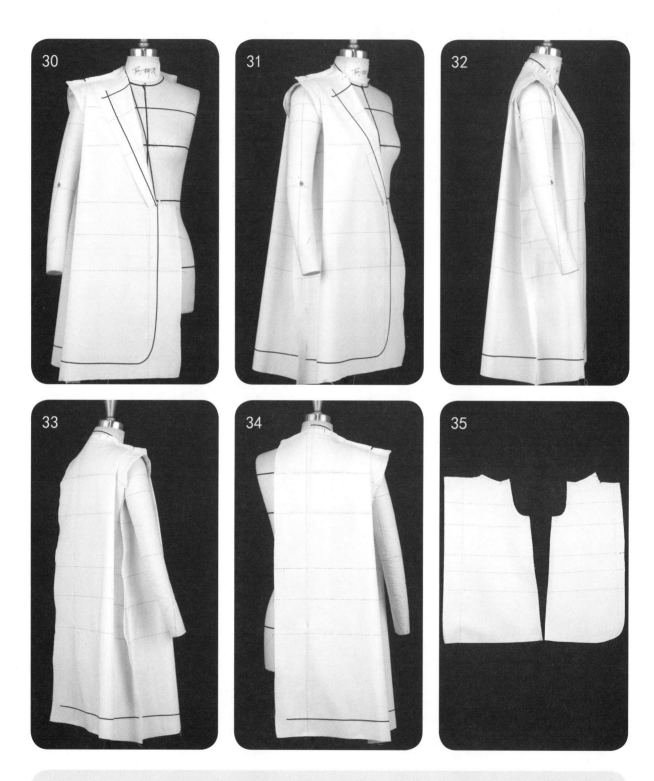

30~34 标记下摆线，然后从正面、正侧面、侧面、后侧面、后面五个面观察衣身是否平衡并调整。
35 平铺前后衣身裁片图。

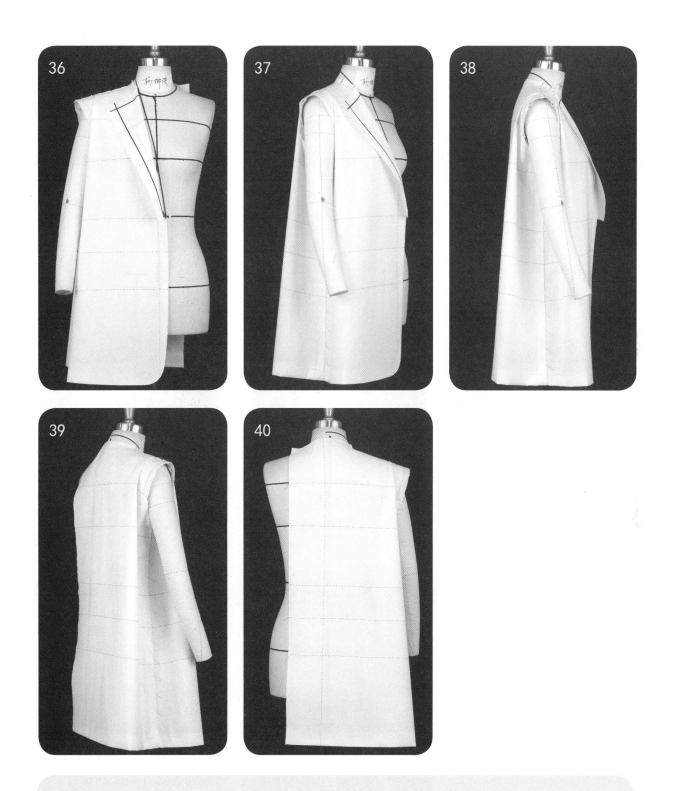

36~40 在做领子、袖子之前，将衣身回样，观察是否平衡。

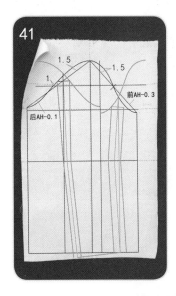
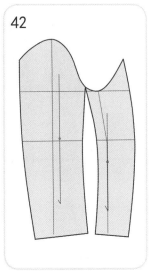
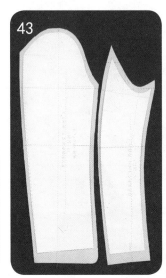

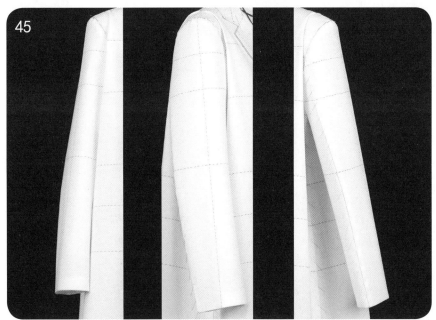

袖子

41、42 根据测量的立体袖山高绘制袖山，并分割大、小袖片。

43 将袖片放在布料上，对齐丝缕线并修剪多余缝份。

44 折别前后袖缝线，并折好袖口。

45 别合袖山、袖窿弧线。

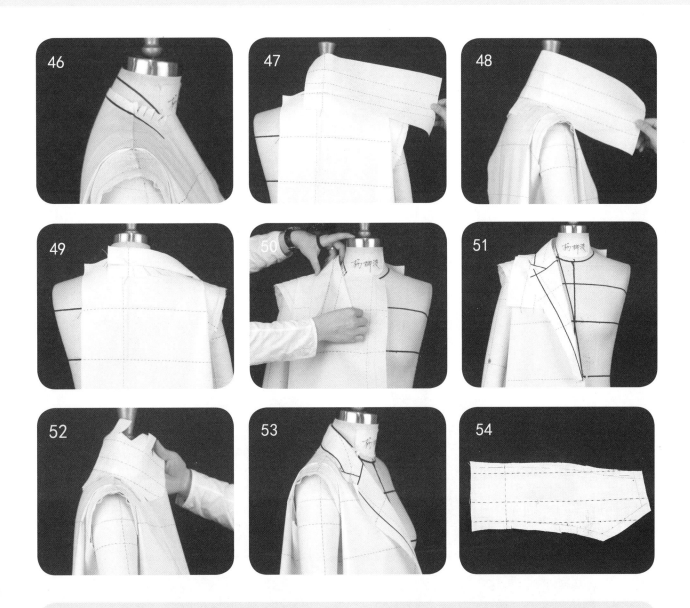

领子

46 在衣身上标记领圈线，保持领圈线和翻折线近似平行，并在一个切面上。

47 将领子的后领中、领底线与人台上的后中心线、领圈线对齐，并用叠合针法将领与衣身和人台固定，在左右各2cm处，领与衣身别合。

48 修剪领下口多余缝份。

49 先将领底的操作余量向上翻折、领座高度向下翻折，再根据领外口宽度将可操作余量向上翻折。

50~52 根据领子造型（保持领外口松量合适）搓出领子翻折线位置，然后掀起领片，在前领串口线处与领圈线处别合，保持领面平整，再依次对领下口的缝份打剪口并别合。

53 重新将领子向下翻折伏贴，并在领外口缝份处打剪口，再将驳头翻折过来与领子对接，在串口线处与领子别合，然后修剪、调整领片多余缝份。

54 领子粗裁裁片。

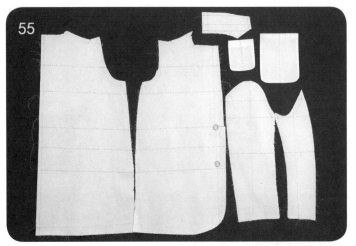

55 点影、平铺裁片。
56~60 回样完成。
61 按款式图片摆出款式造型。

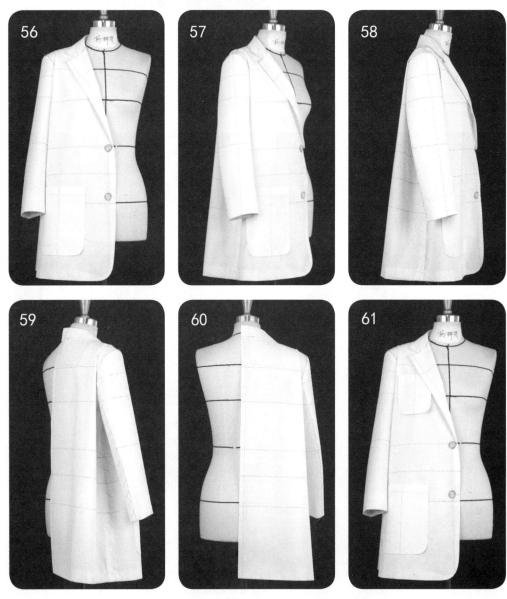

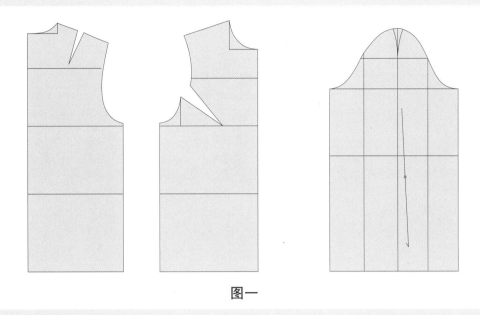

图一

图一：调出衣身、袖原型。

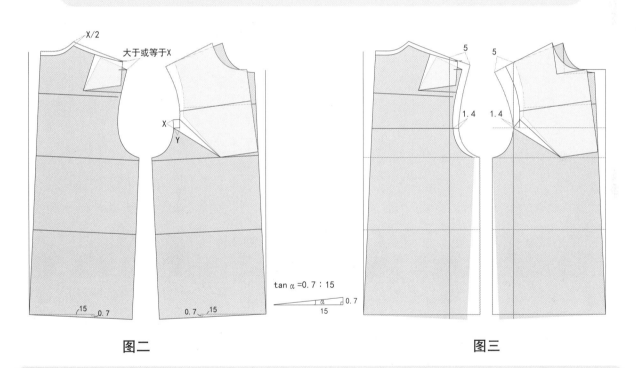

图二   图三

图二：①与立裁对应，为了保持臀围线在立体状态下的水平，将前后片原型以前后中臀围点为中心，向侧面旋转 α（tan α =0.7：15）。②前片将胸省量转出 1/3 作为撇胸，前袖窿增高 X 的量，增宽 Y 的量。③对应在后袖窿将肩省转入后袖窿并将后肩点抬高至少大于或等于 X 的量，同时后背长抬高 X/2 的量。

图三：①宽肩 3 cm 设计：根据宽肩量延长肩缝，计算新腋点需要加宽的量为 1.4 cm，保持袖窿宽从新腋点出来的尺寸和原型相同，连顺新袖窿弧线、侧缝线，修正臀围线、胸围线、腰围线。②从前后宽肩的肩端点向肩缝进 5 cm 作造型转折线。

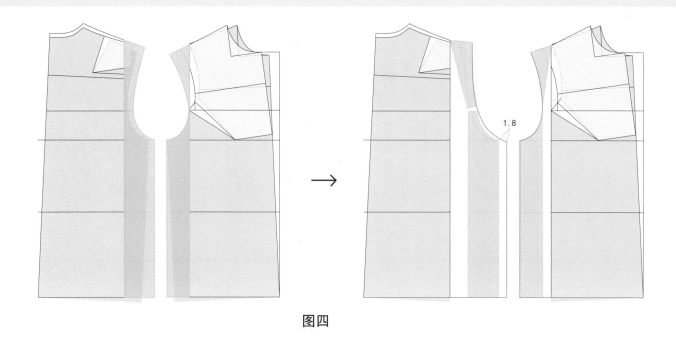

图四

图四：前后衣身与胸省、胸围放量最小程度的平衡。将前后片以肩点造型分割线、腋点水平线分割成三个块面，以后肩点展开 14.5°，前肩点展开 8.5°，腋点下水平对齐。

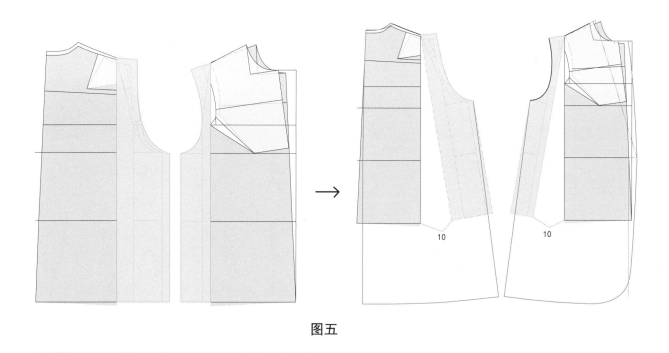

图五

图五：根据款式造型，在前后肩点转折面臀围处各展开 10 cm，作前后中线、侧缝线、门襟驳头线。

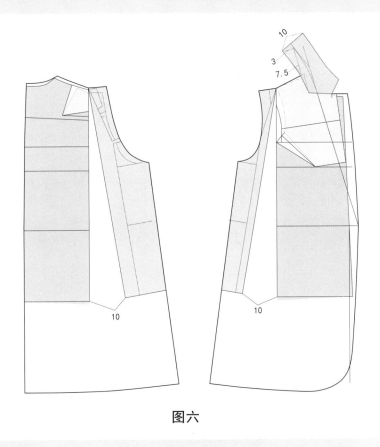

图六

图六：取出裁片，根据领子造型配领，测量前后袖窿弧线，配袖。

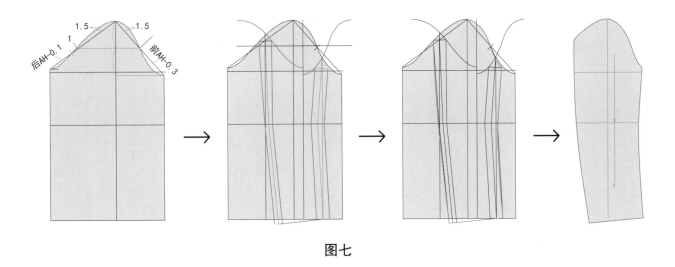

图七

图七：袖型变化。①通过测量得到前袖窿弧线（前AH）为22.6cm，后袖窿弧线（后AH）为25.3cm，袖山高通过测量计算约等于15.5cm。②将袖山弧线镜像复制成袖眼，作前后袖缝造型线，大、小袖片的分割线，袖口线。③提取大袖片轮廓，取出大袖片。

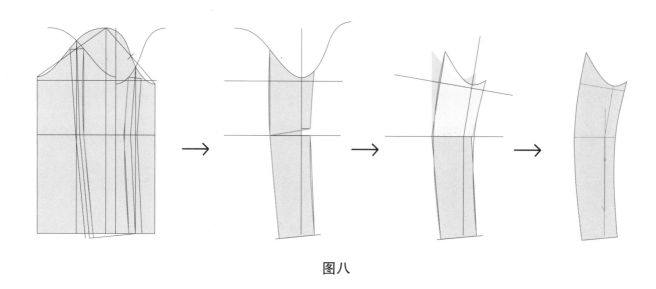

图八

图八：袖型变化。①提取小袖片轮廓。②合并小袖片肘省，取出小袖片。

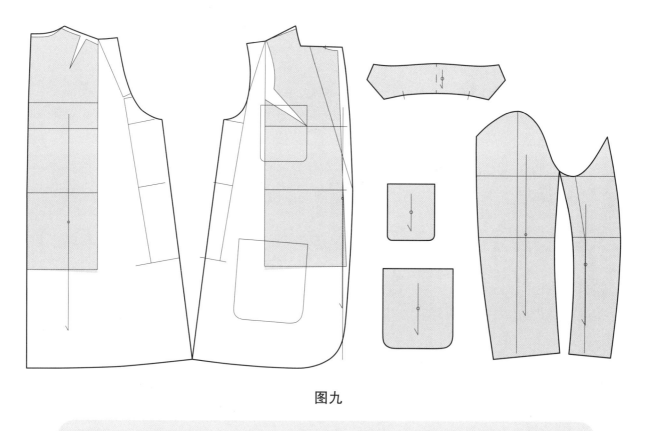

图九

图九：平铺裁片图。

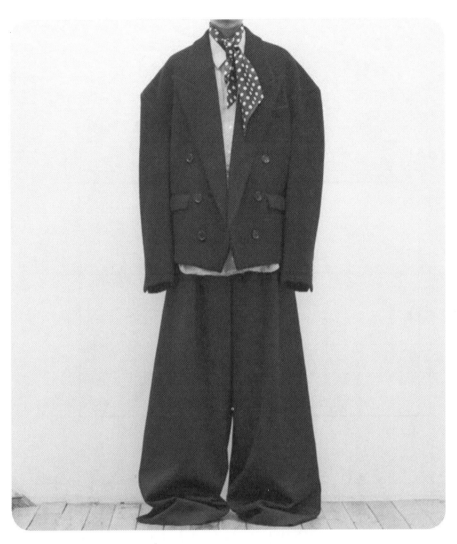

图 4.2.1 几何肩型（小宽肩延伸款）外套款式

4.2.1 几何肩型（小宽肩延伸款）外套的学习重点

(1) 几何肩型的设计区域，与直线宽肩及落肩袖之间的关系。

(2) 肩省、胸省与衣身造型面之间的平衡关系。

(3) 宽肩量与袖窿切面、新腋点、胸围放松量之间的变化关系。

(4) 袖窿切面变化与侧缝夹角、抬臂角度、袖山高、袖山头弧线之间的关系。

单位：cm。竖虚线为经纱方向标注线，横虚线为纬纱方向标注线。

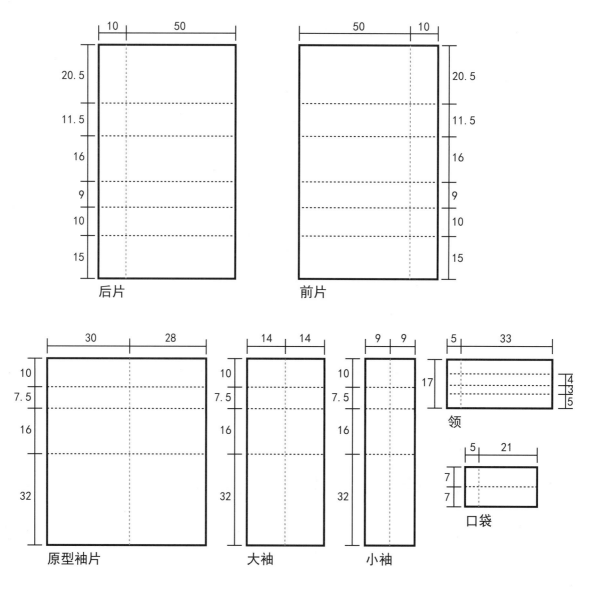

图 4.2.2 坯布取样图

★图 A、B：在贴标记线之前，先根据款式图确定好宽肩的位置，
保持前后袖窿弧线在同一个切面上。

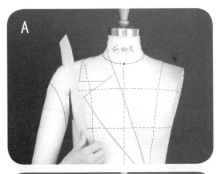

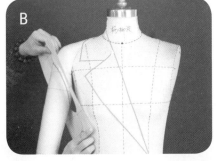

补充标志线：

门襟造型线
领部造型线
领部翻折线
领圈线
口袋造型线
袖窿线
下摆轮廓线

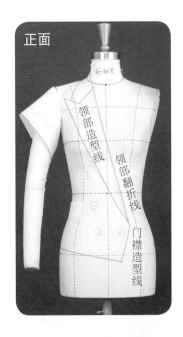

正面

领部造型线
领部翻折线
门襟造型线

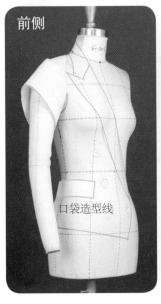

前侧

口袋造型线

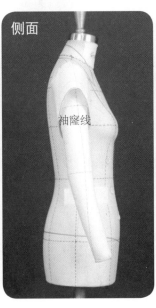

侧面

袖窿线

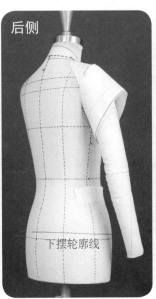

后侧

下摆轮廓线

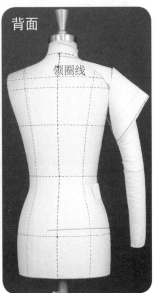

背面

领圈线

解析四　　　235

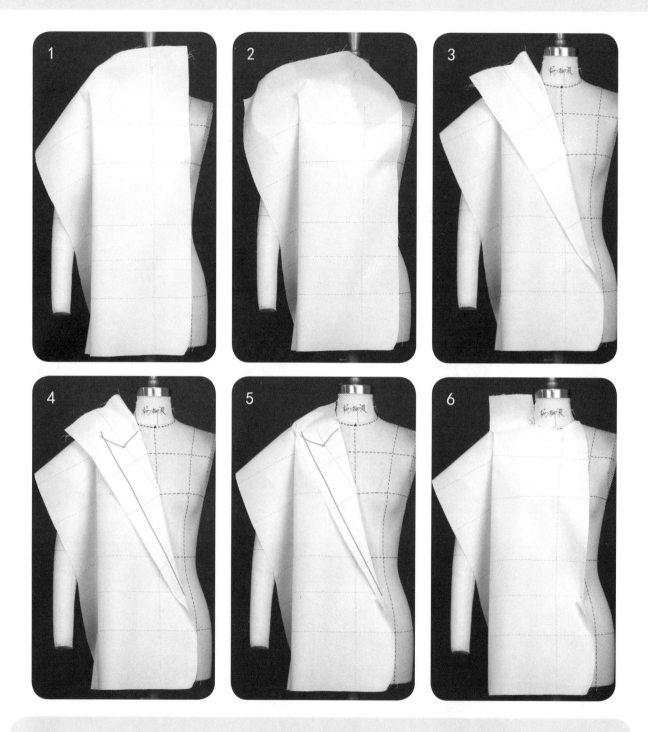

前片

1 将布料与人台上的前中心线、胸围线、臀围线对齐，并在前中、领窝处、臀围处侧面与人台临时固定。

2 根据前衣身围度造型面，在肩点理出侧面的造型面，将胸省剩余量推向前中，作为撇胸。

3 根据人台标记的驳口线，将前衣身翻折。

4、5 贴出驳头、驳角和串口线，并修剪多余缝份。

6 沿衣身造型面竖直方向和肩缝的交点处，将缝份打剪口至肩缝，理顺造型面。

7 沿肩缝、袖中缝、袖窿弧线上段，在布料上用铅笔描线。

8 修剪肩缝、袖窿多余缝份，摆好造型面，在肩缝侧缝臀围处、肩点处，将布料与人台固定。

后片

9 将布料与人台上的后中心线、胸围线、臀围线对齐，并在后领窝、臀围侧面、肩胛骨上方与人台临时固定。

10 根据后背造型，理出后片的造型面，并在造型面上方用针固定，保持布料平整。

11 沿造型面肩点别针上方缝份处，剪开至肩点。

12 将布料向后中方向推平，修剪领圈缝份，并打剪口至伏贴。

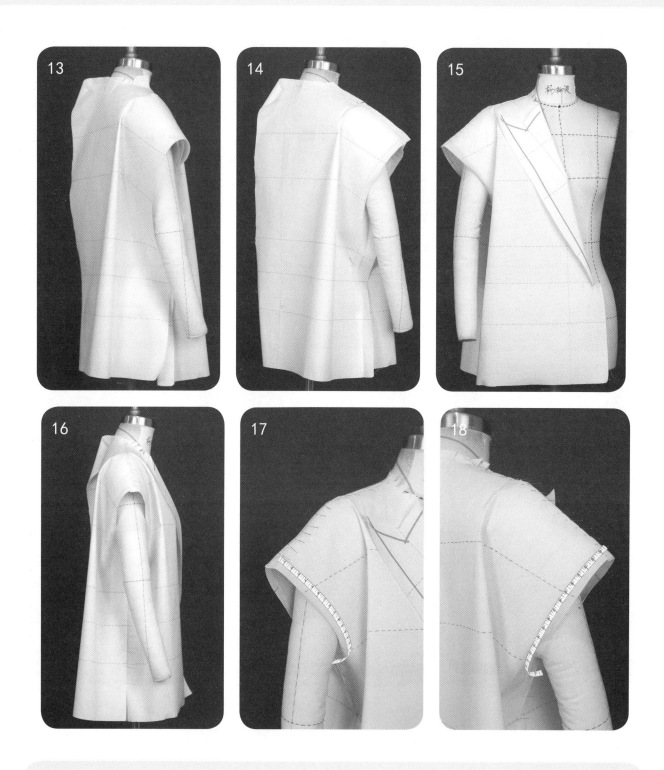

13、14 沿肩缝、袖窿描线，修剪肩缝、袖窿多余缝份。

15、16 折别肩缝、下摆缝，观察前后衣身造型面是否平整以及袖窿是否平衡。

17、18 测量前袖窿弧长、后袖窿弧长、立体袖窿深、袖窿高、袖肥宽。

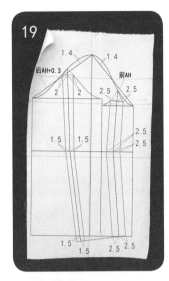
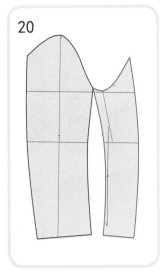
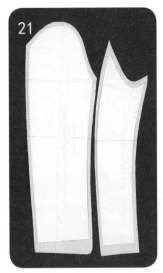

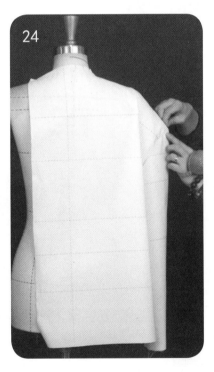
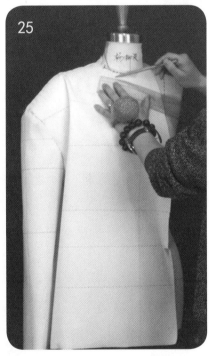

袖子

19、20 根据测量的立体袖山高绘制袖山，并分割大、小袖片。

21 将袖片放在布料上，对齐丝缕线并修剪多余缝份。

22 折别前后袖缝线，并折好袖口。

23、24 将折别好袖底缝的袖筒套上人台，与前后衣身袖窿弧线别合。

25 将驳头翻平，沿串口线向领圈延长。

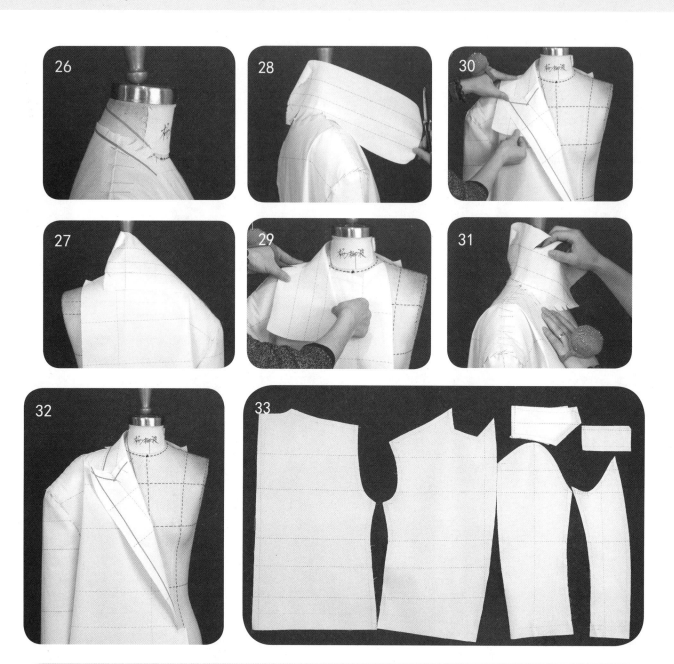

领子

26 贴领圈标记线。

27 将领底线、后领中线与人台上的后领窝中点对齐。

28 沿领下口打剪口至肩顶点处，并别合。

29 保持领外口伏贴，在领外口多余缝份处打剪口至过肩缝，然后搓出领子的翻折线。

30 将驳头沿翻折线翻折过来，盖在领子上，保持驳头和领子拼接平顺、伏贴并叠合。

31 翻起领片，在反面将领片调整伏贴。

32 标记领外口线并修剪多余缝份。

33 点影、平铺裁片图。

34~38 回样完成。
39 按款式图摆出造型款式。

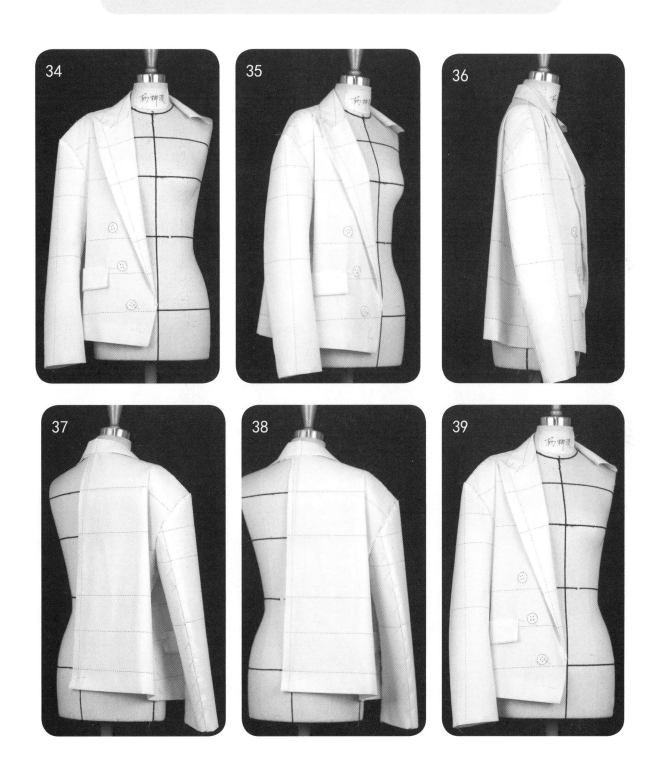

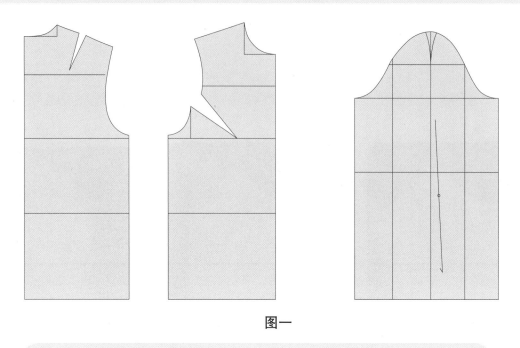

图一

图一：调出衣身、袖原型。

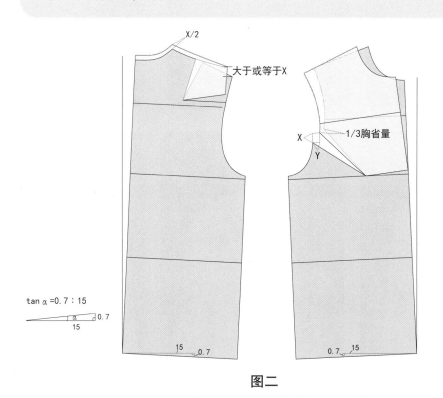

图二

图二：①与立裁对应，为了保持臀围线在立体状态下的水平，将前后片原型以前后中臀围点为中心，向侧面旋转角度 α（tan α =0.7：15）。②前片将胸省量转出 1/3 作为撇胸，前袖窿增高 X 的量，增宽 Y 的量。③对应在后袖窿将肩省转入后袖窿并将后肩点抬高至少大于或等于 X 的量，同时后背长抬高 X/2 的量。

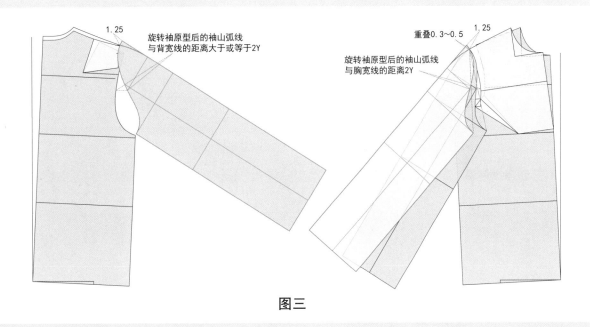

图三

图三：①将前袖原型袖山进 1.25 cm 处与前肩点重叠 0.3~0.5 cm 对齐、袖山弧线与原型前腋点对齐。②根据落肩量 12 cm，还需要将前袖原型向上旋转 10° 来满足最小的抬臂角度量，同时测量袖原型的袖山弧线中点至胸宽的量为 X。③将后袖原型袖山进 1.25 cm 与后肩点对齐，并在 1/2 袖山处与后袖原型拉开大于或等于 X 的量。

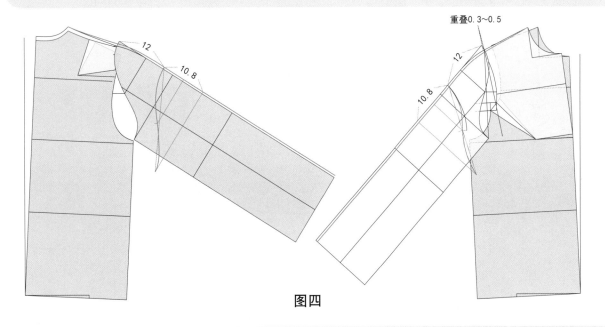

图四

图四：①与立裁对应定落肩点位置 12 cm，袖窿开深量 6 cm。②根据落肩量和袖窿开深量推算袖山高：立体袖窿深 18.8 cm ×cos55° ≈ 10.8 cm。③肩点及袖中线前移 0.5 cm，根据前袖窿 22.5 cm、后袖窿 25.5 cm 定袖斜线，根据袖斜线确定前袖肥的放量，在原型的基础上放出袖肥 3~4 cm。④作前袖山弧线，经过 1/2 袖山高处。⑤作后袖山弧线，经过 1/2 袖山高中点加 1 cm 处。

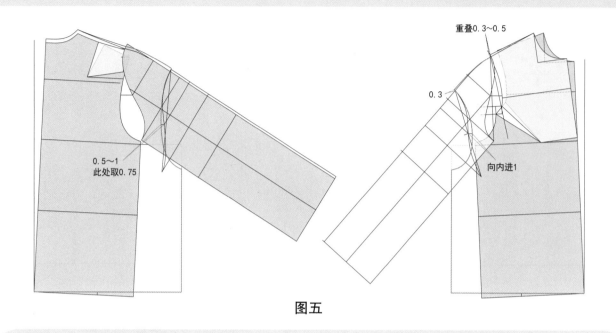

重叠0.3~0.5

0.3

向内进1

0.5~1
此处取0.75

图五

图五：①作前袖窿弧线，在袖中抬高0.3 cm，在1/2袖山点处向衣身进1 cm为新腋点，从新腋点向外定5.5 cm袖窿宽，并将袖窿开深落肩量的一半（6 cm左右），将前袖窿弧长调整到22.3 cm左右。②作后袖窿弧线，在袖中抬高0.3 cm，在1/2袖山高点处向衣身进0.75 cm为新腋点，从新腋点向外定5.5 cm袖窿宽，并将袖窿开深落肩量的一半（6 cm左右），将后袖窿弧长调整到25.7 cm左右。③过前后袖底点竖直向下标出侧缝线。

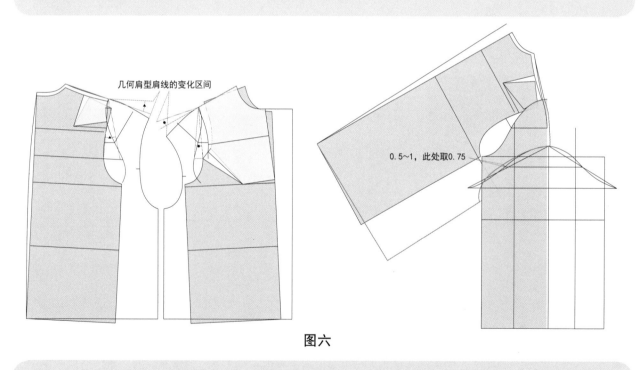

几何肩型肩线的变化区间

0.5~1，此处取0.75

图六

图六：分离出前后衣身和袖基础版，结合男友款小宽肩直线肩型的肩线，确定几何肩型肩线变化的区间。

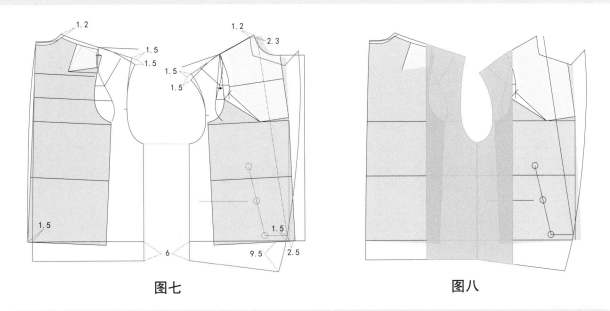

图七   图八

图七：根据款式造型确定几何肩型肩点高低位置。前后新肩点的位置在 12 cm 落肩原型袖中线的基础上放出 1.5 cm，抬高 1.5 cm，绘制驳口线、驳头、下摆造型、前后领圈线、口袋位置、扣位。

图八：取出前后基础裁片，根据廓形添加前后造型面转折线，以前后衣身肩点竖直向下分割前后基础衣身。

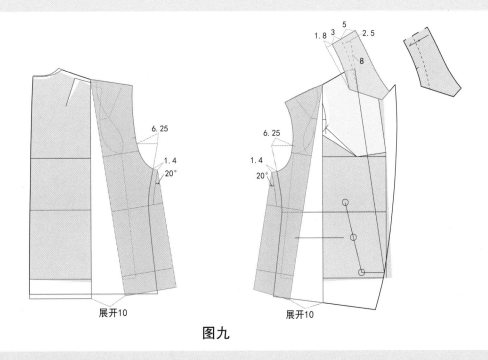

图九

图九：根据造型在前后转折线臀围处同时展开相等的量（后片的量也可以比前片大一点），由于最终落肩量在 10.4 cm 左右，造成袖窿切面和原型袖窿切面产生 20° 的夹角，在侧缝合并后袖窿宽张开量在 12.5~13.5 cm，要保持袖窿弧线在同一个切面上，侧缝需要收进 20°，这样造成侧缝拼合之后的袖窿宽太大，所以前后侧缝要各收进 1.4 cm 左右。

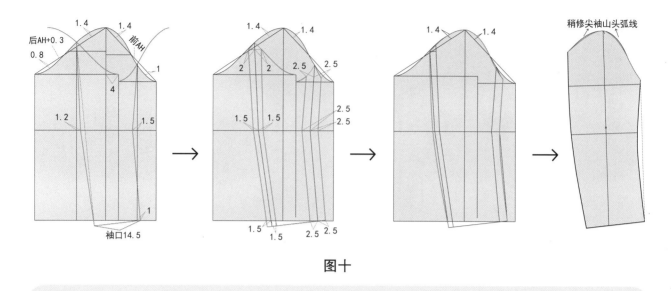

图十

图十：袖型变化。①根据几何肩型袖窿切面变化，重新确定袖山高15.2 cm，前袖山开深1 cm，后袖山抬高1 cm，根据袖窿弧长重新绘制袖山弧线，将绘制好的袖山弧线向内折出袖眼形状，绘制前后袖缝造型线。②将前后袖山线沿前后袖中心线向内对称，确定前后袖弯造型线，确定大、小袖分割线。③取出大袖片框架，修顺外轮廓。④调整丝缕：前袖缝与袖山袖口交点连线的平行线。

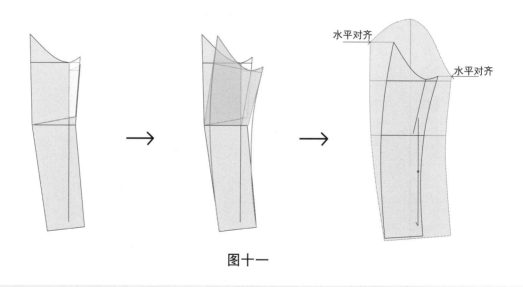

图十一

图十一：袖型变化。①取出小袖片框架，并将前袖上段部分向上移动与后袖底对齐，在肘部前片产生开口量。②合并肘部张开量。③取出小袖片，将小袖片的前后袖山点与大袖片水平对齐，将小袖片丝缕和大袖片丝缕保持一致。

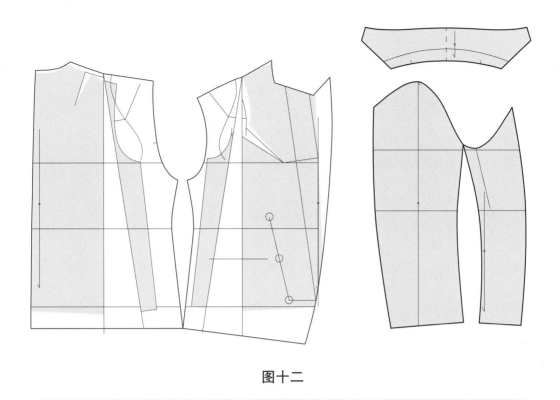

图十二

图十二：提取裁片图。

05

第五章 品牌服装板型实例解析五

◆ A 型插肩袖外套立裁
  A 型插肩袖外套立裁转平面制图

◆ 休闲插肩袖外套立裁
  休闲插肩袖外套立裁转平面制图

◆ 前连后落外套立裁
  前连后落外套立裁转平面制图

◆ 经典连袖外套立裁
  经典连袖外套立裁转平面制图

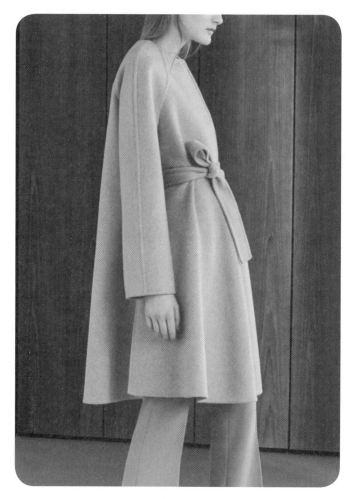

图 5.1.1 A 型插肩袖外套款式图

5.1.1 A 型插肩袖外套的学习重点

（1）大 A 型插肩袖袖窿弧线的标准和变化。

（2）胸省、肩省的分散和转移。

（3）抬臂角度、胸围放松量、袖窿开深量、袖底弧线与袖窿底弧线的吻合关系。

单位：cm。竖虚线为经纱方向标注线，横虚线为纬纱方向标注线。

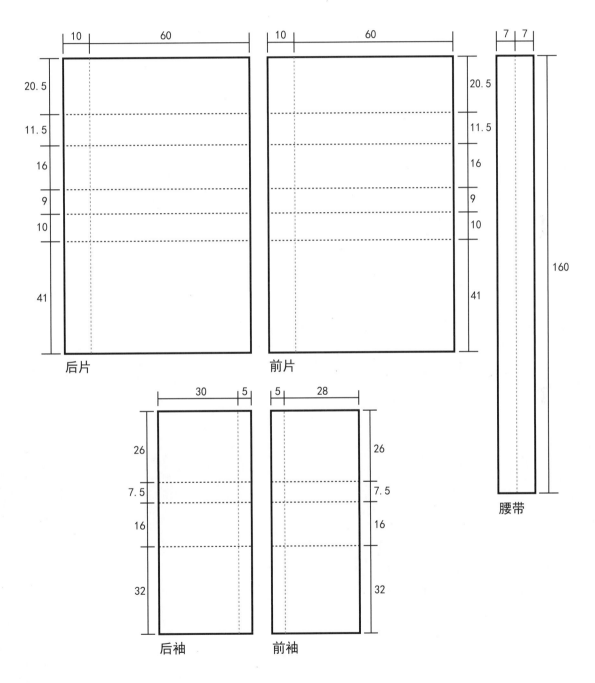

图 5.1.2 坯布取样图

补充标志线：

领圈线
门襟造型线
插肩袖造型线
袖中线

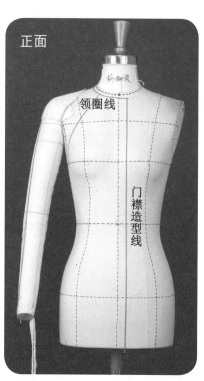

正面

领圈线

门襟造型线

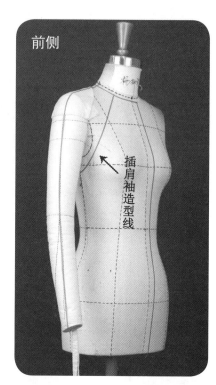

前侧

插肩袖造型线

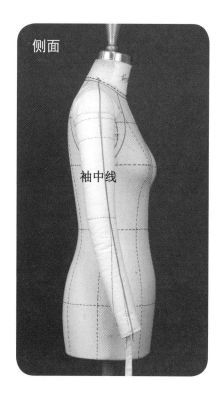

侧面

袖中线

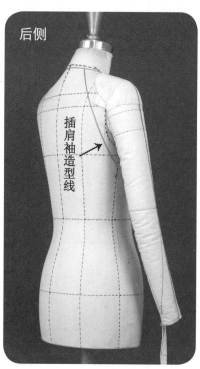

后侧

插肩袖造型线

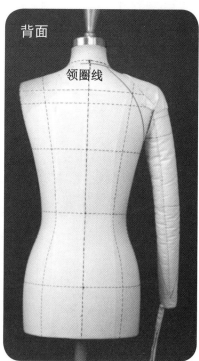

背面

领圈线

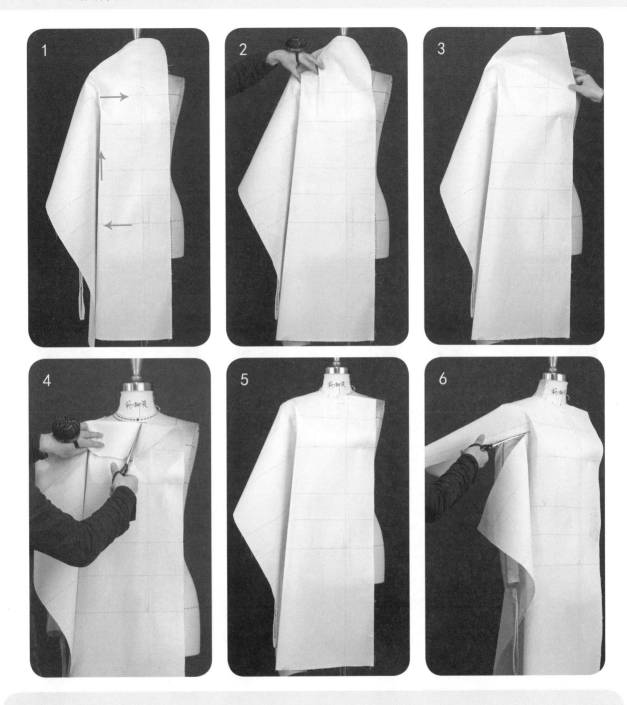

前片

1 将布料与人台上的胸围线、臀围线、前中心线对齐，然后在前中臀围点与人台交叉固定，保持臀围线水平，将侧面臀围线下落的量向上推，推向前中。

2 根据款式在臀围处放出合适的呈 A 字形的量，并根据这个量融入合适的胸省量，将胸省剩余量理出在胸上方，等待转成撇胸。

3 将胸省余量推向前中，作为撇胸量。

4、5 将前领中缝份向下翻折，沿前领中剪开，沿前领圈依次打剪口，并修剪多余缝份。

6 沿人台前腋点水平位置，将布料剪开至人台前腋点位置。

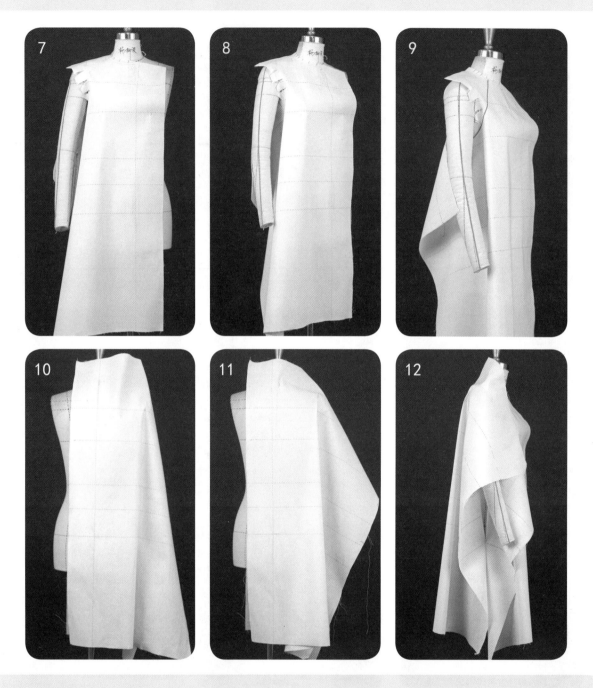

7、8 沿腋点上方袖窿弧线、肩缝线外圈留适当的缝份，修剪多余缝份，在腋点上方打剪口，在袖窿弧线处与人台固定，保持下摆呈 A 字形的量和袖窿松量符合款式造型。

9 在布料上贴出袖窿弧线。

后片

10 将布料与人台上的后中线、后胸围线、后臀围线对齐，并在后领中、后臀围、前中和侧面与人台临时固定。

11 以后中臀围点为中心，保持后臀围水平，放出呈 A 字形的量，保持后片侧面的长度松量与后中平衡，沿侧面向上推，将松量推向后中。

12 放出后片呈 A 字形的量，将后臀围线与前臀围线对齐，并观察前后臀围放松量的平衡，向上推平布料，在臀围线处与前片同时固定。

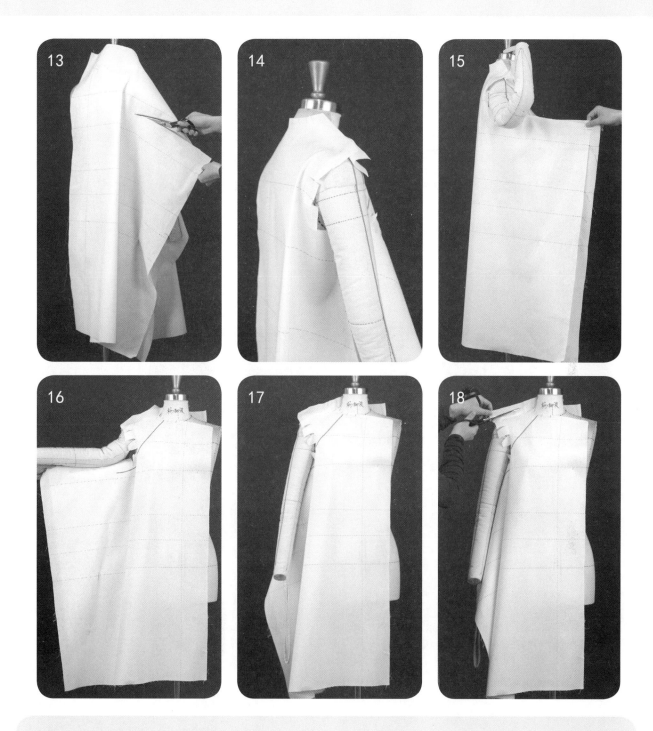

13 沿腋点上方袖窿弧线、肩缝线外圈留适当的缝份，修剪多余缝份，在腋点上方打剪口，在袖窿弧线处与人台固定，保持下摆呈 A 字形的量和袖窿松量符合款式造型。

14 沿后腋点位置、袖窿、肩缝、领圈，保留约 2~3 cm 缝份后修剪干净，并适当打剪口。

15 侧缝前后片布边对齐。

16 折别侧缝。

17 折别肩缝。

18 修剪肩缝处多余缝份。

19 修剪侧缝多余缝份。

20 贴出后片袖窿标记线。

21 折别肩缝、侧缝，根据款式造型调整衣身。

袖子

22 将前、后袖片袖中缝沿布纹别合成一个完整的袖片。

23 将袖中线、袖肥线下段的缝份叠合，在袖肥线处打剪口，根据袖子造型在袖山处推出袖山点1~1.5 cm的袖山头余量，理平到袖子，后袖片也同样推出1~1.5 cm余量，保持袖筒看上去吻合造型效果。

24 操作手法同上。

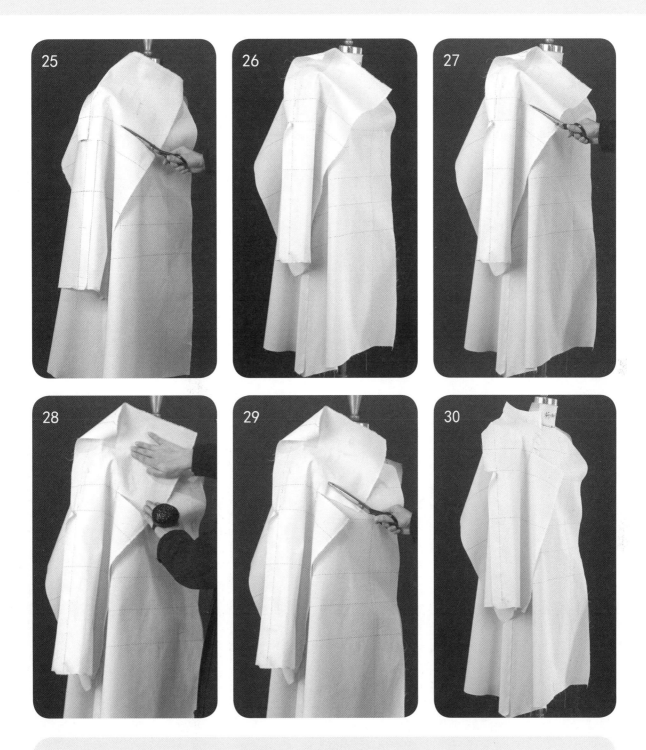

25 沿 1/2 袖山高线剪开至前片的袖窿弧线。

26~27 将袖山高的位置对准肩点，在前袖放出合适的松量，将布料根据款式造型，经过一个凹面和前袖窿弧线在 1/2 袖山高处与前袖窿线别合，并沿缝份处剪开至别合点。

28~30 将袖片布料理出袖子造型，将袖肥的量控制好，做出袖子的转折面，在前腋点与袖窿弧线交接处固定，再剪开至转折点，向上沿袖窿弧线推平，布料保持袖和衣身形成一个过渡自然转折面，然后打剪口，并修剪多余缝份。

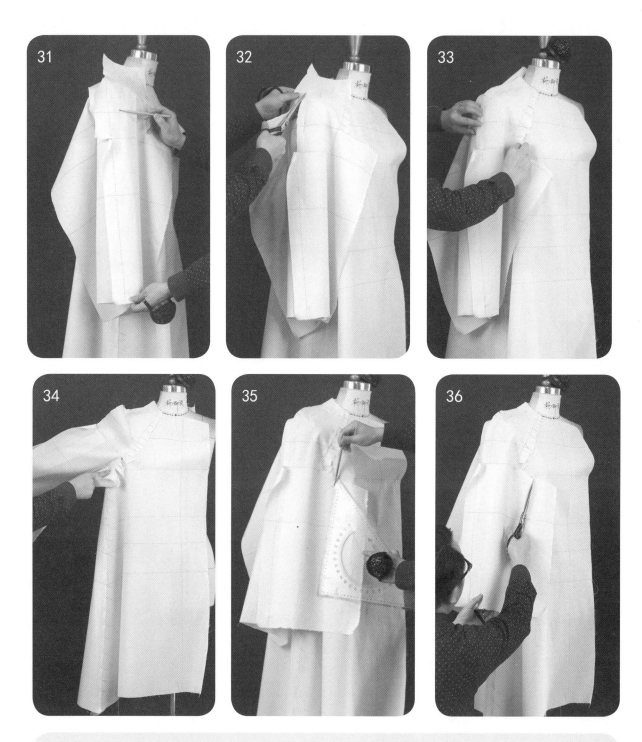

31、32 沿肩缝、袖中缝用铅笔描线，并修剪多余缝份，调整至伏贴。

33、34 保持袖面和衣身面的平整，沿腋点向袖窿底部将袖和衣身保持平整，别合到转折面处，然后抬起手臂，保持袖底和袖窿底部长度吻合。

35、36 根据袖肥点位置，保持和前袖中平行，画出袖底缝，并修剪多余缝份。

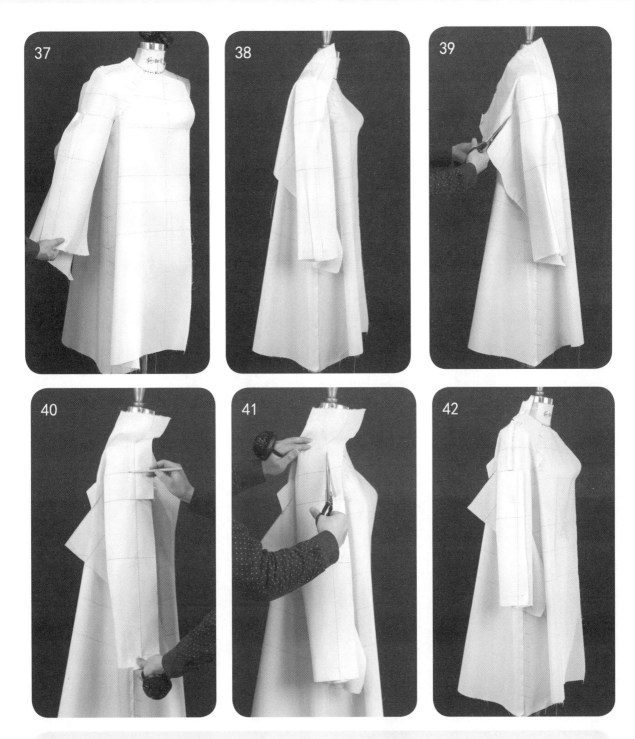

37 别合前袖底，然后开始做后袖。

38 将后袖上段和衣身造型面对齐，并保持大概的吻合，固定肩点。

39 在后腋点水平处，将袖与衣身别合，沿水平位置剪开至别合点。

40 用铅笔做袖中线标记。

41 修剪肩缝处多余缝份。

42 别合肩缝上半段。

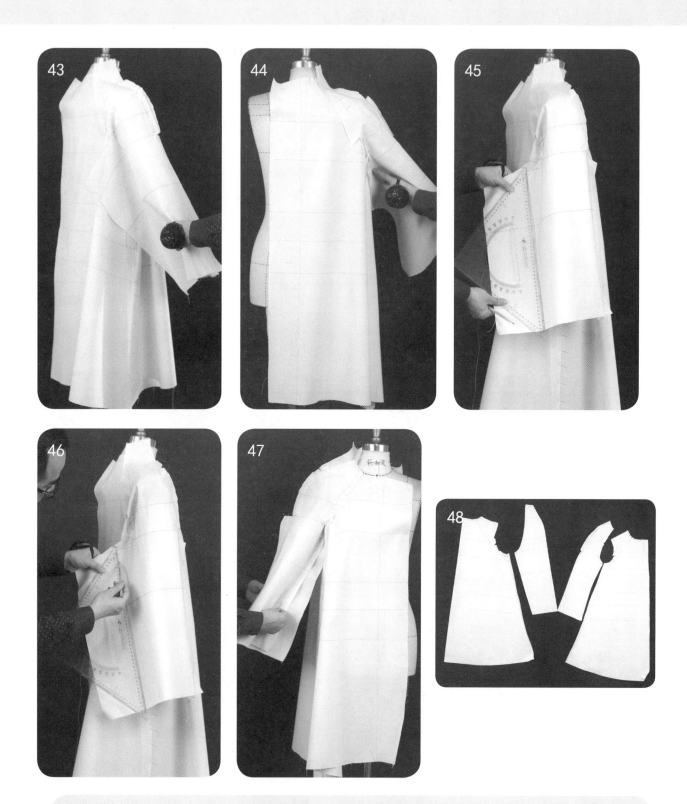

43 沿腋点水平位置，将袖和衣身沿袖窿弧线向上别平，并修剪多余缝份。

44 抬起手臂，找到袖底弧线的吻合处。

45~47 根据后袖肥点，在保持与布边平行的情况下去掉多余的量并做标记，抓合袖底缝、袖中缝。

48 点影、平铺裁片图。

49~54 回样完成。

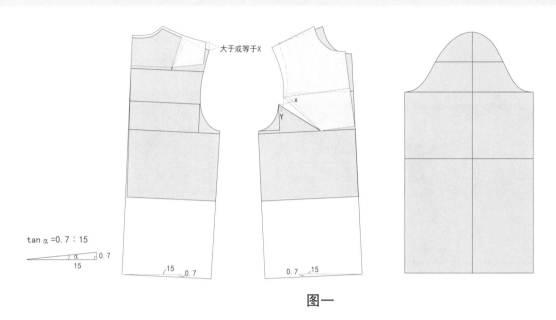

图一

图一： 前后衣身的平衡。①调出原型，将原型延长至臀围线，根据立裁的手法，保持臀围线水平，旋转臀围线以上部分，使侧缝线变短。②将1/3胸省量转入前中作为撇胸，余下的省量在袖窿产生一个X量的高度和Y的宽度松量。③合并后肩省，以平衡前片袖窿增高的X量，若不够则可直接拉伸后上，使后袖窿的增高量等于X。

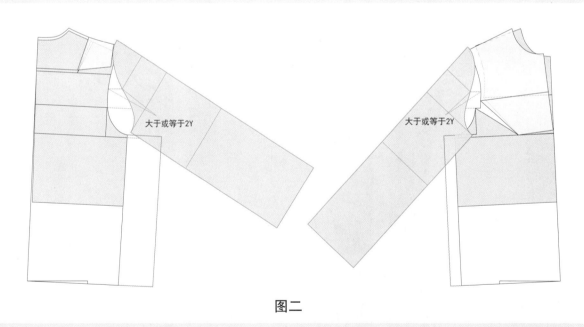

图二

图二： 前后衣身与袖角度的平衡。①前袖山部位空开0.8 cm，与前肩点重叠0.3 cm对齐，1/2袖山处袖山弧线与前袖窿弧线的横向距离大于或等于2Y的点对齐。②后袖山部位空开1 cm左右，与肩点对齐，1/2袖山处的位置与袖窿弧线的横向距离大于2Y。③根据抬臂角度，加放前后胸围，前后胸围加放量大于或等于3Y，后片胸围加放量大于前片加放量。

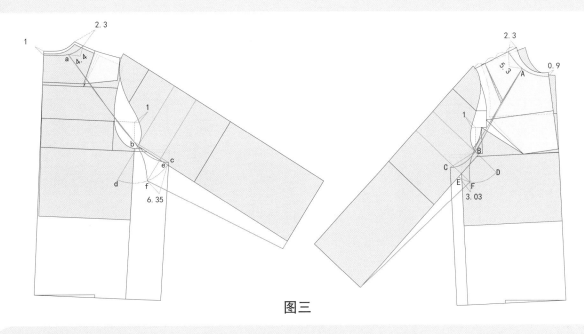

图三

图三：前后袖窿弧线与袖子的平衡。①按款式需求，将前后领圈重新画好。②前新腋点进来 1 cm 并垂直往下 5.8 cm 处取点 B，后新腋点进来 1 cm 并垂直往下 4.8 cm 处取点 b，前后袖窿开深点分别往下 3 cm 取点 C、c，分别连接 AB、BC、ab、bc 作为前后分割造型辅助线，分别圆顺连接 ABC、abc 为前后分割造型线。③分别以 B、b 点为圆心画弧，分别与前后原型袖肥延长线交于点 D、d，与前后袖底缝线交于点 E、e。④分别在弧 CD、cd 上取点 F、f，确定前后袖肥，分别与前后袖口连接为新的袖底缝，并画好袖弧线。⑤在小肩 1/4 处做一个 0.8 cm 左右的单向省，以免前面松量过多。

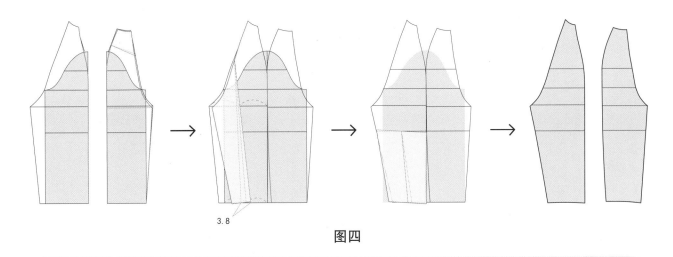

图四

图四：袖型变化。①提取前后袖结构图，将前肩省合并，在保证总长不变的情况下重新调整袖弧线，画顺前后袖中缝线。②将前后袖合并，袖中缝前移 1.5 cm，后袖口收掉 3.8 cm，重新画顺袖中缝、后袖弧线。③将前后袖缝的差值转换成肘省，并将一部分转到袖中缝作为吃势处理。④提取裁片，将袖口、后袖缝线调整圆顺。

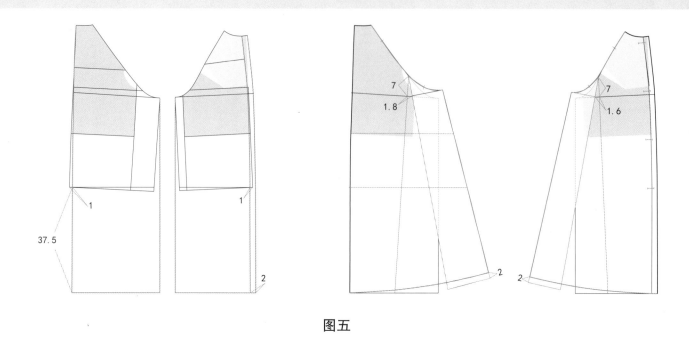

图五

图五：衣身变化。①取出前后衣身结构图，根据款式，加长衣长，放出前中止口，并画顺前后中线。②按款式需要，在前后腋点处插入相应的量，并画顺前后下摆。

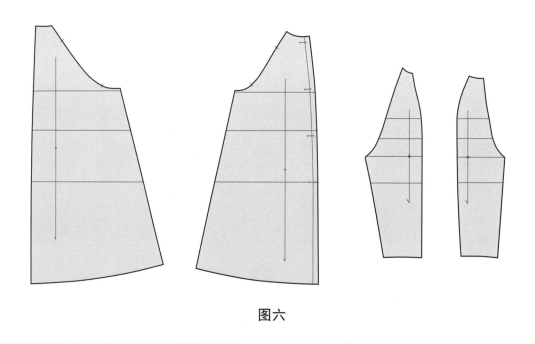

图六

图六：提取裁片，画好扣位。

图 5.2.1 休闲插肩袖外套款式图

5.2.1 休闲插肩袖外套的学习重点

（1）宽松插肩袖袖窿弧线的标准和变化。

（2）胸省、肩省的分散和转移。

（3）抬臂角度、胸围放松量、袖窿开深量、袖底弧线与袖窿底弧线的吻合关系。

（4）宽松廓形如何塑造平面化而显瘦。

单位：cm。竖虚线为经纱方向标注线，横虚线为纬纱方向标注线。

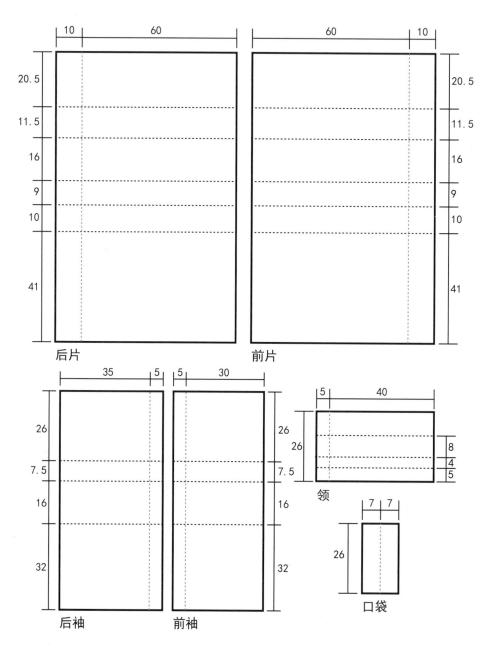

图 5.2.2 坯布取样图

补充标志线:

领圈线
领部造型线
领部翻折线
门襟造型线
插肩袖造型线
袖中线

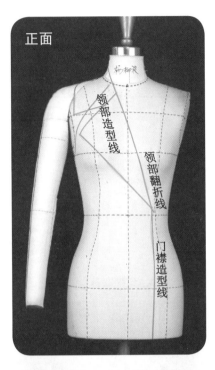

正面

领部造型线
领部翻折线
门襟造型线

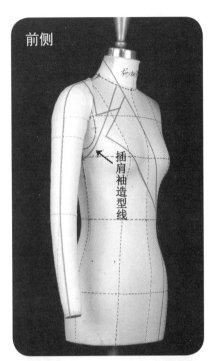

前侧

插肩袖造型线

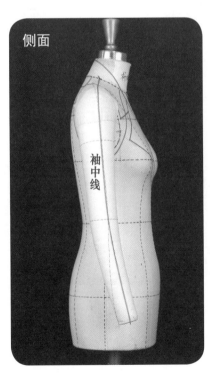

侧面

袖中线

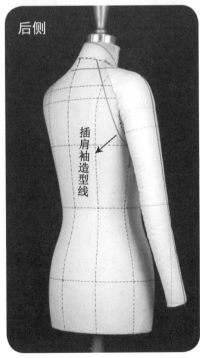

后侧

插肩袖造型线

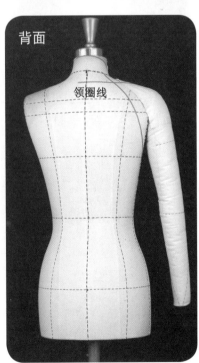

背面

领圈线

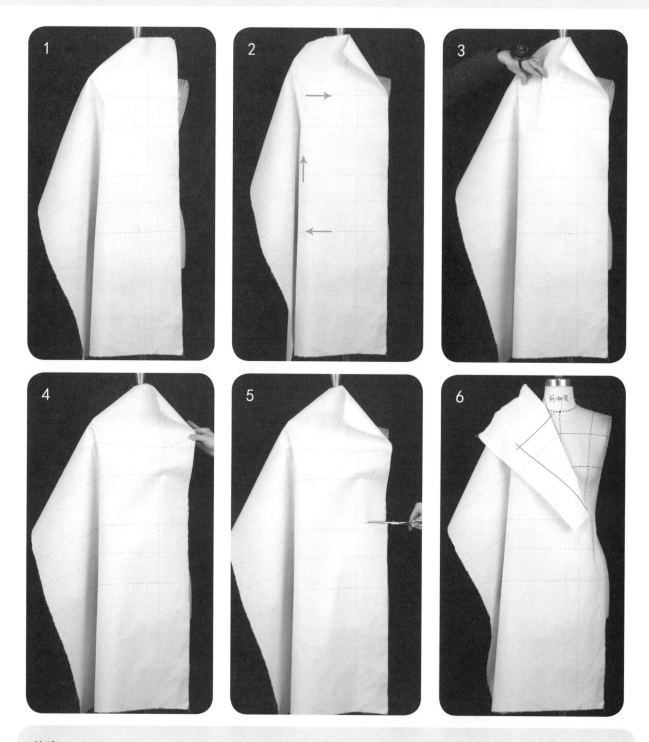

前片

1 将布料与人台上的前中心线、胸围线、臀围线对齐，并在胸围、臀围以及前中上方与人台临时固定。

2 将布料臀围线保持水平，将侧面长度方向余量向上、向前中推转。

3、4 根据款式造型，从侧面向上方理出造型面，融合部分胸省量，还有部分剩余量在胸部上方，将胸部上方剩余量转向前中，作为撇胸。

5、6 从布边剪开至驳头止点，沿翻折线将领片翻折，再贴出驳头的标记线。

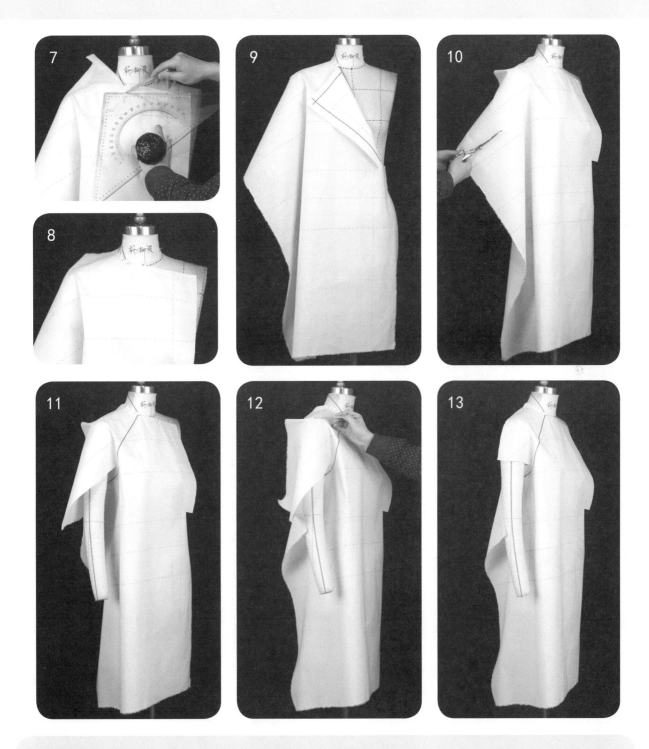

7、8 修剪驳头的外口，留 2 cm 缝份，并翻平布料，将驳头的串口线延长至翻驳线内侧，沿领圈打剪口并修剪多余缝份。

9 根据款式造型放出胸围、臀围、下摆的造型余量，并在肩点、臀围侧面以及袖窿转折面处与人台临时固定。

10 沿腋点水平位置，从袖窿外一直剪至袖窿转折面处。

11 在前片上标记前袖窿弧线。

12、13 沿肩缝、袖中缝用铅笔描线，并修剪多余缝份。

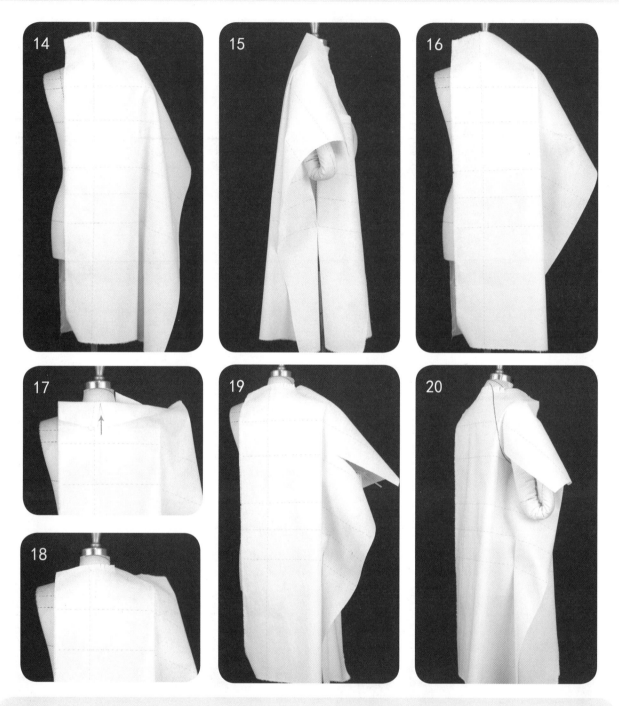

后片

14 将布料与人台上的后中心线、胸围线、臀围线对齐，在后中领窝处、臀围处、侧面肩端处与人台临时固定。

15 理出后臀围处的松量，将后臀围线和前片的臀围线在侧缝处对齐并与人台固定。

16 根据后臀围的放松量，重新调整后中与后侧的平衡，沿后侧造型面向上推转布料。

17、18 将后领中缝份向下翻折并剪开至后领窝点，沿后领圈打剪口并修剪多余缝份。

19 沿后腋点水平线，从缝份处剪开至后袖窿转折面处。

20 在后片上贴后袖窿标记线。

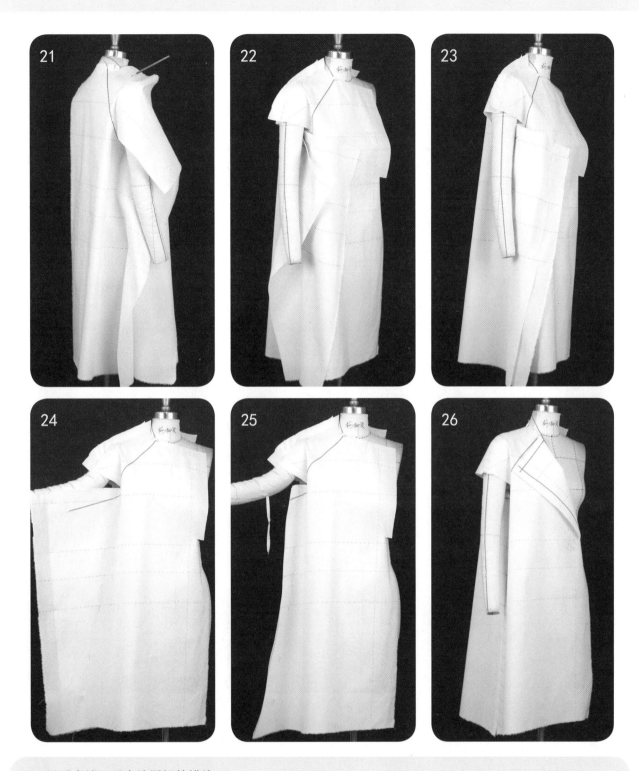

21 沿后肩缝、后中缝用铅笔描线。

22 抓合肩缝。

23 以前、后臀围交点向外对齐布边。

24、25 抓合侧缝并修剪多余缝份。

26 折别好肩缝和侧缝，观察与调整衣身造型面、领子驳头，准备做袖子。

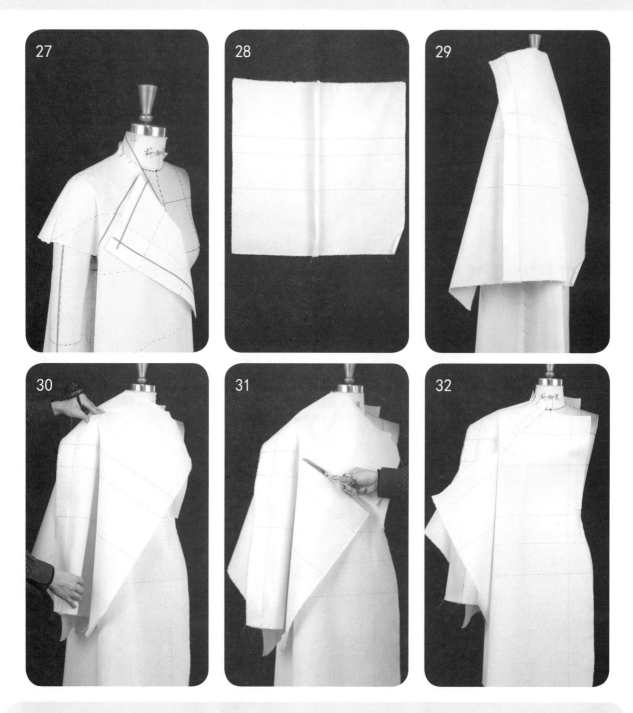

27 将肩缝处用手工缝好，检查并保持前后插肩袖连接面的平衡。

袖子

28 将前、后袖片沿袖中缝抓合。

29 将袖中缝与人台上的前后衣身、袖中对齐，在 7/8 袖山高处和前后衣身固定。

30 将前袖上段与前衣身的造型面对接，调整与前片造型面完全一致、平整，临时固定。

31 沿 1/2 袖山高位置剪开至前袖窿弧线处。

32 沿 1/2 袖山往上，将袖与衣身推平，沿袖窿弧线别合至领圈，并在肩缝处临时固定。

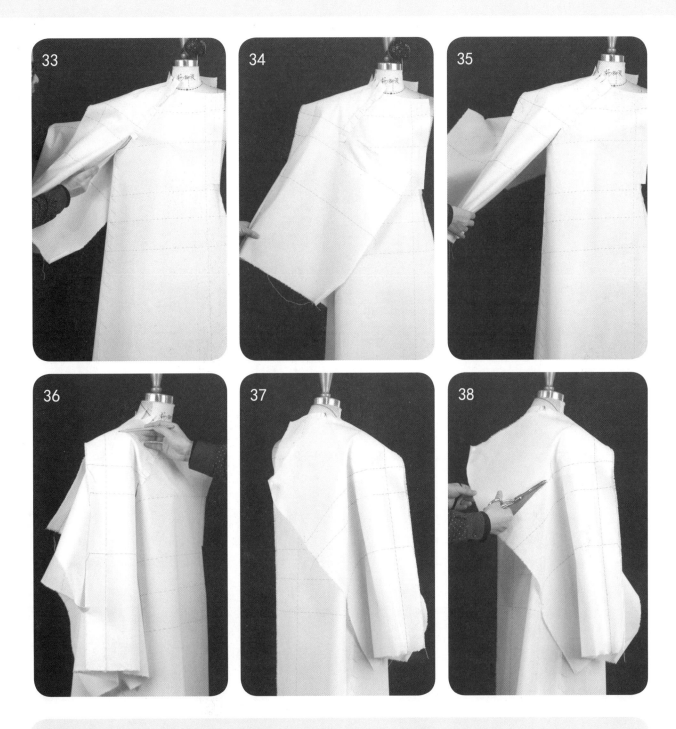

33、34 抬起手臂找到袖底吻合点，然后放下手臂将布料摆平，大概连接前造型面转折点至袖底点的弧线，修剪多余缝份。

35 别合袖底。

36 沿肩缝、袖中缝描线。

37 将后袖与后衣身对齐并保持后衣身的面平整吻合，在造型面和袖窿弧线的交界处别合。

38 沿 1/2 袖山高位置剪开至后袖窿弧线处。

39 沿 1/2 袖山往上，将袖与衣身推平，沿后袖窿弧线别合至领圈，并在肩缝处临时固定。

40、41 抬起手臂，找到袖底吻合点，然后放下手臂，将布料摆平，大致连接后造型面转折点至袖底点的弧线。

42 别合后袖底。

43 抓合肩缝、袖中缝，并修剪多余缝份。

44 折别肩缝，抓合袖底缝，并修剪多余缝份。

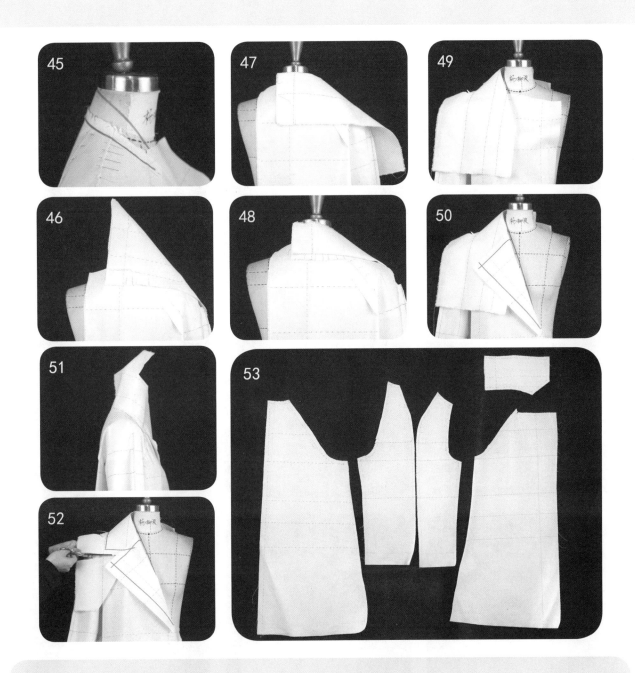

领子

45 标记领圈线，并修剪多余缝份。

46 将领子的后中线、领底线与后领窝中心点对齐，保持领面横平竖直，依次别合并在领下口缝份处依次打剪口。

47、48 根据领座高度将布料向下翻折，再根据翻领的宽度将操作余量向上翻折，并在后领中固定。

49、50 将领片向前沿翻折线搓出领子的驳口线，保持领面松紧适度、伏贴，然后摆平，将驳头沿翻折线反折压在领片上，并在串口线的止点处和领片别合。

51 翻起领子，将领底线和领圈线别合平整。

52 标记领外口线，并修剪领外口多余缝份。

53 点影、平铺裁片图。

54~59 回样完成。

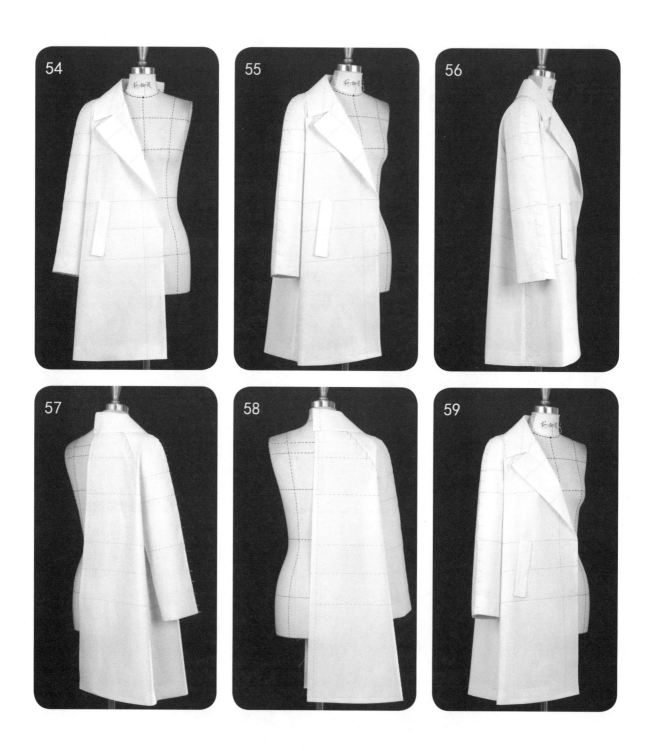

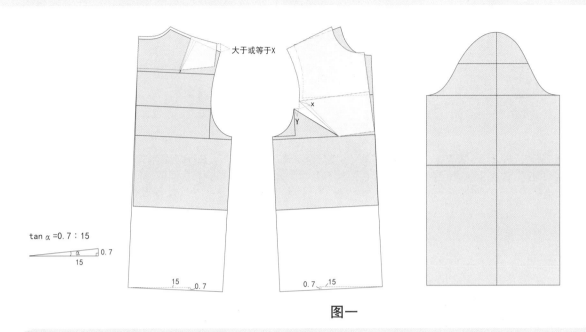

图一

图一：前后衣身的平衡。①调出原型，将原型延长至臀围线，根据立裁的手法，保持臀围线水平，旋转臀围线以上部分，使侧缝线变短。②将1/3胸省量转入前中作为撇胸，余下的省量在袖窿产生一个 X 的高度和 Y 的宽度松量。③合并后肩省，以平衡前片袖窿增高的 X 量，如不够可直接拉伸后上，使后袖窿的增高量等于 X。

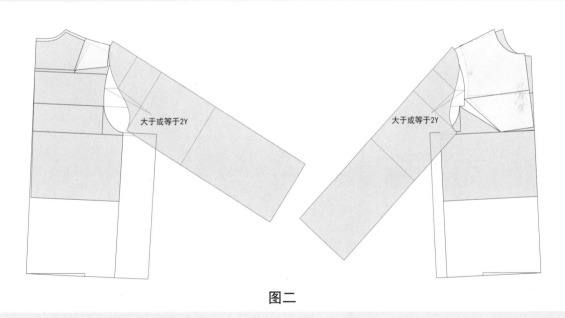

图二

图二：前后衣身与袖角度的平衡。①前袖山部位空开 0.8 cm，与前肩点重叠 0.3 cm 对齐，1/2 袖山处袖山弧线与前袖窿弧线的横向距离大于或等于 2Y 的点对齐。②后袖山部位空开 1 cm 左右，与肩点对齐，1/2袖山处的位置与袖窿弧线的横向距离大于 2Y。③根据抬臂角度，加放前后胸围，前后胸围加放量大于或等于 3Y，后片胸围加放量大于前片加放量。

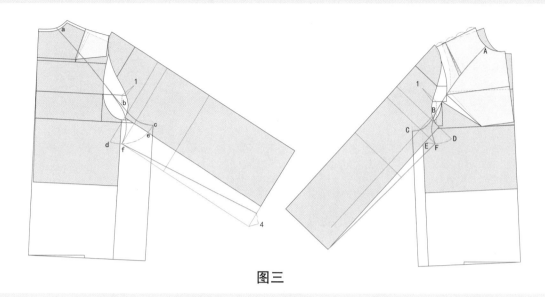

图三

图三：前后袖窿弧线与袖子的平衡。①按款式造型在前后领圈上确定点 A、a，在前后新腋点进来 1 cm 并垂直往下 2.6 cm 处作为袖窿转折点 B、b。②前后原型袖窿底点往下 1 cm，分别为新的袖窿底点 C、c，连接 AB、BC、ab、bc 作为前后造型分割线的辅助线，圆顺连接 ABC、abc 为前后分割造型线。③分别以 B、b 点为圆心画弧，分别与前后原型袖肥延长线交于点 D、d，与前后袖底缝线交于点 E、e。④在弧 CD、cd 上分别取点 F、f 确定前后袖肥，并分别与前后袖口连接为新的袖底缝，并画好袖弧线。⑤在小肩 1/4 处作一个 0.8 cm 左右的单向省，以免前面松量过多。

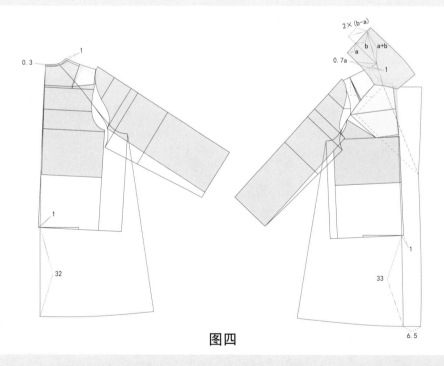

图四

图四：领子与衣身。①按款式需求加出衣长、下摆，并画顺，加出叠门。②将前后领圈开宽 1 cm，假设领座高为 a，翻领宽为 b，如图四按款式造型画出领子。

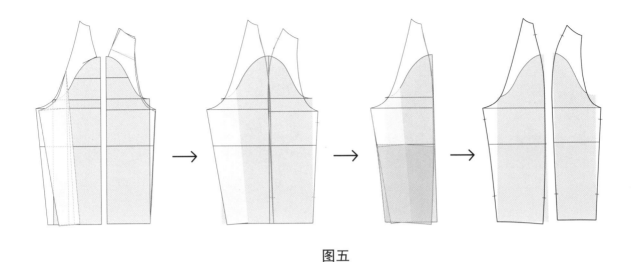

图五

图五：袖型变化。①取出袖子结构图，按款式将后袖口减少 4 cm 左右，合并前肩省量，在长度不变的情况下重新调整前袖弧线。②将前后袖合并，袖中线前移 1.5 cm 左右，将袖山高差值转换成袖肘省，并转到后袖中，底缝吃势量消除。③提取裁片，将袖口、前后袖缝线调整圆顺。

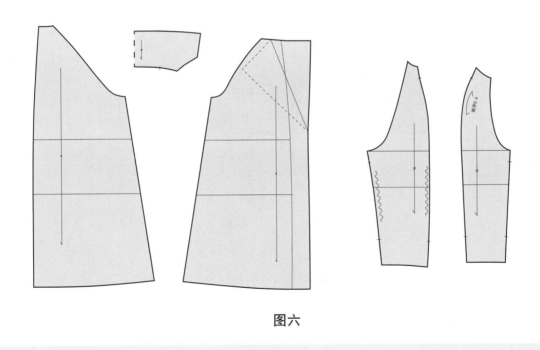

图六

图六：提取裁片。

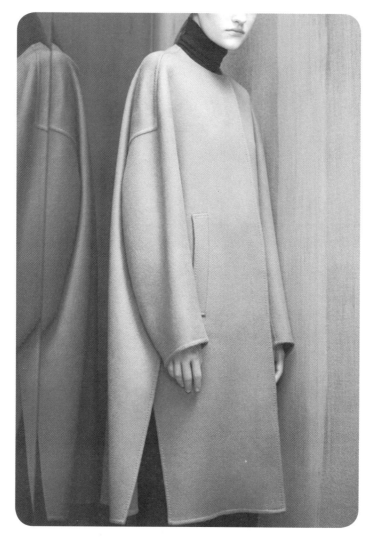

图 5.3.1 前连后落外套款式图

5.3.1 前连后落外套的学习重点

(1) 前连袖后落肩组合款式，连袖袖窿底和落肩袖窿底的最佳切面结合型态塑造。

(2) 落肩量与袖窿开深量、抬臂角度、袖窿切面、袖山高、袖肥、胸围放松量之间的平衡关系。

(3) 袖底插片弧线与袖窿弧线的吻合关系原理。

单位：cm。竖虚线为经纱方向标注线，横虚线为纬纱方向标注线。

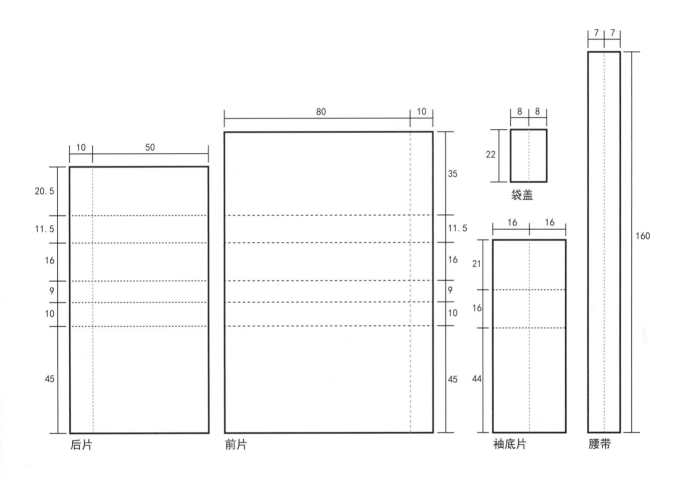

图 5.3.2 坯布取样图

袖窿切面演示

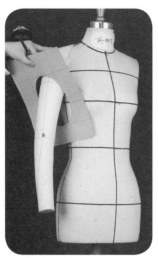

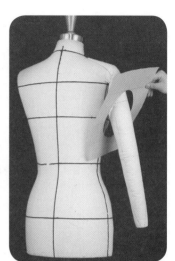

补充标志线:

门襟线
领圈线
前袖窿线
后袖窿线
袖中线
袖后缝

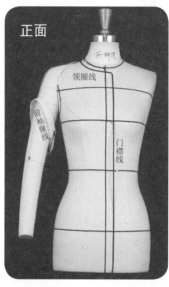
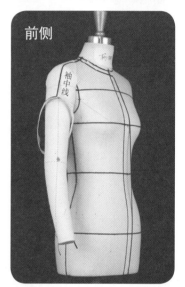
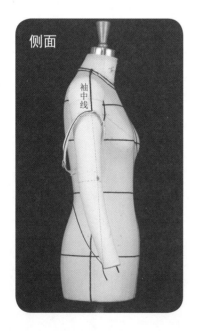
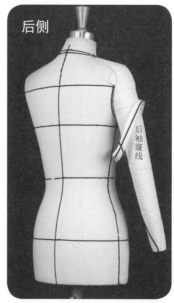
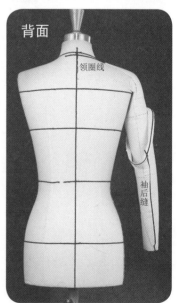

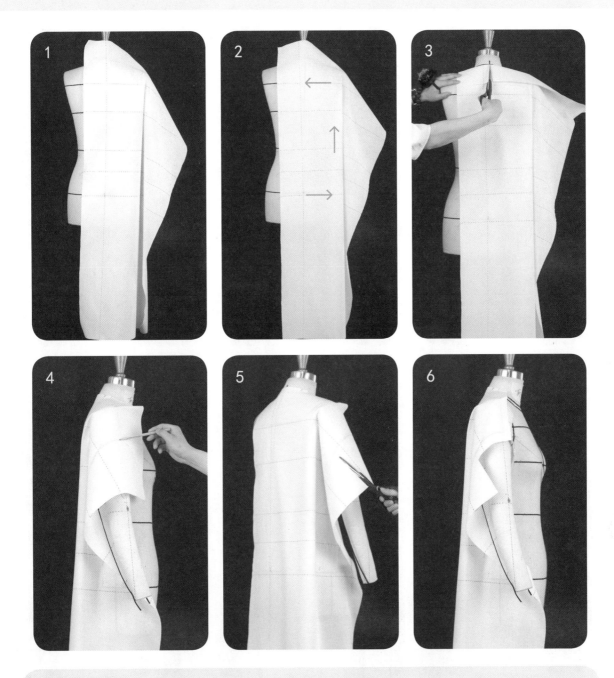

后片

1 将布料与人台上的中心线、胸围线、臀围线对齐，并在后领中、臀围处以及肩胛骨上方靠近肩端处将布料与人台临时固定。

2 以后中心臀围点为起点，保持后臀围线水平，将后侧长度方向的松量向上推至肩胛骨上方并用针临时固定，将肩胛骨上方维度的松量推向后中，在后领窝、后臀围以及后臀围侧面用针临时固定。

3 将后领上段缝份翻折下来，沿后领窝依次打剪口并修剪多余缝份。

4~6 将后肩缝肩端处多余的松量推转向袖窿，保持后袖窿的松量平衡，沿肩线和袖窿上段用铅笔描线，沿袖窿上段新腋点处剪开至袖窿弧线并留 1.5~2 cm 的操作余量，向上修剪袖窿上段和肩缝的多余缝份。

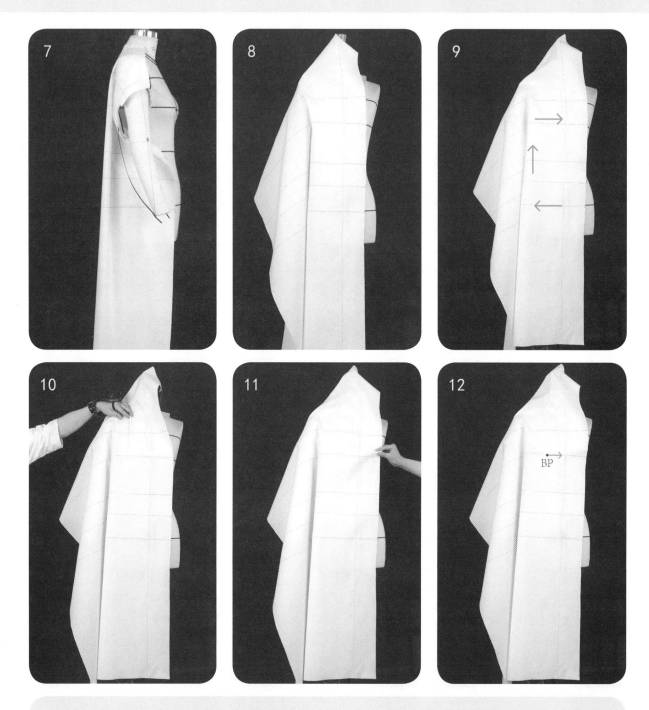

7 将后袖窿下端向手臂内推平并与后袖窿弧线保持平顺，打剪口并修剪多余缝份；将侧缝向前推平，完成后片。

前片

8 将布料与人台上的前中心线、胸围线、臀围线对齐，并在臀围处、胸围处、前领中处以及肩端处将布料与人台临时固定。

9 保持臀围线水平，以前中心臀围点为中心点旋转布料，将侧面多余布料推转向前中。

10~12 保持前侧面造型余量从上至下平衡，将胸省在袖窿处融合不掉的量捋出，并转向前中作为撇胸，向前中推平，侧面放出部分胸围量来平衡掉。

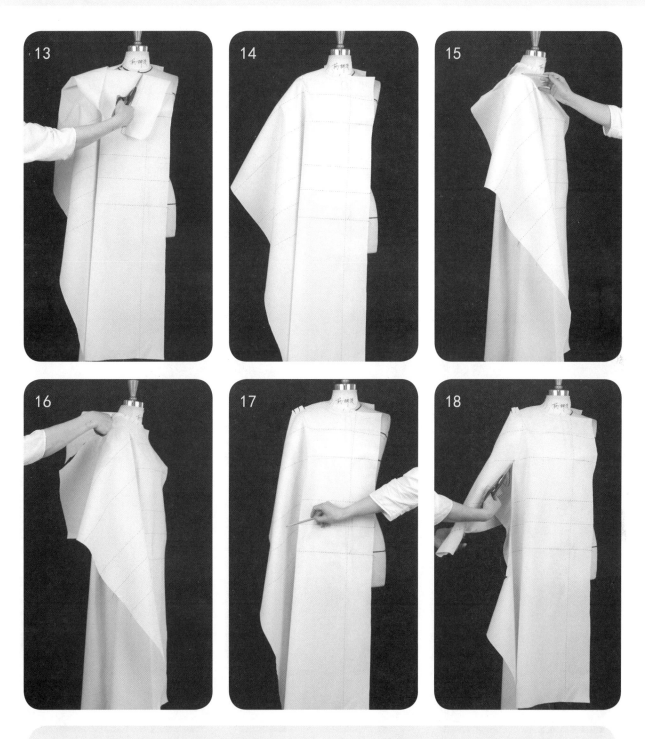

13、14 将前片领中上方的布料向下翻折并剪开至领圈线，沿领圈一圈打剪口并修剪多余缝份。

15、16 用铅笔沿肩缝描线并修剪多余缝份。

17、18 沿前袖内缝用铅笔描线至袖与衣身的转折点处，并放出合适的缝份修剪至袖与衣身转折点处。

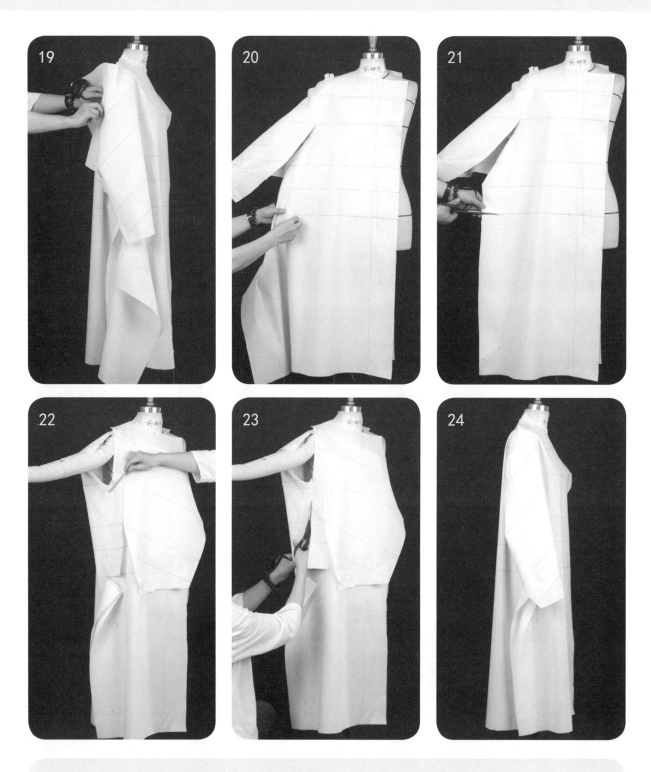

19 在后肩缝袖窿处将前片袖面摆平，并沿后肩缝袖窿处叠合至后袖分割线处。

20、21 抓合侧缝并修剪多余缝份，在侧衩的高低位置臀围处剪开至侧缝线。

22~24 抬起手臂，描出袖窿下段的弧线，修剪侧缝，放下手臂后，观察调整袖面宽度及造型。

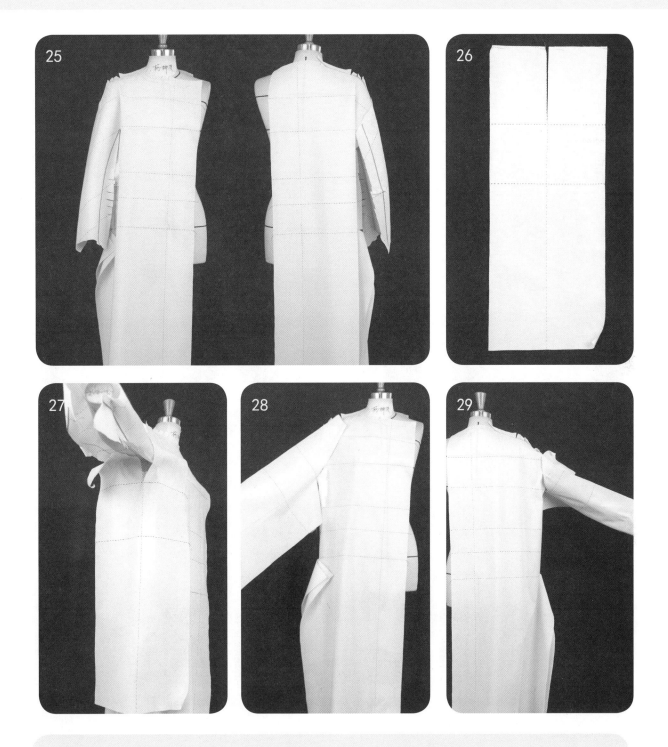

25 标记前后袖缝并修剪多余缝份。

袖子

26、27 将小袖片沿中心线剪开至袖肥线，将袖肥线、袖中心线、袖窿底点在人台上别合，并在前后转折点处临时固定。

28、29 抬起手臂，别合前后袖缝。

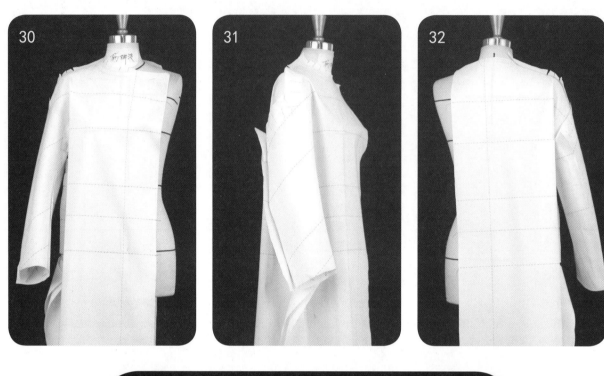

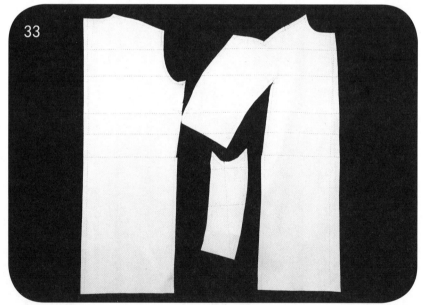

30~32 从正面、侧面、背面观察袖子的平衡并调整，修剪多余缝份。

33 点影、平铺裁片图。

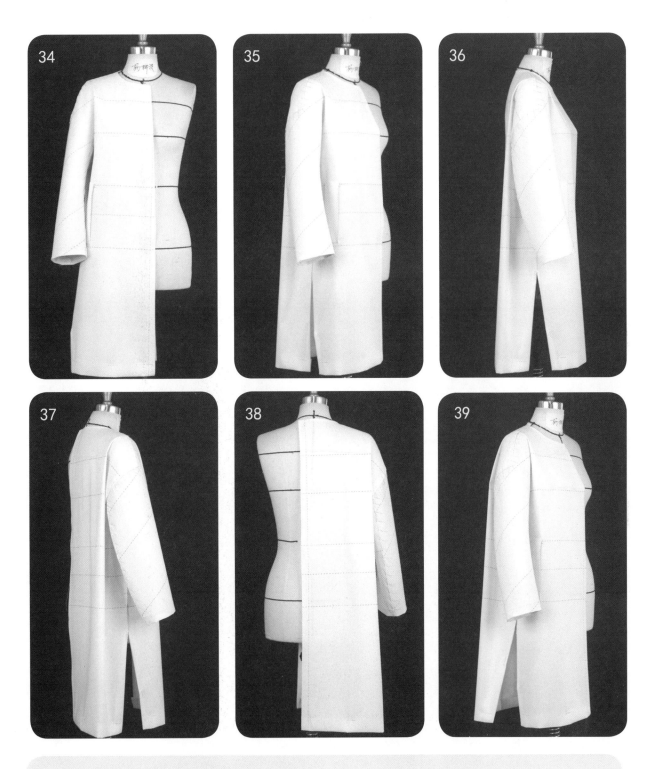

34~38 观察五个面并调整至结构平衡，回样完成。
39 按款式图摆出款式造型。

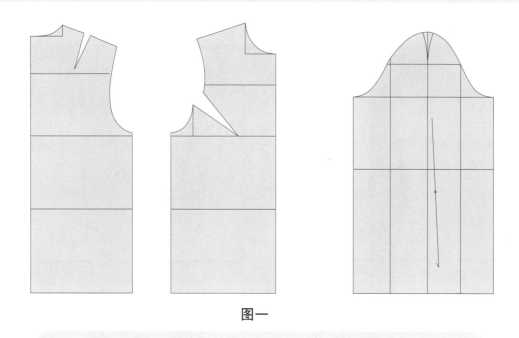

图一

图一：调出衣身、袖原型。

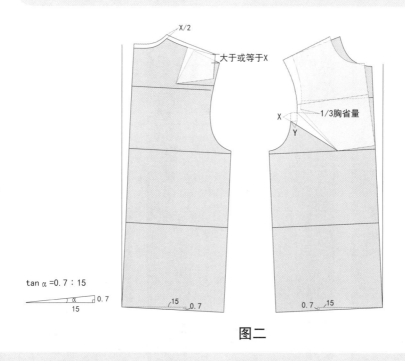

图二

图二：①与立裁对应，为了保持臀围线在立体状态下的水平，将前后片原型以前后中臀围点为中心，向侧面旋转角度 α (tan α =0.7：15)。②前片将胸省量转出 1/3 作为撇胸，前袖窿增高 X 的量，增宽 Y 的量。③对应在后袖窿便是将肩省转入后袖窿并将后肩点抬高至少大于或等于 X 的量，同时后背长抬高 X/2 的量。

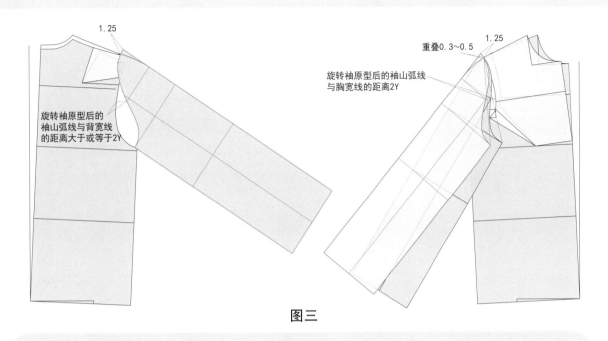

图三

图三：①将前袖原型袖山进 1.25 cm 处与前肩点重叠 0.3~0.5 cm 对齐、袖山弧线与原型前腋点对齐。②根据落肩量 9.6 cm，还需要将前袖原型向上旋转 8°来满足最小的抬臂角度量，同时测量袖原型的袖山弧线中点至胸宽的量为2Y。③将后袖原型袖山进 1.25 cm 与后肩点对齐，并在 1/2 袖山处与后袖原型拉开大于或等于 2Y 的量。

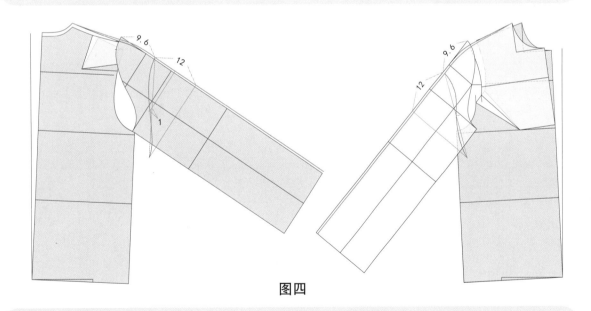

图四

图四：①与立裁对应，定落肩点位置（落肩量 9.6 cm），根据落肩量和袖窿开深量推算袖山高：立体袖窿深 18.8 cm ×cos50° ≈ 12 cm。②肩点及袖中线前移 0.5 cm，根据造型结合袖窿弧长综合确定前袖肥的放量，在原型的基础上放出袖肥 2~3 cm，例如前袖肥放 2.5 cm，后袖肥放3 cm，定出前袖斜线。③作前袖山弧线，经过 1/2 袖山高处。④作后袖山弧线，经过 1/2 袖山高中点加 1 cm 处。

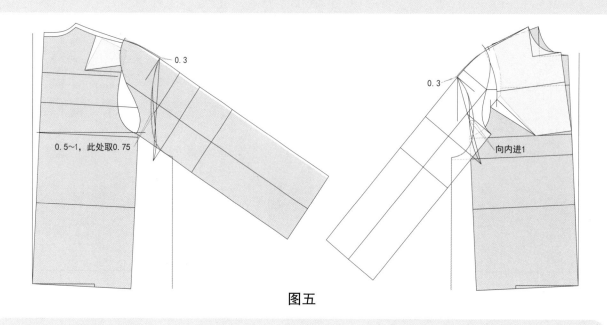

图五

图五：①作前袖窿弧线，在袖中抬高 0.3 cm，在 1/2 袖山点处向衣身进 1 cm 为新腋点，从新腋点向外定 5.5 cm 袖窿宽，并将袖窿开深落肩量的一半（4.8 cm 左右），将前袖窿弧长调整到 22.5 cm 左右。②作后袖窿弧线，在袖中抬高 0.3 cm，在 1/2 袖山高点处向衣身进 0.75 cm 为新腋点，从新腋点向外定 5.5 cm 袖窿宽，并将袖窿开深落肩量的一半（4.8 cm 左右），将后袖窿弧长调整到 25.5 cm 左右。③沿前后袖底点竖直向下标出侧缝线。

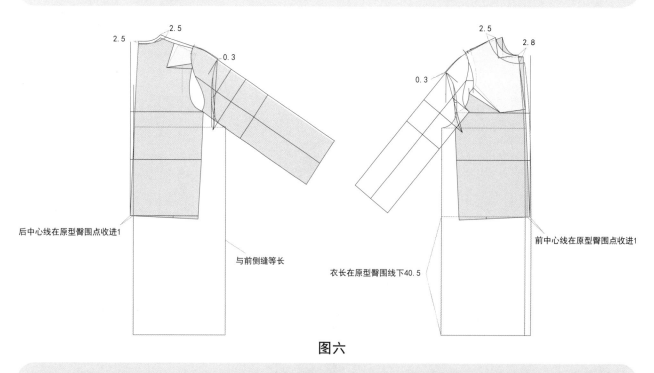

图六

图六：①根据款式确定衣长，即前衣长在原型臀围线下 40.5 cm，保持后侧缝与前侧缝等长。②前后横开领在原型基础上开宽 2.5 cm，画出前后领圈、门襟造型。

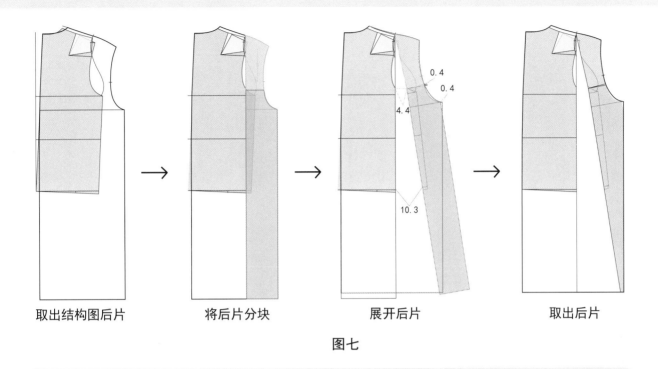

取出结构图后片　　　　　　将后片分块　　　　　　展开后片　　　　　　取出后片

图七

图七：后片。①将后片从基础结构图中分解出来。②根据款式造型，在后肩点竖直向下剪开、展开。③同时将后袖窿宽、后袖窿高同时增加 0.4 cm，侧缝根据袖窿底点竖直向下收进展开的 A 形摆量。

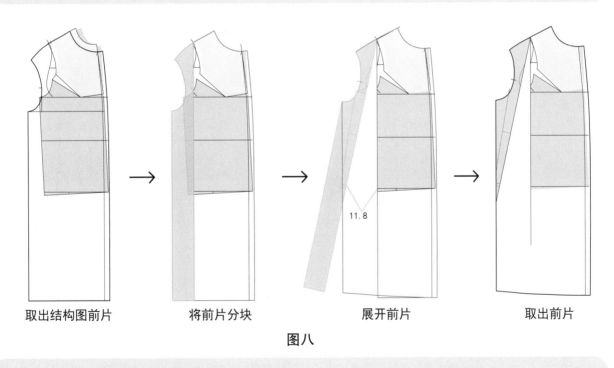

取出结构图前片　　　　　　将前片分块　　　　　　展开前片　　　　　　取出前片

图八

图八：前片。①将前片从基础结构图中分解出来。②根据款式造型在前肩点竖直向下剪开、展开。③侧缝根据袖窿底点竖直向下收进展开的 A 形摆量。

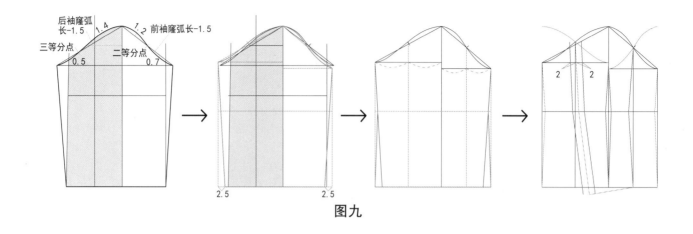

图九

图九：将袖子从结构图中分解出，调整袖山弧长比袖窿弧长前后各短 0.7~1 cm，变化两片袖。①取出袖子结构图，根据前后衣身袖窿弧长各减去 1.5 cm 以确定前后袖斜线。②调整前后袖山，前袖山开深 1 cm，后袖山变浅 1 cm，袖底缝在袖口收进 2.5 cm。③重新确定前后袖中心线、袖底缝线。④将前后袖山线沿前后袖中心线向内对称，确定前后袖弯造型线，确定大、小袖分割线。

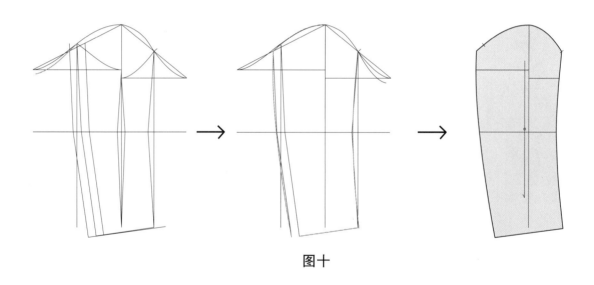

图十

图十：大袖片。①以前后袖弯线为对称轴，将袖底弧线对称画出来。②连顺外轮廓线条。③取出大袖片裁片。

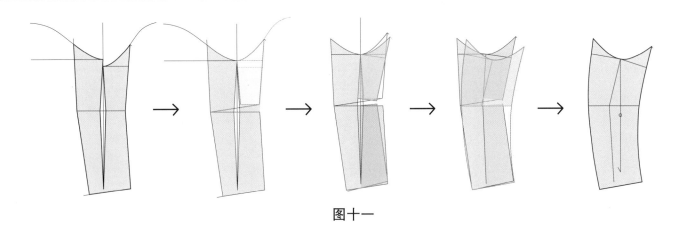

图十一

图十一：小袖片。①从结构图中提取小袖片结构图。②将前袖肘上段向上移动至与后袖底弧线平齐。③合并袖底缝省。④合并袖肘省并修正、连顺前后袖弯线。⑤取出小袖片。

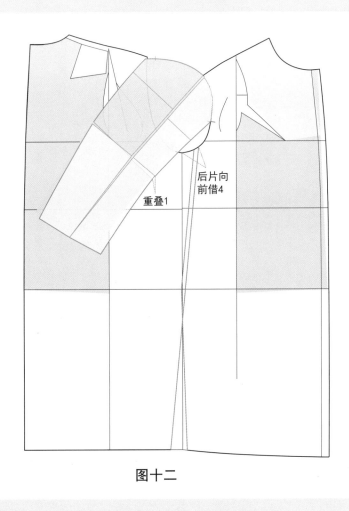

重叠1

后片向
前借4

图十二

图十二：将大袖片和前片相连，侧缝袖窿底前移4cm，画出前后侧缝衩位置。

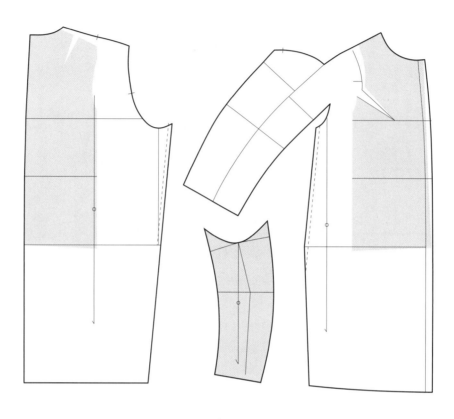

图十三

图十三：提取裁片。

图 5.4.2 款式图局部

图 5.4.1 经典连袖外套款式图

5.4.1 经典连袖外套的学习重点

（1）胸省的分散转移、撇门的应用。

（2）袖与衣身转折点的最佳位置、袖肥同位点的最佳位置。

（3）插片的位置和最佳宽度。

（4）抬臂角度与胸围放量、袖与衣身转折点、袖肥同位点的平衡关系原理。

单位：cm。竖虚线为经纱方向标注线，横虚线为纬纱方向标注线。

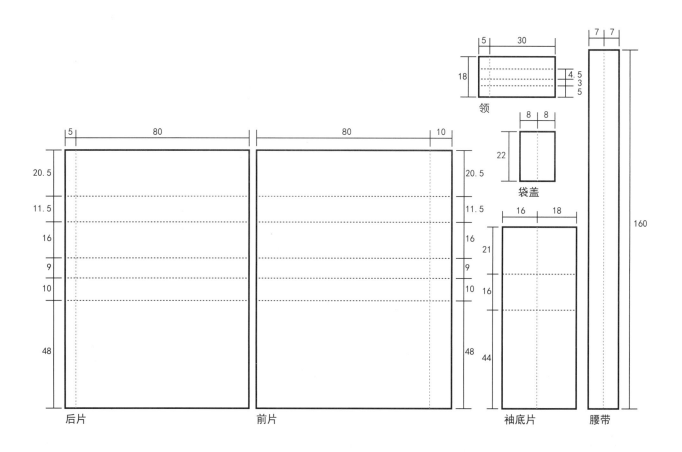

图 5.4.3 坯布取样图

补充标志线:

门襟线
翻折线
驳头线
串口线
领外口线
扣位
口袋位
袖底插片线
衣身插角线
袖中线

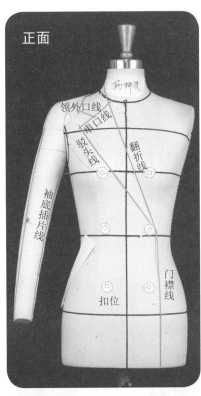

正面

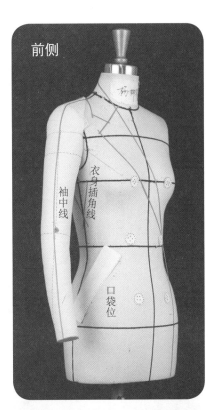

前侧

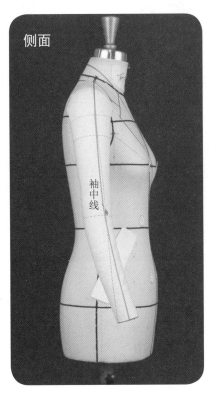

侧面

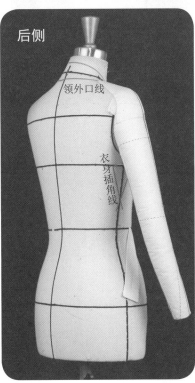

后侧

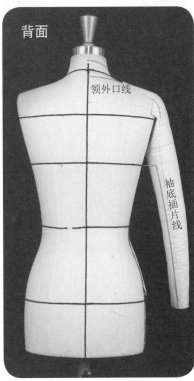

背面

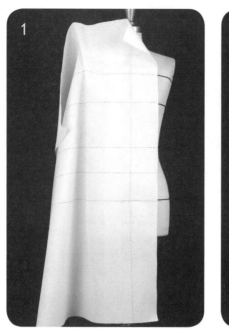
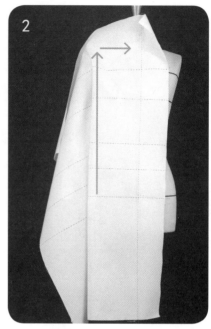

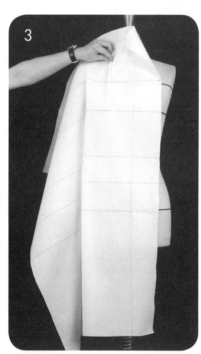

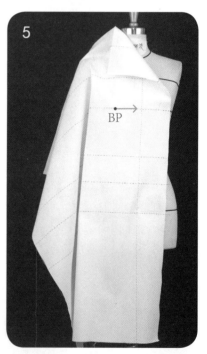

前片

1 将前片与人台上的胸围线、臀围线、前中心线对齐，并在前中心臀围处、胸宽处、侧面臀围处、肩点上方将布料与人台临时固定。

2 保持前片臀围线水平，将侧面长度方向的余量推向前中。

3~5 沿侧面在袖窿处向上将侧面造型两端起点位置推向肩点内侧，产生胸省余量，将胸省余量转向前中作为撇胸，对转向前中的胸省余量做后处理，即将侧面布料在胸围处向前中拉一下，在肩点处、前中点处、臀围点处重新固定。

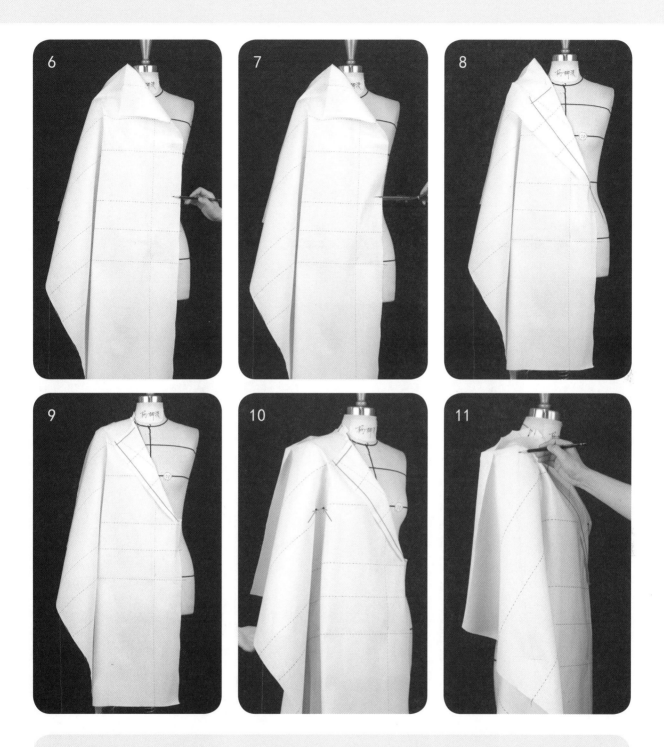

6~9 用铅笔在驳头止点处描点，并剪开至驳头止点，沿人台标记线的翻折线将前片的驳头翻折并贴标记线，修剪多余缝份，在领圈处修剪多余缝份，打剪口保持伏贴，在肩点、肩领点处将布料与人台固定。

10 轻抬手臂，保持衣身的造型面不受影响，手臂和衣身之间有合适的抬臂角度，在衣身转折面处找到袖与衣身的转折点并用针固定，将抬手松量贴住手臂内侧标记线并用针固定。

11 将前片从袖肥同位点开始向外理出袖肥松量，保持袖中的面平整，在袖口内外两侧用针固定，用铅笔沿袖中心线描线并修剪多余缝份。

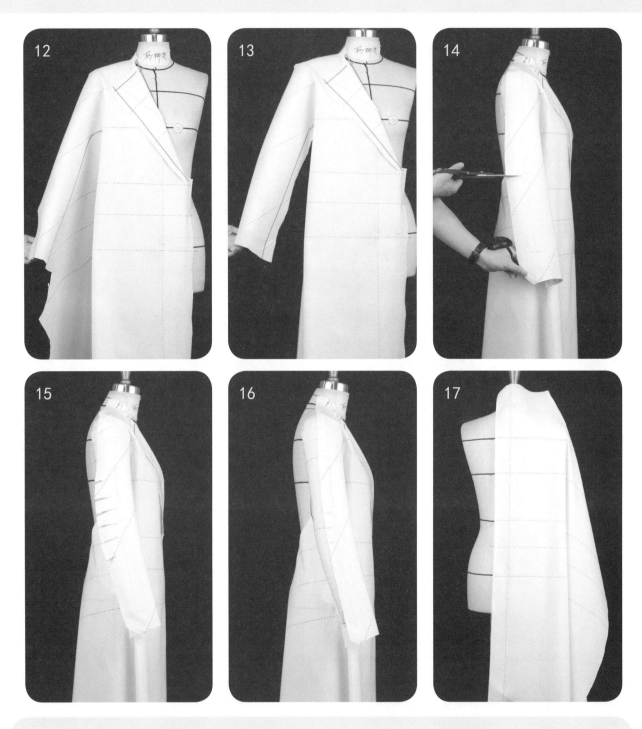

12、13 保持前片袖子部分伏贴，沿袖内缝标记线在布料上贴线，沿标记线内侧留 2 cm 左右缝份，剪开至袖与衣身转折点处。

14~16 沿袖中、袖肘部位依次向上、向下打剪口，并将袖肘处的余量向外推出，做出前袖弯的造型，修剪多余缝份并重新固定袖口内外侧的针。

后片

17 将后片的中心线、胸围线、臀围线与人台上的后中线、胸围线、臀围线对齐，并在臀围的后中与侧面、后领窝中及肩点处用针临时固定。

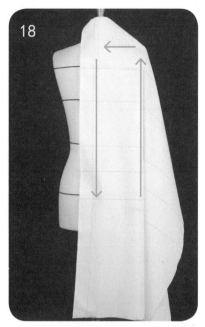 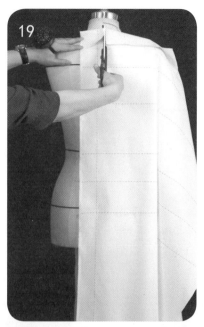 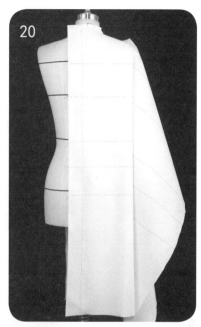

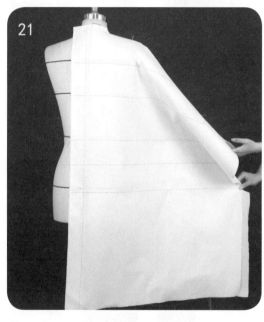 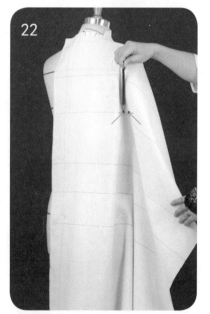

18 根据前臀围松量，在后臀围处保持后片臀围量大于或等于前片 2 cm，并在侧缝处与前片臀围线对齐，保持臀围线水平，沿后侧向上推平布料，向后中方向推平布料，通过增加后背长增加后袖窿和后背的长度松量。

19、20 将后领窝上方的缝份向下翻折，并剪开至领圈线上方，沿领圈线依次垂直于领圈线打剪口并修剪多余缝份。

21 抬起手臂，保持后片臀围松量大于前片臀围松量 2 cm 以上，保持前后侧缝线条对称，沿侧缝向上别合至前片剪开位置。

22 保持后背造型面平衡，从肩点到袖中内侧推平布料，保持后袖肥松量合适，在衣身转折面处找到袖与衣身转折点，即铅笔位置，在手臂内侧标出袖肥同位点。

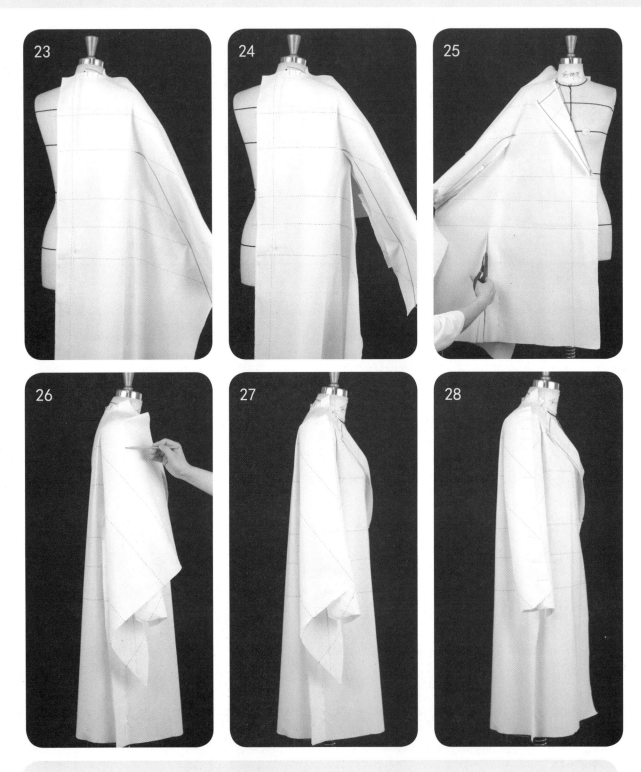

23、24 沿后袖背缝贴标记线至袖与衣身转折点处，并留出适当缝份，剪开至袖与衣身转折点处。

25 抬起手臂，保持前后侧缝平整并修剪多余缝份。

26、27 在后片沿肩缝、袖中线描线并修剪多余缝份。

28 调整后袖弯造型，与前袖在袖中线别合并修剪多余缝份，后袖内侧多余量向内侧推掉并重新标线。

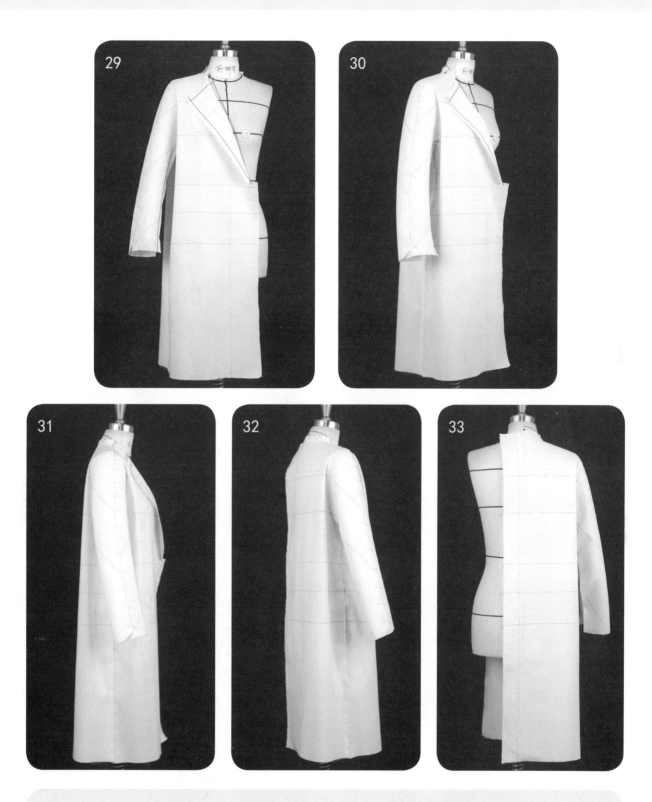

29~33 别合袖中缝、侧缝，从五个面观察并调整衣身平衡，无问题后做领子和袖底插片。

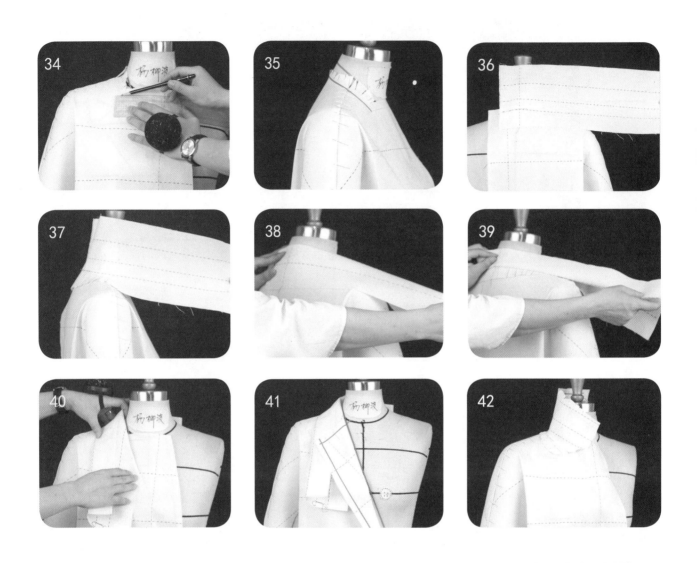

领子

34、35 沿串口线延长画至过领子翻折线 2~3 cm 处。从后领窝中点沿领圈和翻折线近似平行贴标记线至串口线处。

36、37 将领底线对准后领窝中点领圈线，并将领子、衣身与人台叠合固定，左右各 2 cm 处别合一针，沿领底下口缝份打剪口至肩缝处。

38、39 将领子从后领中沿领座高度向下翻折，沿翻领宽度将领外口缝份向上翻折。

40、41 以肩领点为中心，用手指控制领子翻折线离人台脖子的空隙松量，保持领外口松量合适，将领子 翻折线搓出和驳头翻折线对齐，并在串口线处与领片驳头别合。

42 保持领外口线、串口线造型不变，将领片翻起，将领底与领口线依次别合平整，保持领面平整。

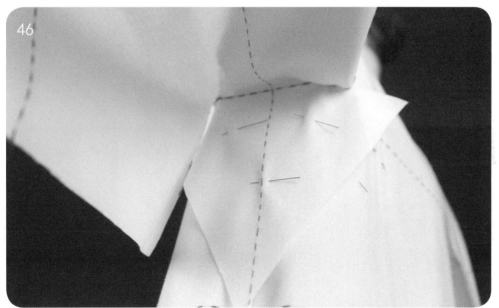

袖底

43~45 将袖底插片的横向布纹线对准前后片的胸围线、袖与衣身转折点。

46 抬起手臂，保持袖底插片与衣身拼接的面平整，与衣身前后片别合并修剪多余缝份。

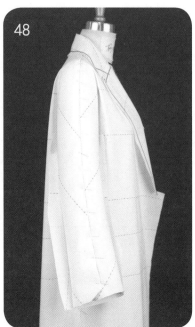
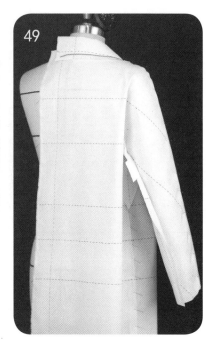

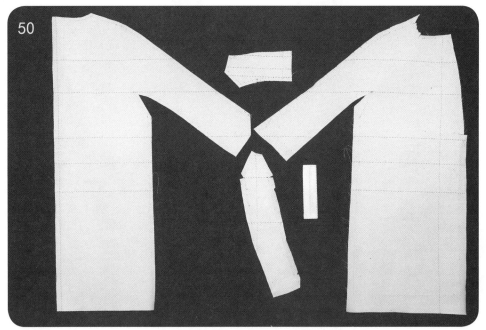

47~49 依次别合前袖缝、后袖缝，并保持长度方向吻合平整；从三个面观察平衡性。

50 点影、平铺裁片图。

51~55 回样完成。
56 系腰带造型。

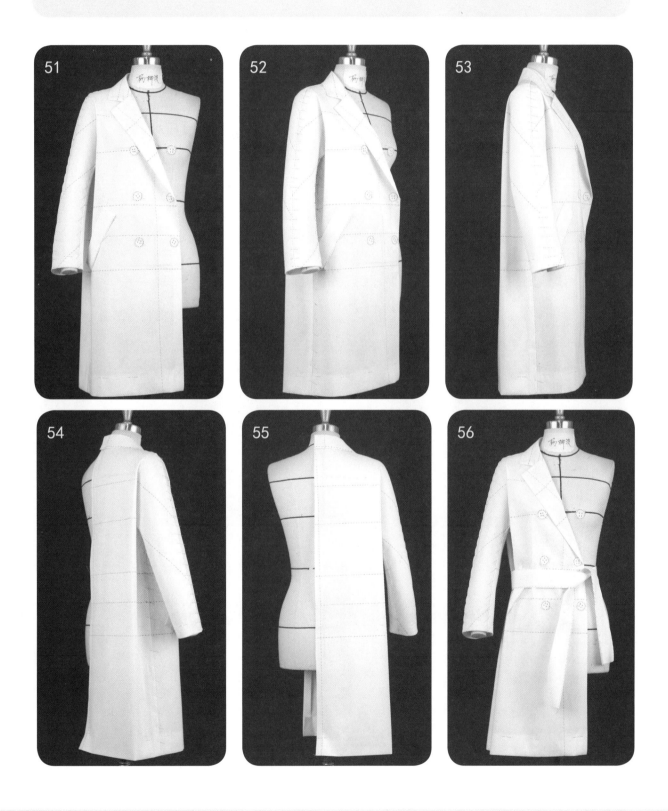

5.4.5 经典连袖外套立裁转平面制图

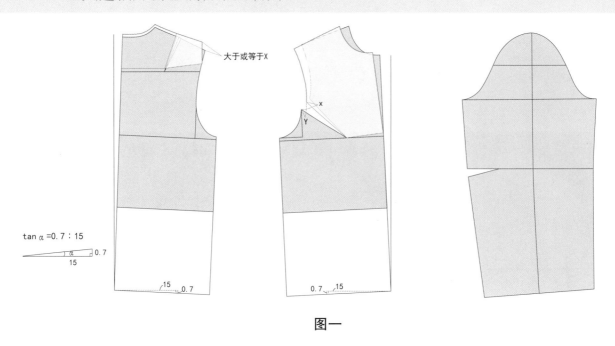

图一

图一：前后衣身的平衡。①调出原型，将原型延长至臀围线，采用立裁的手法，保持臀围线水平，旋转臀围线以上部分，使侧缝线变短。②将 1/3 胸省量转入前中作为撇胸，余下的省量在袖窿产生一个 X 的高度和 Y 的宽度松量。③合并后肩省，以平衡前片袖窿增高的 X 量，如不够可直接拉伸后上，使后袖窿的增高量等于 X。

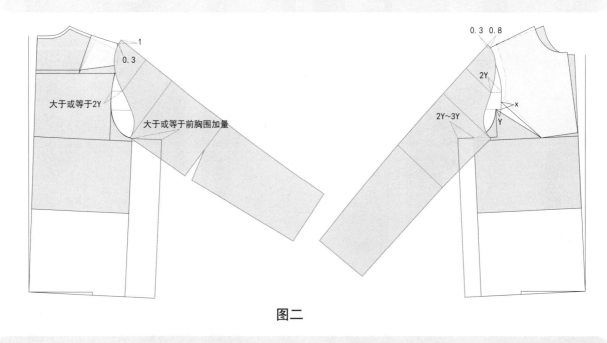

图二

图二：前后衣身与袖角度的平衡。①前袖山部位空开 0.8 cm，与前肩点重叠 0.3 cm 对齐，1/2 袖山处袖山弧线与前袖窿弧线的横向距离为大于 2Y 的点对齐。②后袖山部位空开约 1 cm，与肩点出 0.3 cm 处对齐，1/2 袖山处的位置与袖窿弧线的横向距离大于 2Y。③根据抬臂角度、前后腋点的加宽量加放前后胸围。

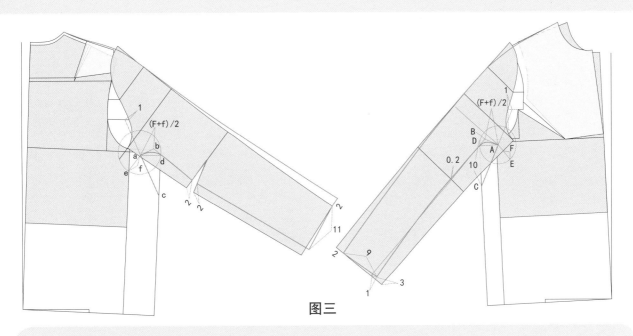

图三

图三：袖插角的确定及袖型变化。①原型袖窿深下10cm处为点C，前后新腋点进1cm处与点C、c连线，按款式需求在连线上确定点A、a，以A、a点为圆心，经胸围与侧缝线的交点D、d作圆，将袖中线平移与圆相切于点E、e，E、e点到前后袖肥线的距离即为我们需要的袖肥增加量，经点A、a作AC、ac垂直线并确定袖肥同位点B、b，AB、ab的长度为(F+f)/2。②袖口尺寸按款式需求而定，为避免袖缝偏后，袖中前移2cm，如图三所示画出袖缝线。

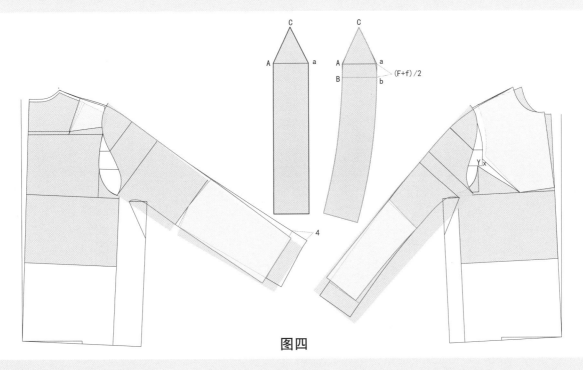

图四

图四：袖插角的确定及袖型变化。①将一部分后肘省转入袖中缝作为吃势，画顺袖底缝与后袖中线。②把前袖肘处剪开，袖中缝合0.5cm并画顺，按款式需求把袖子减短4cm。③前后腋下三角相拼，向上拉直线，取前袖底长减0.5cm，将小袖后侧展开，做到比后袖底短0.5cm左右的长度，如图四所示画顺。

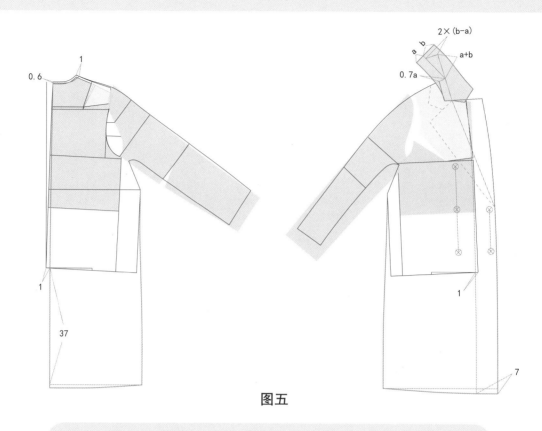

图五

图五: 按款式要求加长衣长, 画出领子。

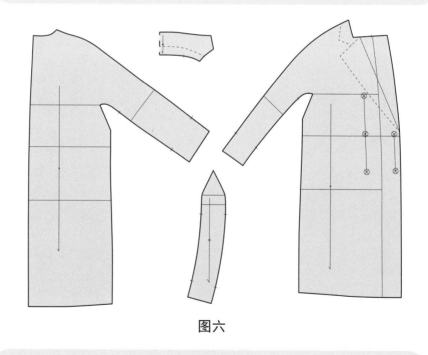

图六

图六: 提取裁片。

06

第六章 品牌服装板型实例解析六

◆X型插肩袖外套立裁
　X型插肩袖外套立裁转平面制图

图 6.1.1 X 型外套款式图

★应学习知识点需求，款式参照此款式图，但将此款袖型改为插肩袖。特此说明！

6.1.1 X 型插肩袖外套的学习重点

（1）合体插肩袖袖窿弧线的标准和变化。

（2）X 型衣身胸省、肩省、腰省、撇胸之间的变化平衡。

（3）抬臂角度、胸围放松量、袖底弧线与袖窿底弧线的吻合关系。

（4）塑造下摆造型。

单位：cm。竖虚线为经纱方向标注线，横虚线为纬纱方向标注线。

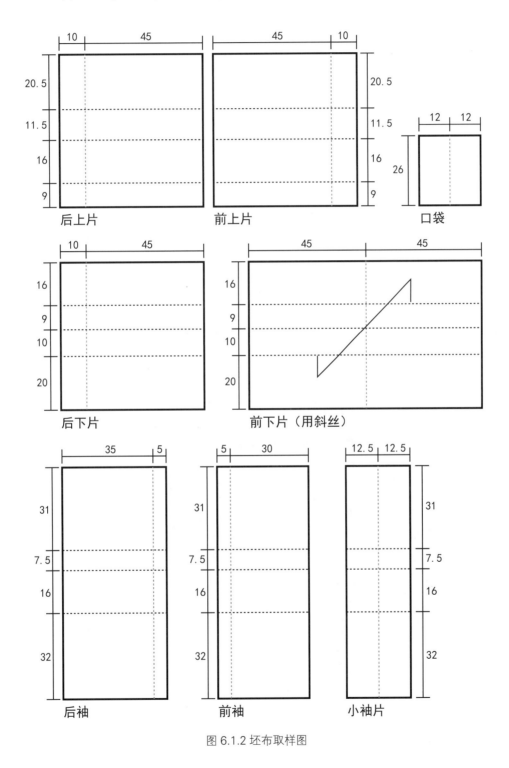

图 6.1.2 坯布取样图

根据款式造型，先将下摆造型量用垫肩补正出来，然后依次粘贴标记线。

补充标志线:

领口造型线
门襟造型线
前插肩线
后插肩线
袖中缝线
前省道线
后省道线
下摆造型线

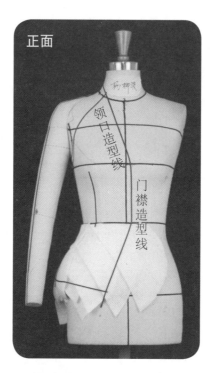

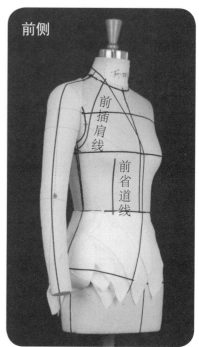

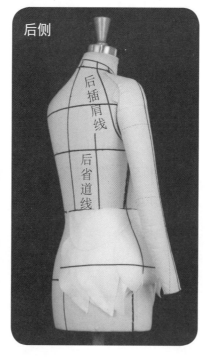

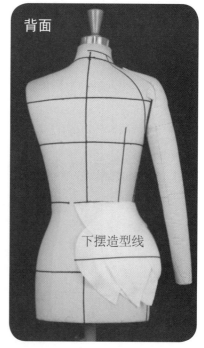

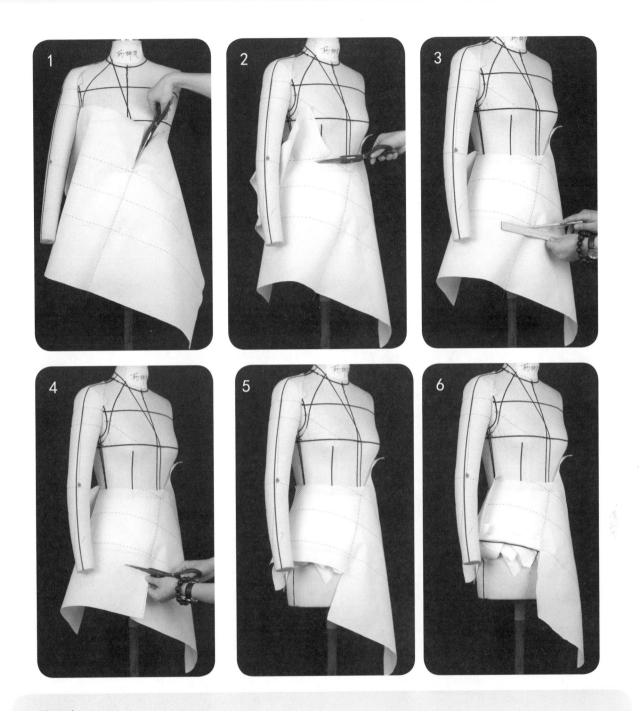

前下片

1、2 将前下片与人台上的中心连口线与标记线的下摆对齐，在腰围处与人台固定，并剪开至腰围分割线，沿腰上口修剪多余缝份，保持下口的下摆张开量符合造型。

3、4 沿前下造型的标记线用铅笔描写，修剪多余缝份，并将腰围上口多余缝份修掉。

5、6 将前下片的腰围、侧缝、下摆多余缝份修剪掉，并将前下摆缝份向上翻折。

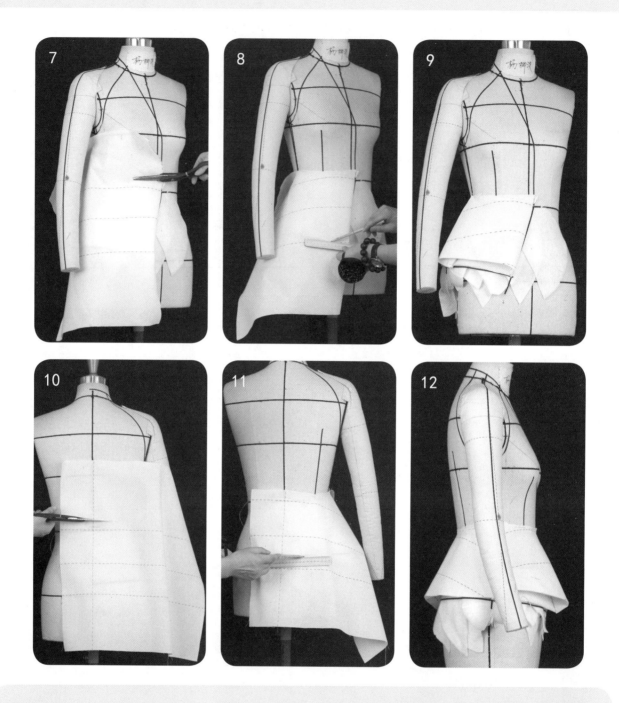

7~9 将前下片沿前下摆中心线对折，修剪上层的缝份，修剪下摆的多余缝份，将下摆折边折齐，观察前下片的效果。

后下片

10~12 将后下片与人台上的腰围线、后中心线对齐并别合，留出缝份后剪开并修剪腰口上方缝份，然后在后片下摆处沿下摆造型线用铅笔描线，修剪下摆多余缝份，将缝份折边向里折平并在侧缝处和前下片别合。

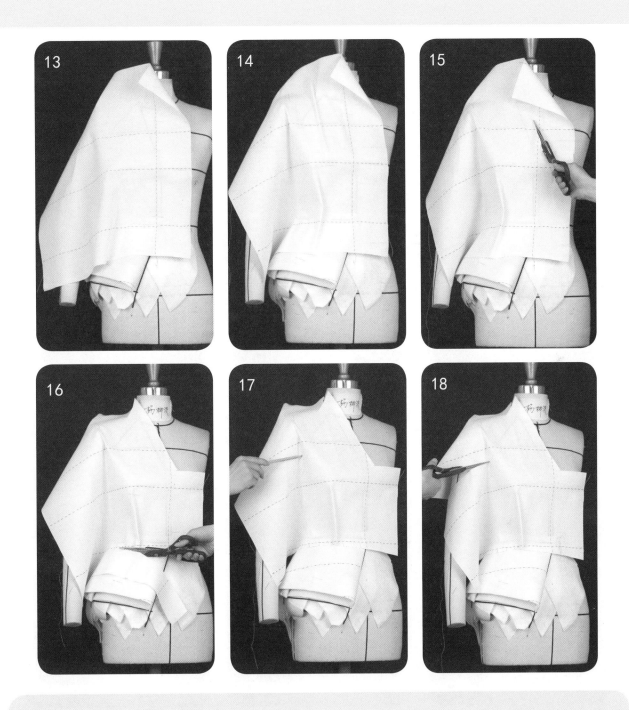

前上片

13、14 将前上片与人台上的胸围线、前中心线对齐，并在腰围处、胸围处、前领中心处将布料固定于人台上，把前袖窿处的胸省多余量推向肩的上方，并在肩的上方形成胸省余量，最后将这胸省余量推转到前中。

15、16 将胸省余量推向前中，抚平布料，把撇胸做后处理，胸围处的布料向前中推平，然后修剪领口外多余缝份，同时将胸下的腰省抓合、推平布料，将腰围线下方的多余缝份修剪干净。

17、18 沿前片腋点水平线的位置用铅笔描线至前袖窿弧线处，并沿前腋点水平线剪开至铅笔描线处。

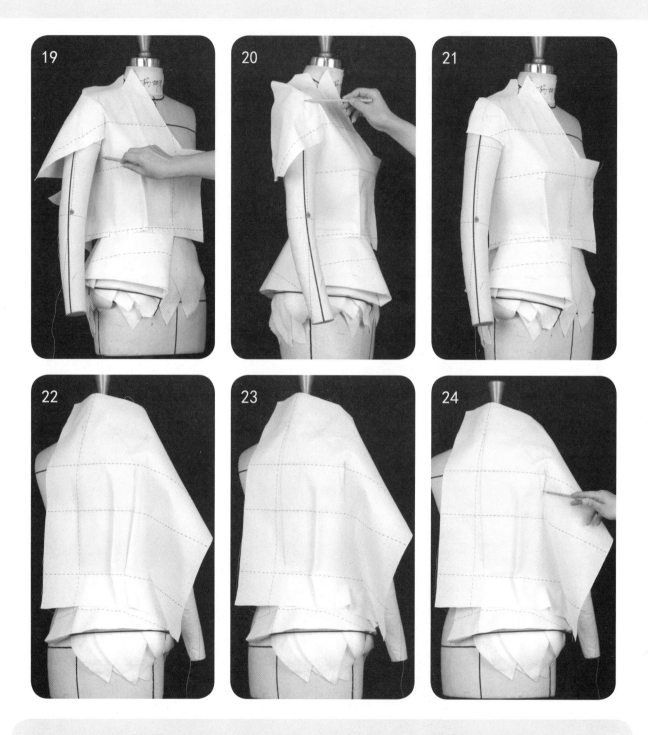

19~21 沿前片的袖窿弧线、肩缝线、侧缝线描线，并修剪肩缝、侧缝、袖窿底部的多余缝份。

后片

22、23 将后片与人台上的中心线、腰围线对齐，保持胸围线水平，理出后中、后侧的原型省道，沿后腋点下方保持布纹竖直向下，将后侧后腋点的腰省向侧缝后中方向推转，剩下的腰省余量和后中腰省合并成一个省道。

24 沿后腋点的水平线用铅笔描线，至后袖窿弧线处。

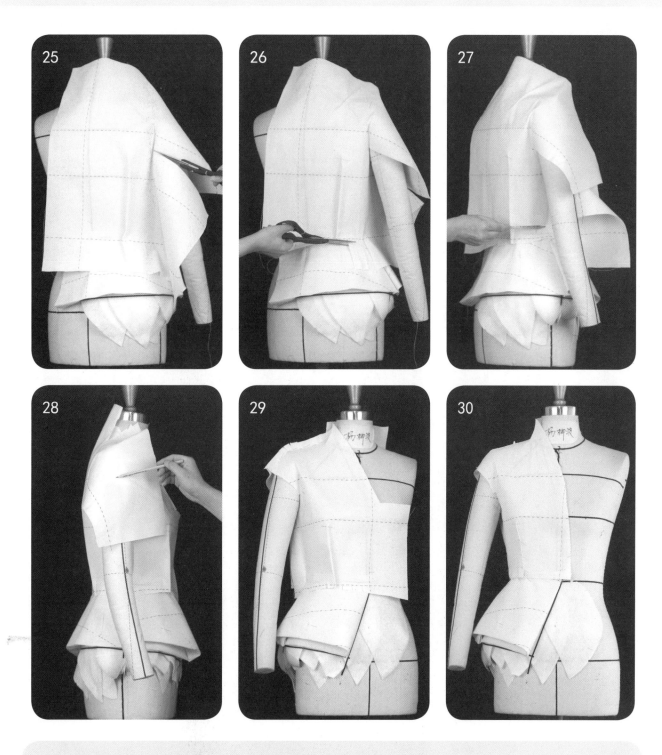

25 沿后腋点描线位置剪开，至铅笔描线的后腋点水平线和袖窿弧线的交点处。

26、27 将后上片和后下片在腰围处别合，并修剪多余缝份。

28、29 在后片上沿肩缝描线，与前片抓合肩缝，修剪肩缝、袖窿、侧缝多余缝份。

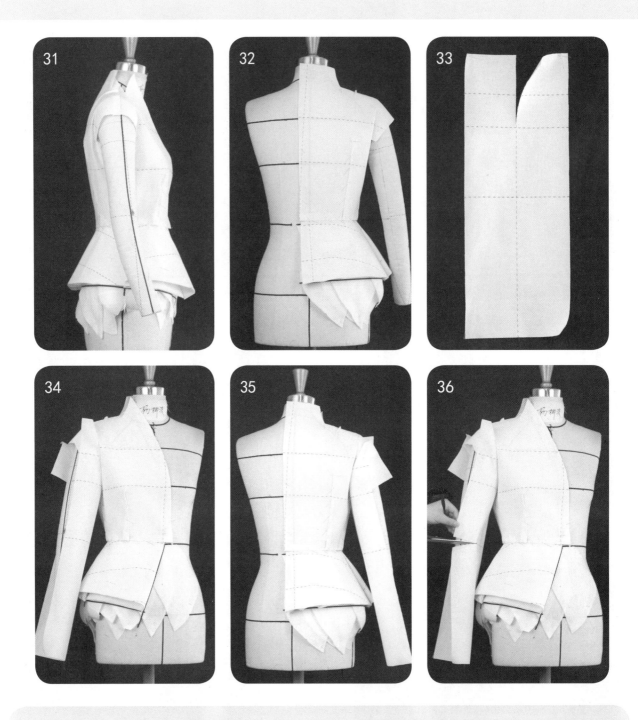

30~32 将肩缝、侧缝、前后省道、腰围开刀缝点影，回样，然后将肩缝用手工缝起来，观察并调整好前后衣身的平衡，最后准备做袖子。

袖子

33~35 沿小袖片的中心布纹剪开至袖肥线处，将小袖片的中心布纹、袖肥线的交点与侧缝别合，翻折小袖片保持前袖肥松量合适，并在袖窿底部弧线处与前袖窿别合，保持后袖肥松量合适，将后袖片缝份向内翻折，并与后袖窿别合。

36 沿袖片的前袖肘剪开至袖面转折线的位置。

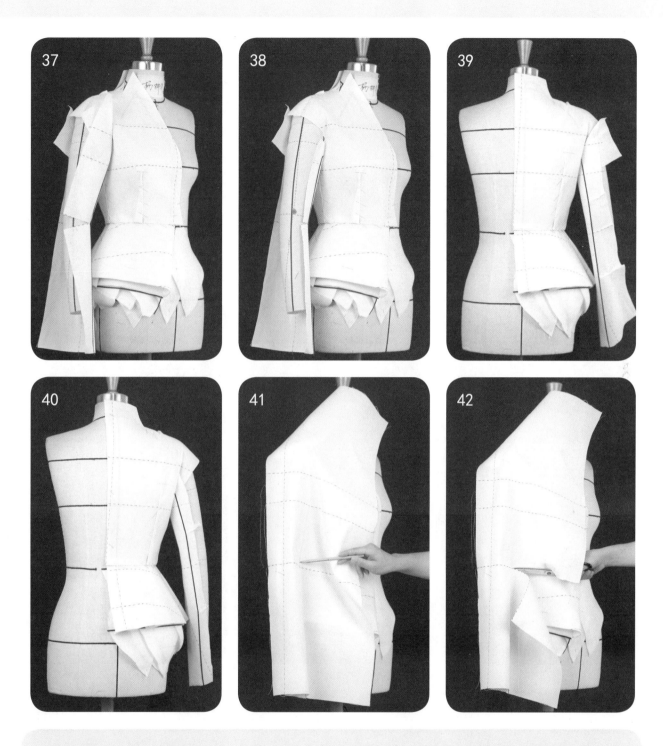

37、38 调整并观察前袖弯的造型，然后沿前袖弯分割线的位置贴标记线，并修剪多余缝份，将前袖与人台临时固定。

39、40 将袖片的后面缝份沿后肘部线的水平位置，分三小段在缝份处抓合小省，使其达到后袖弯的造型，符合后袖手臂的弯度，然后修剪多余缝份。

41、42 将前袖中片的中心布纹袖肘与手臂的肘部对齐，并在前袖分割线的位置用铅笔描线，然后剪开至分割线位置。

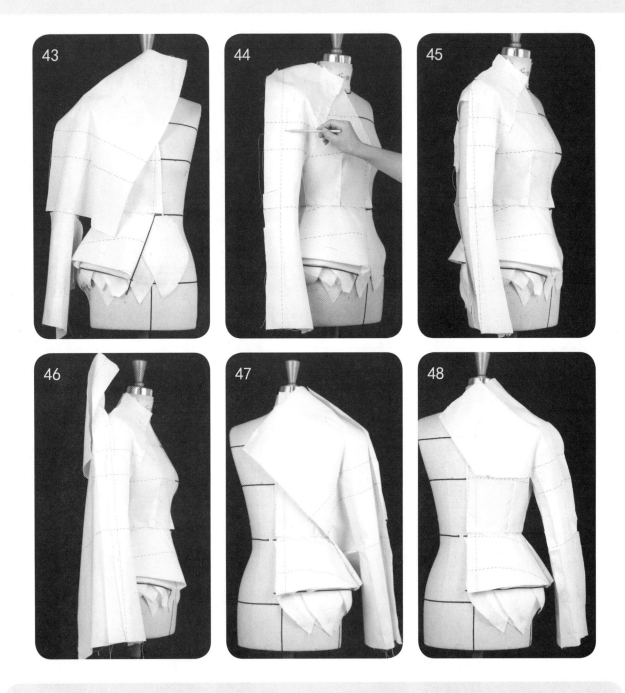

43将前袖肘上段布料向上推平,下段布料向下推平,并与小袖片在袖肘处、前袖肥处、袖口处与小袖片别合,然后将布料向上推平,与前衣身形成一个面,在肩端点处推出多余缝份并临时固定,在开刀缝袖窿弧线处与前片临时固定。

44、45 将前袖片与前片沿袖窿弧线依次别针,要整齐平整,并修剪多余缝份;在前袖片上沿肩缝、袖中缝描线,并修剪多余缝份。

46、47 将后袖片沿袖中缝与前袖片的袖中心线、袖肥线、袖肘线对齐,并临时抓合;后袖片沿肩缝推平,与后衣身、后袖抬手量之间抚平,并临时在后袖窿弧线上与后片别合。

48 将后袖与衣身对接的面及后片推平,确保抬手量充足,然后将后袖部位与小袖片在后袖背缝处别合并修剪多余缝份。

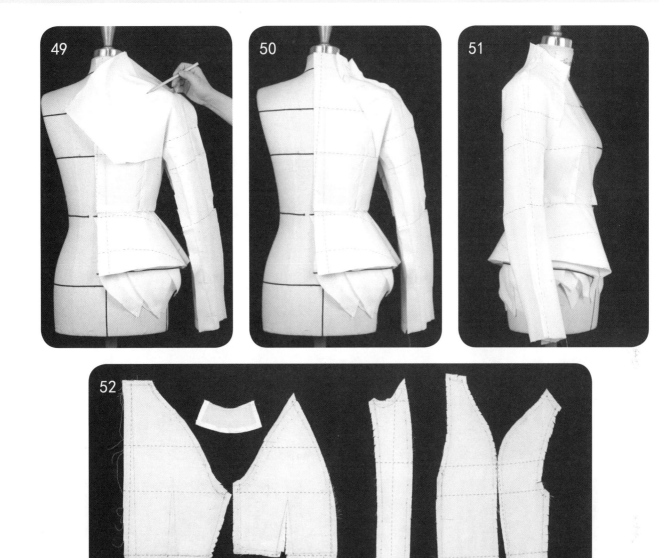

49 沿后袖窿弧线在后袖片上描线。

50、51 沿后袖窿弧线将袖和衣身依次别合平整，并修剪多余缝份，然后调整、抓合前后袖中心线，修剪多余缝份。

52 平铺裁片图。

53~57 回样完成。

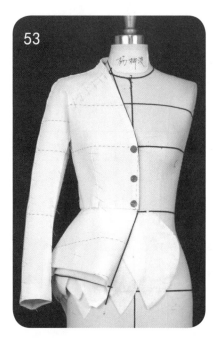 

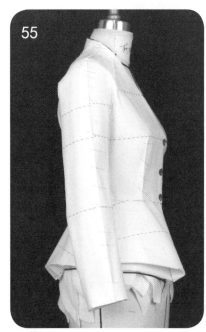  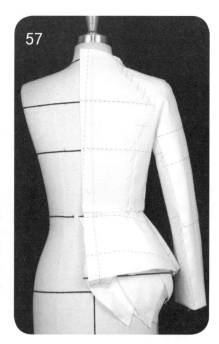

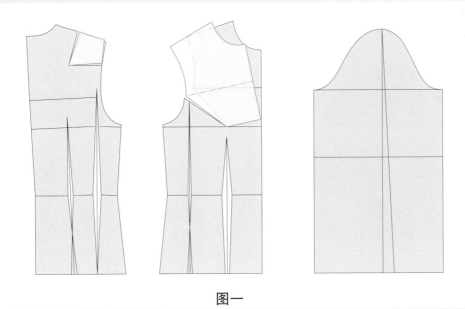

图一

图一：前后衣身的平衡。①调出衣身原型 B，将一部分胸省量转入前中作为撇胸，余下的省量在袖窿产生一个 X 的高度和 Y 的宽度的松量。②合并后肩省，以平衡前片袖窿增高的 X 量，如不够可直接拉伸后上，使后袖窿的增高量等于 X。

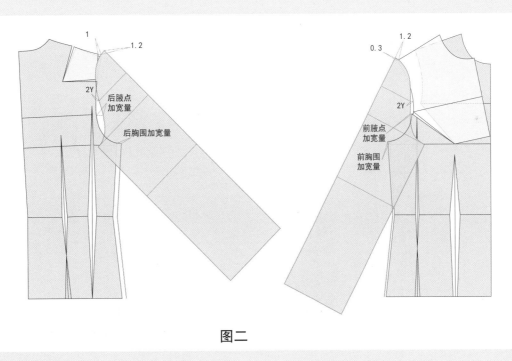

图二

图二：前后衣身与袖角度的平衡。①前袖山部位空开 0.8~1.2 cm，与前肩点重叠 0.3 cm 对齐，1/2 袖山处袖山弧线与前袖窿弧线的横向距离为 2Y 的点对齐。②后袖山部位空开 1~1.5 cm，与肩点出来1 cm 对齐，1/2 袖山处的位置与袖窿弧线的横向距离大于 2Y。③根据抬臂角度，加放前后胸围，前后胸围加放量大于等于腋点加宽量。

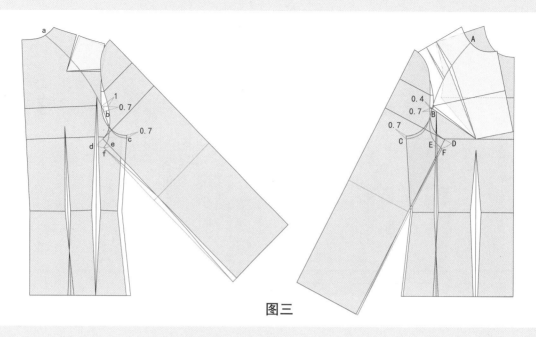

图三

图三： 前后袖窿弧线与袖子的平衡。①按款式需求，在前后领圈处确定 A、a 点，前后新腋点分别进 0.4 cm、1 cm 并向下 0.7 cm 处为点 B、b，原前后袖窿开深点往下 0.7 cm 处为新的袖窿开深点 C、c，圆顺连接 abc、ABC 为前后分割造型线。②分别以 B、b 点为圆心过点 C、c 画弧，与前后袖肥延长线分别交于点 D、d，与前后袖底缝线分别交于点 E、e，弧 DE、de 为袖底点的合理范围。③在弧 DE、de 上分别取点 F、f 为前后袖底点，圆顺连接 FBE、fba 为袖弧线，分别将 F、f 点与前后袖口连接，为新的袖底线。④在前肩 1/2 处收 0.8 cm 左右的橄榄省，1/4 处收前袖山与袖窿空隙量 1/2 左右的省。

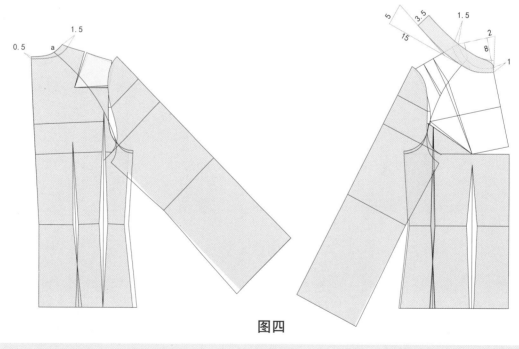

图四

图四：领子。将前后横开领、直开领按图所示分别加宽、开深，如图所示，根据款式需求画出一个贴体立领。

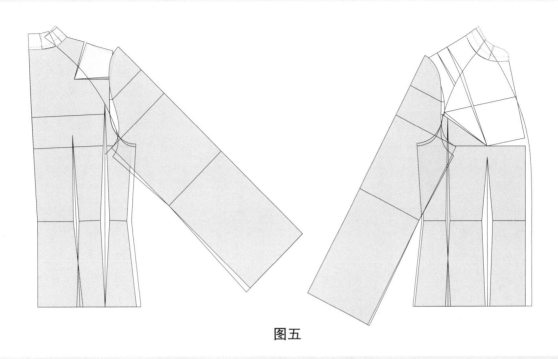

图五

图五：领子。将领子按各分割线分别打断并与前后领圈拼合，尽量使领子与领圈吻合，画出前中叠门，并按款式画出前中造型。

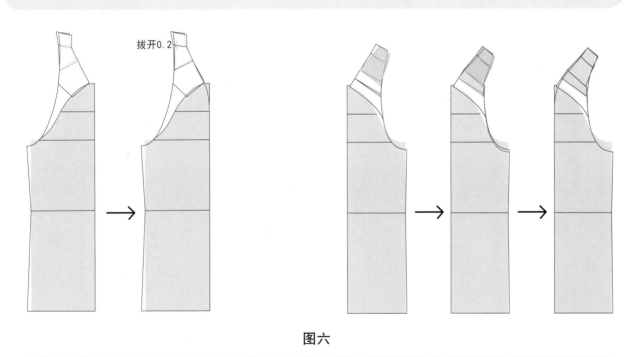

拔开0.2

图六

图六：袖子。①后袖片：合并肩省并画顺袖中缝。②前袖片：将枣核省直接合并；再将1/4处的单向省合并并把袖窿弧线下移，保持袖弧线、袖肥不变，画顺袖中线和袖弧线。

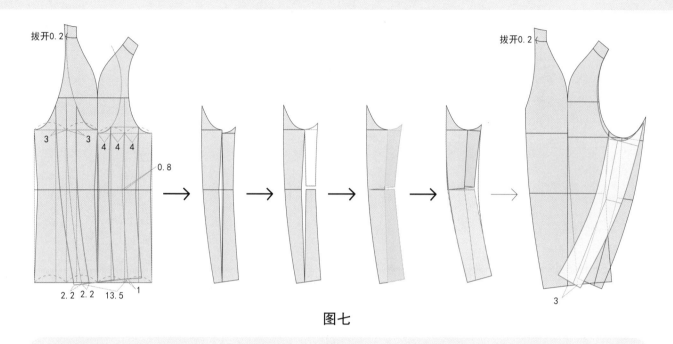

图七

图七：袖型变化。①将前后袖合并，并确定前后袖中线，将前后袖山线沿前后袖中线向内对称，并画出前后袖弯造型线，再作出前后分割线。②提取小袖片结构图，并将前袖肘上段移动至与后袖底弧线齐平。③将袖底缝省合并。④合并袖肘省，并修顺前后袖弯线。⑤将大、小袖合并，进行后处理，以免前袖多量，袖中缝前移 3 cm 并画顺。

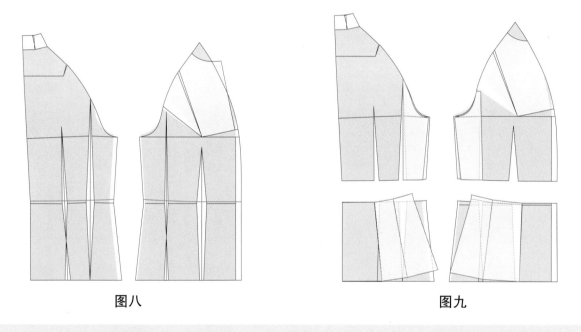

图八   图九

图八：从结构图中取出前后片，并画出腰围分割造型线。
图九：将前后上下片分别取出，并将省道、胸省转移一部分至腰围省处，画顺线条，进行合并处理。

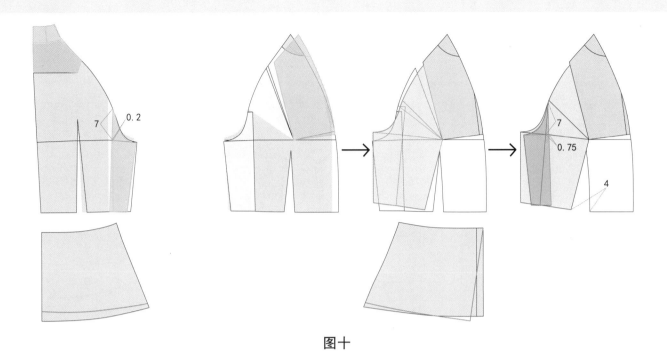

图十

图十：衣身处理。①将肩省转移至后中，增长后中作为缩缝量，以免后中起吊。②将前省直接合并。③根据款式造型，将前后胸围减小。④画出前后下摆造型。

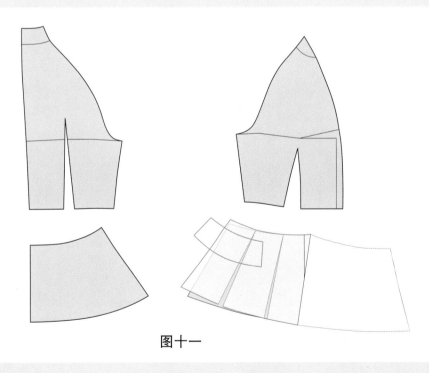

图十一

图十一：①画顺前后袖窿线。②前后下摆按款式需求展开，并画顺弧线。注意前片为双层，根据款式需要外层的下摆展开量要大于内层。③画出袋盖。

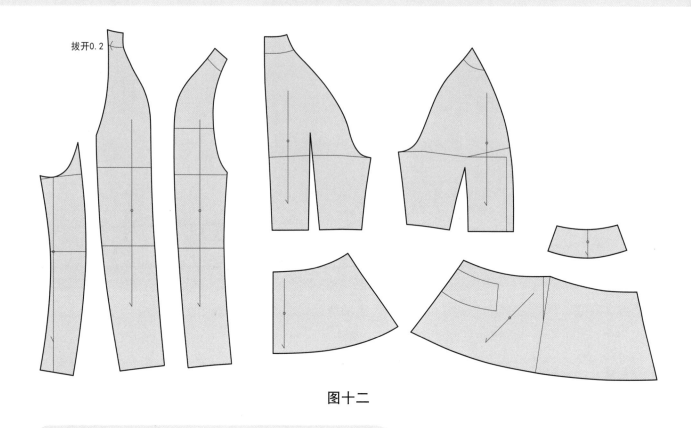

拔开0.2

图十二

图十二：提取裁片。

07

第七章 品牌服装板型实例解析七

◆ X型连袖（有袖窿底）外套立裁
　 X型连袖（有袖窿底）外套立裁转平面制图

图 7.1.1 X 型连袖（有袖窿底）外套款式

7.1.1 X 型连袖（有袖窿底）外套的学习重点

(1) 胸省的分散转移。

(2) 塑造衣身造型人台补正的手法。

(3) 袖窿形态的变化，袖窿切面和袖窿底部弧线、袖底弧线的关系。

(4) 袖与衣身转折点的最佳位置形态。

单位：cm。竖虚线为经纱方向标注线，横虚线为纬纱方向标注线。

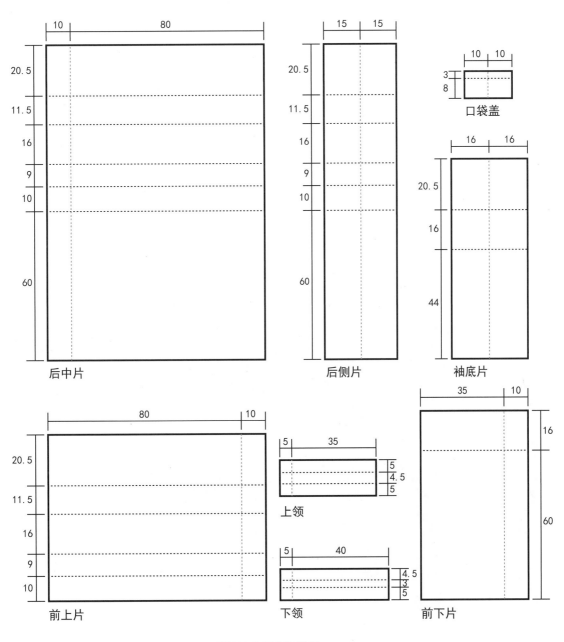

图 7.1.2 坯布取样图

补充标志线：

门襟线
领部翻折线
领部造型线
袖窿线
前后袖缝线
袖中线
省道线
分割线
后刀背分割线
侧缝线
腰围线

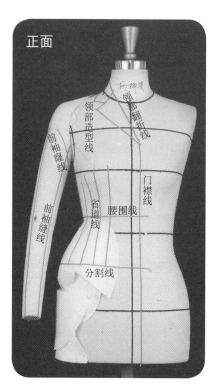

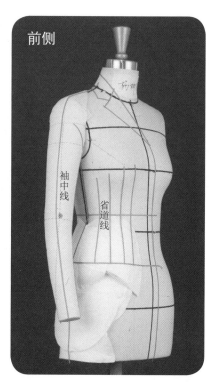

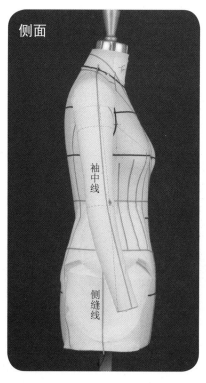

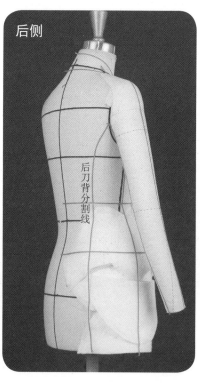

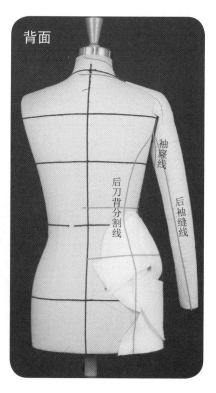

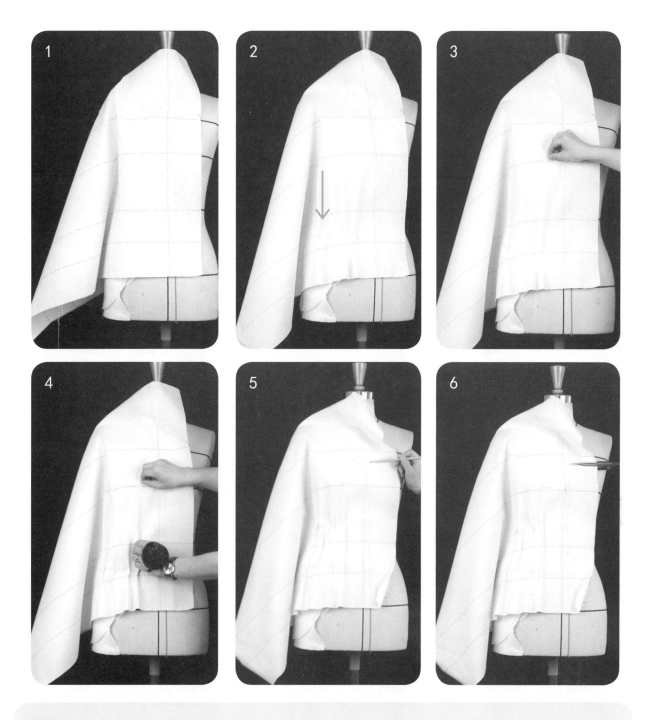

前片

1 将前片与人台上的前中心线、腰围线对齐，并在腰围前中心点、前中领窝中点、前侧胸围处保持布料伏贴、平整，临时与人台固定。

2 将胸省的量向下旋转至分割线处，保持分割线处每个省道的消失边缘都有一个缝份。

3、4 依次抓出前中的四个省道，挑出省尖点，别合省道量的大小。

5、6 用铅笔在驳头止点处描点，剪开至描点处。

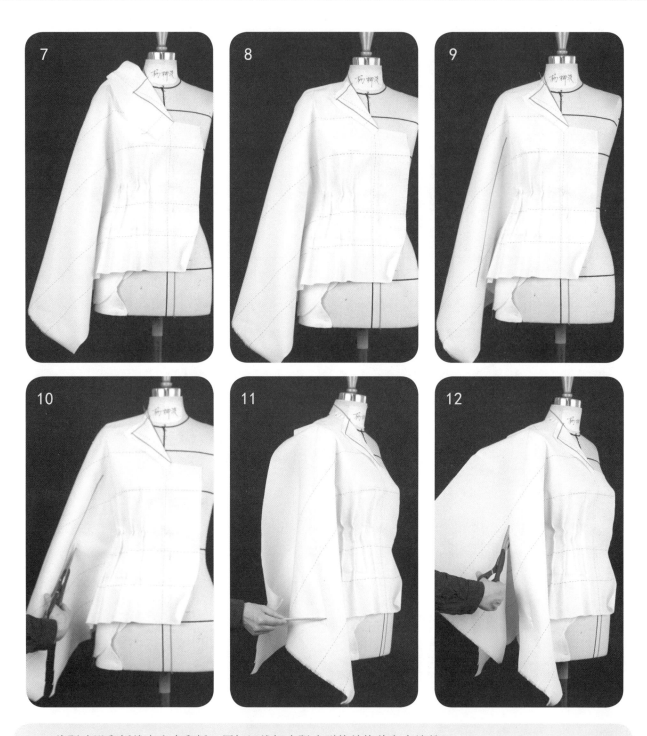

7、8 将驳头沿翻折线向衣身翻折，用标记线标出驳头形状并修剪多余缝份。

9 沿前袖内缝将布料抚平，留出抬手松量，并与人台手臂内侧固定，沿前袖缝贴标记线。

10 沿标记线内侧留出适当缝份，向上剪开至袖与衣身转折点处。

11、12 沿袖中线用铅笔描线，并修剪多余缝份。

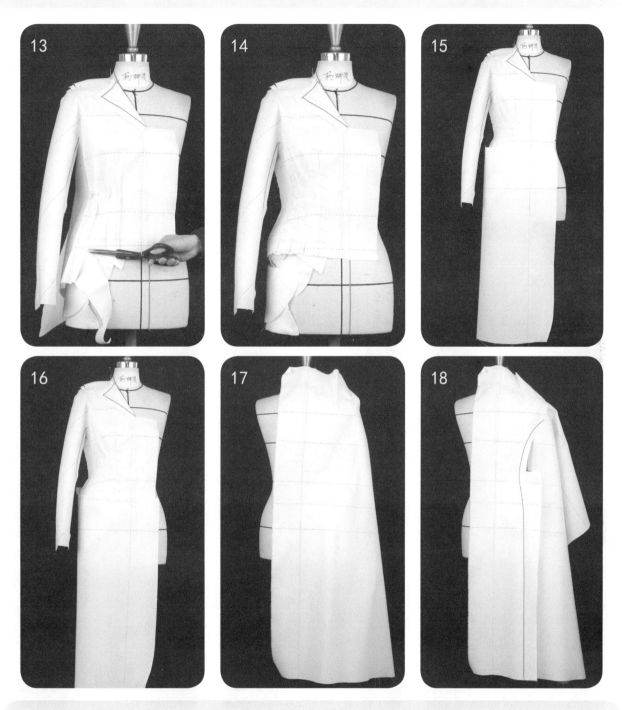

13、14 修剪下摆、侧缝多余缝份，并将前片的省道折叠平整，观察是否平衡。

15、16 将前下片与人台上的臀围线、前中心线对齐，并在上片的分割缝处与前上片别合，依次沿上下片分割缝别合并修剪多余缝份。

后片

17 将布料与人台上的后腰围线对齐，在腰围线上方新腰围点处与人台固定，保持布料横平竖直，向下推平，向上保持腰围线上方开刀缝两边平整，向上推平布料，并在后领窝中点，肩胛骨点处与人台别合。

18 沿后开刀缝贴标记线，从下摆开始保持和后中丝缕线平行，留出适当缝份，剪开至腰围上收腰处，并剪至开刀缝腰围点，向上保持 2 cm 左右的缝份，剪至胸围线上。

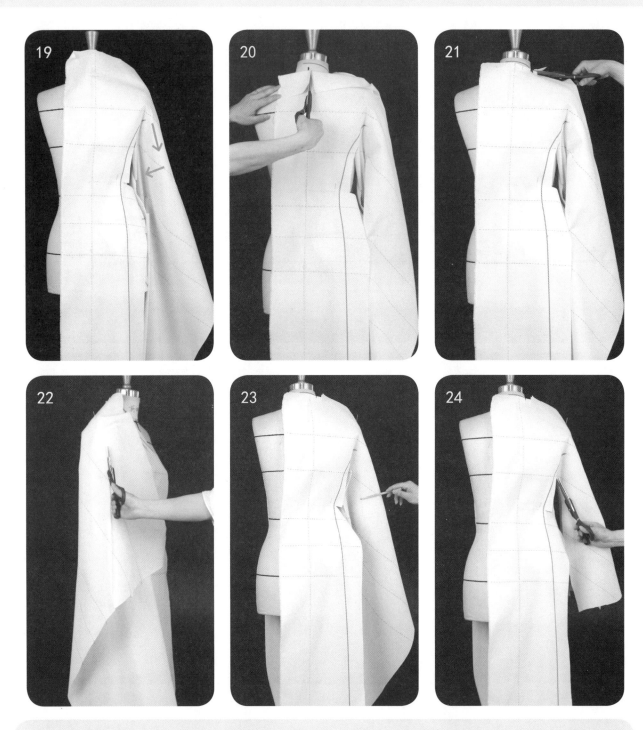

19 将后肩胛骨上方肩省的余量沿袖中线向下推转，保持后袖中肩部松量均匀平整，在袖中袖肥处固定一针，向手臂内侧留出袖肥余量，在后袖开刀缝内侧固定一针。

20、21 将后领缝份向下翻折，剪开至后领窝中点上方，沿领圈打剪口并修剪多余缝份。

22 沿后片袖中描线并修剪多余缝份。

23、24 沿后袖内缝描线并留出合适缝份，修剪多余缝份。

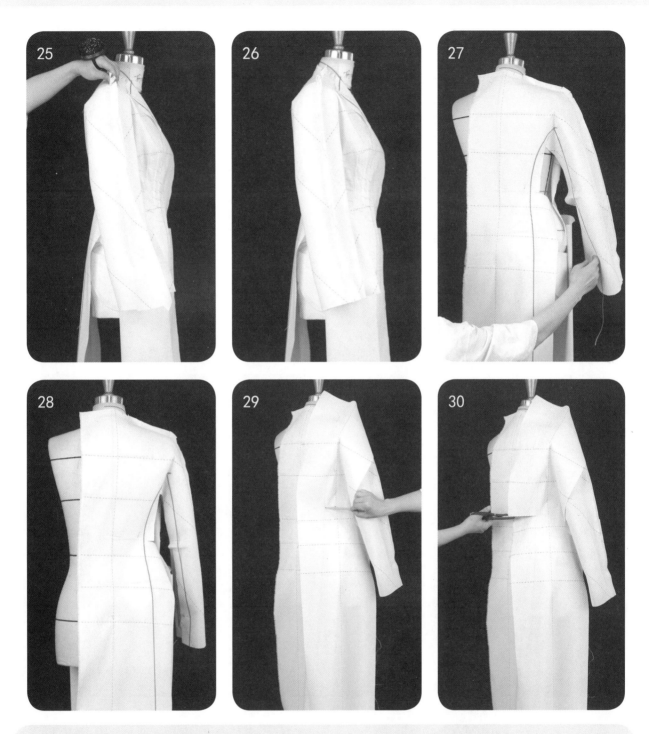

25、26 沿袖中抓合前后袖中缝并修剪多余缝份，观察前后袖弯的放松量和平衡。

27、28 调整后袖内缝，在袖肘处调整出后袖肘的弯量，沿手臂后袖分割线贴标记线并修剪多余缝份。

后侧片

29、30 将后侧片与后中片的腰围线对齐，并保持后侧片丝缕中心布纹在后侧片腰围的中心处，在胸围线上方临时固定后侧片，将布料推平至后开刀缝处，用铅笔描点，剪至描点处。

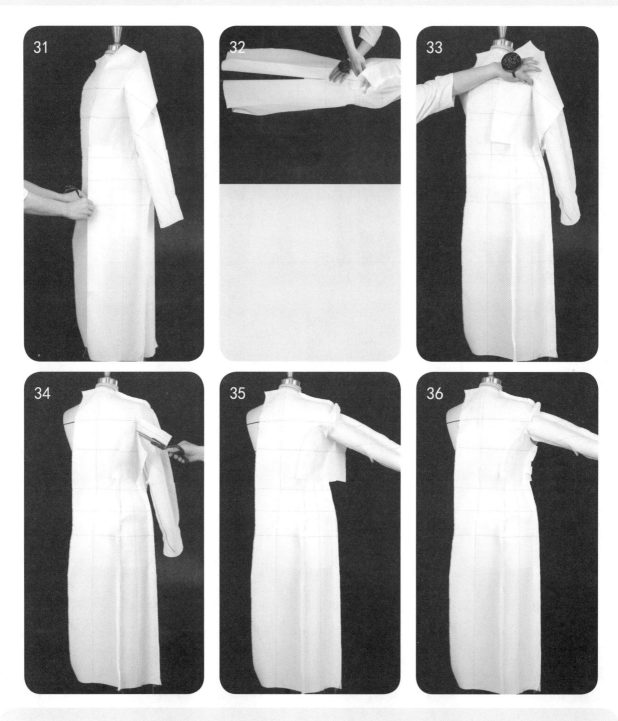

31、32 保持后侧片中心布纹竖直向下，腰围线、臀围线水平，与后中片在腰围处抓合，并保持腰围线下端的缝边与后中片布边平行，将后侧片臀围线与前下片臀围线对齐并抓合。将后侧片与后中片、前片保持布边平行，沿后侧缝、侧缝向里抓合布料至松量均匀，并修剪多余缝份。

33、34 将后侧片上段向上抚平，与后中片衣身与袖转折点处别针，修剪多余缝份，并沿腋点别针位置水平剪开至腋点处。

35、36 抬起手臂并保持侧片腰围上段松量均匀、布面平整，调整后开刀缝，与后中片别合，抓合侧缝并修剪多余缝份，修剪袖窿底部多余缝份。

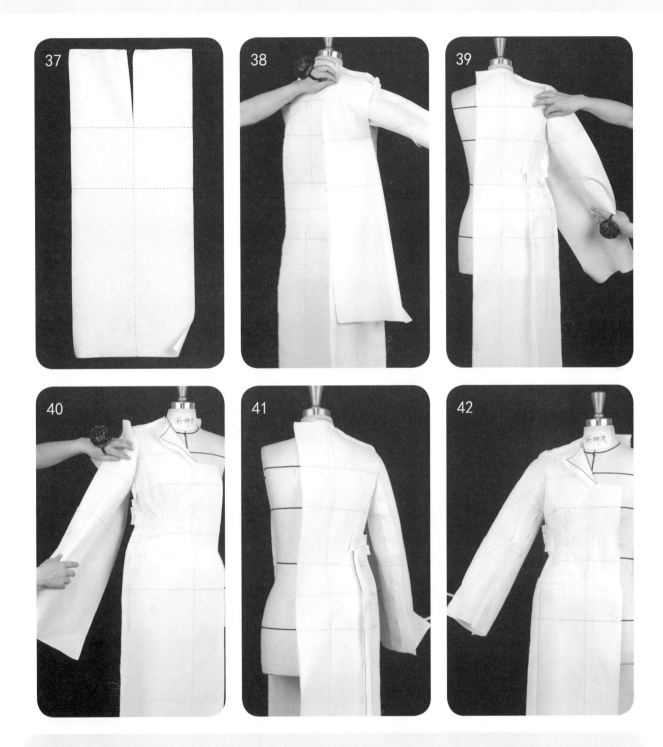

袖底片

37 将袖底片沿袖底中心布纹剪开至袖肥中心线处。

38~40 将袖底片的袖肥线与布纹中心线的交点对准侧缝点并别合，将袖底贴合手臂，在后袖转折点处与袖窿别合，在前袖与衣身转折点处与袖窿别合。

41、42 别合后袖缝、前袖缝，并修剪多余缝份。

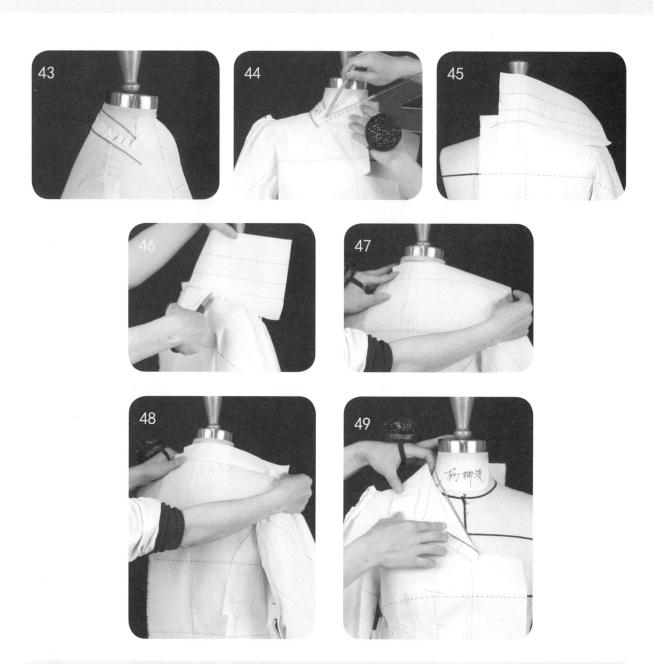

领子

43、44 折别肩缝，标记领底线，将驳头翻起，将串口线延长至领底线。

45、46 将领底线、后中心线与人台后中心线领窝点对齐并别合，左右各 2 cm 处与领圈线别合，沿领圈线下方打剪口至肩领点处。

47~49 将后领中沿领座高向下翻折，沿后领中翻领宽将领外口缝份向上翻折，用食指固定领与脖子间的空隙，用拇指按住领外口松量，保持领外口松量伏贴，将领子前段下面的缝份向外搓出与驳头线呈一条顺直的翻折线。

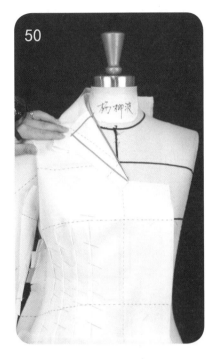
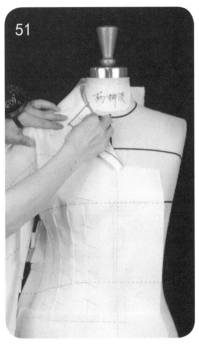
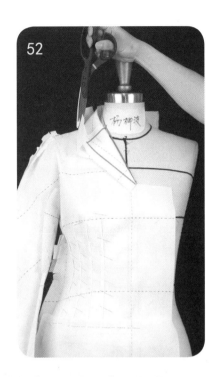

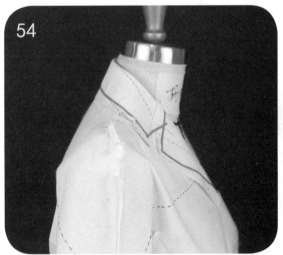

50~52 将驳头沿翻折线翻折，与领子翻折线保持对接顺畅，在串口线领角处与驳头别合，用剪刀沿领外口边缘将缝份剪开，保持领外口伏贴并修剪多余缝份。

53、54 修剪驳头、领子多余缝份，并标记与调整驳头、领外口形状，从前、侧、后观察领子是否伏贴。

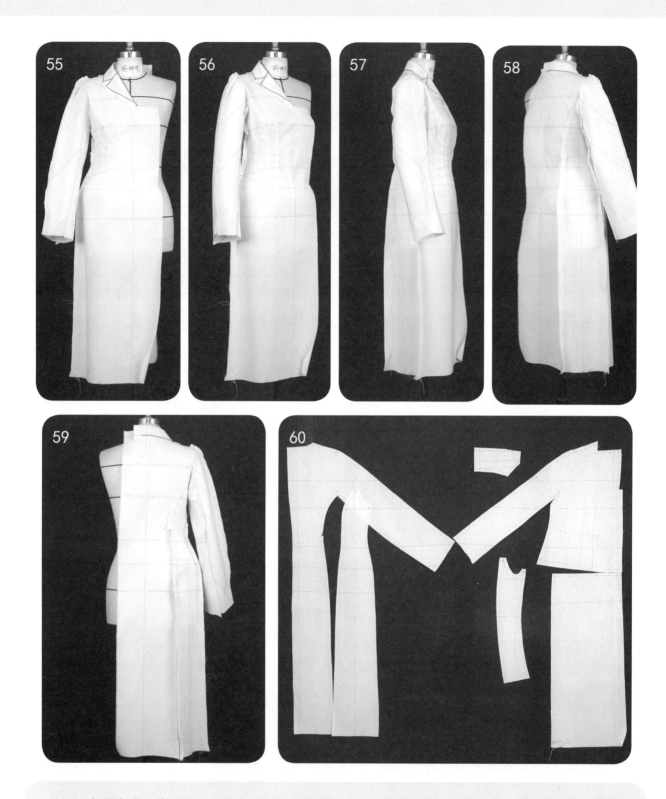

55~59 粗裁完成，从正面、正侧面、侧面、后侧面、后面五个面检查衣身的平衡，调整至没有问题后准备点影。

60 点影、平铺裁片图。

61~65 回样完成。

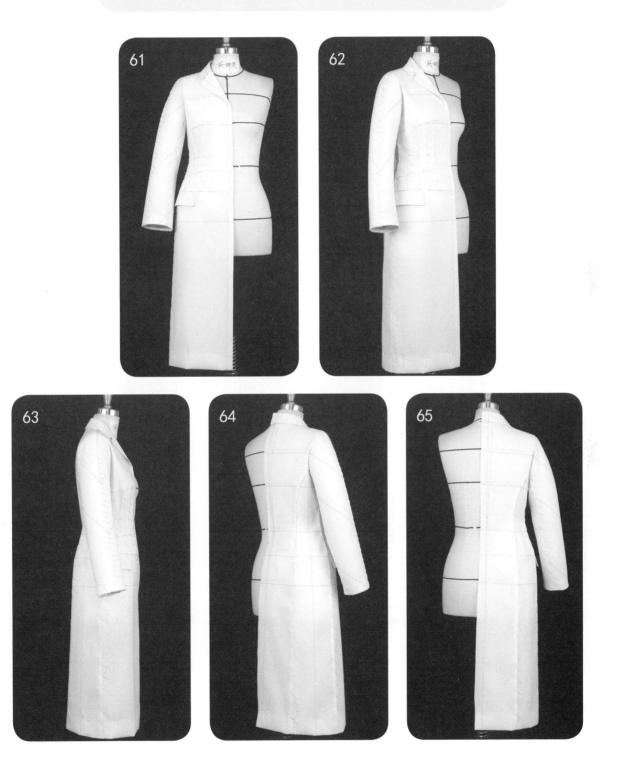

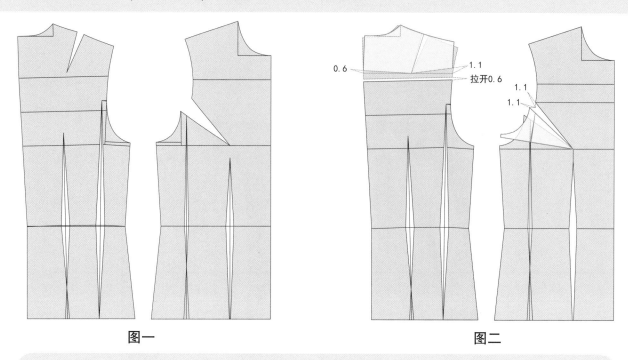

图一   图二

图一： 调出衣身原型 A。

图二： 调节前后衣身平衡，前片胸省处保留 1.1 cm 的高度松量，后片通过向上拉开、合并肩省使后袖窿留有与前片对应的松量。

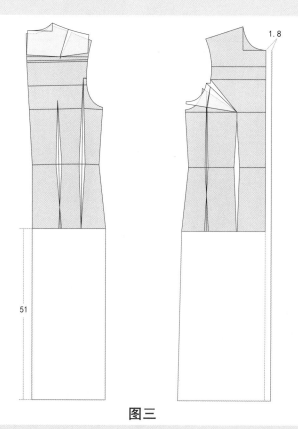

图三

图三： 定出叠门宽和衣长。

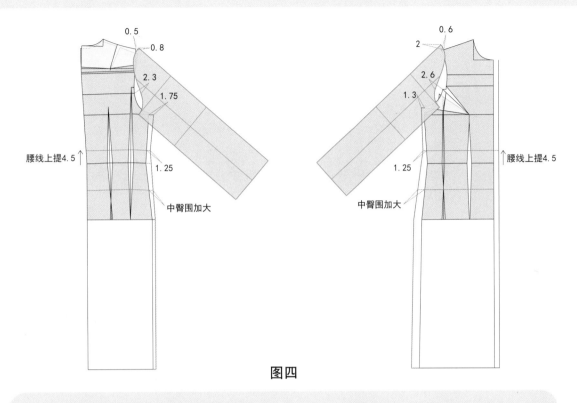

0.5
0.8
2.3
1.75
腰线上提4.5
1.25
中臀围加大

0.6
2
2.6
1.3
1.25
腰线上提4.5
中臀围加大

图四

图四：衣袖与衣身对合并加出围度量。

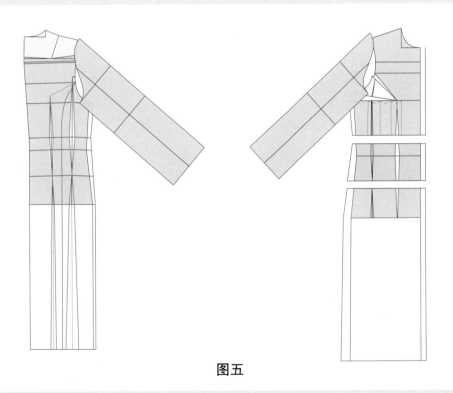

图五

图五：调整省道，画出后刀背缝分割线。

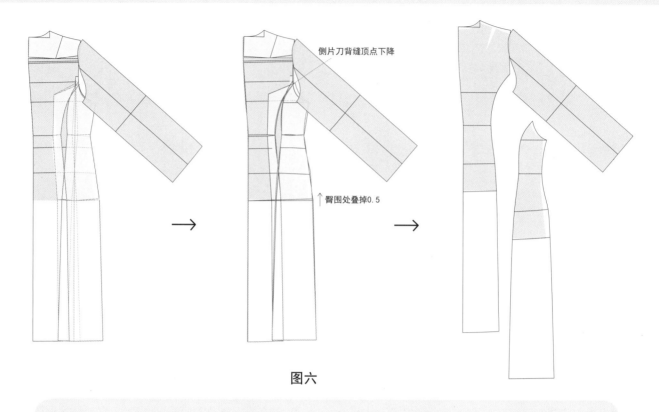

图六

图六：后片省道转入分割线中，连顺线条。

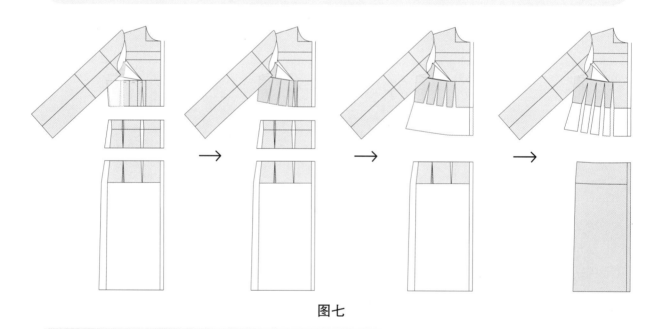

图七

图七：前片省道转化。①合并侧腰省。②展开合并胸省。③将胸下腰省分散进前两个腰省，并根据造型需要加大腰侧两个省道。④加出中臀围线的长度。⑤根据造型画出腰围至中臀围之间的腰省。⑥画出前下片。

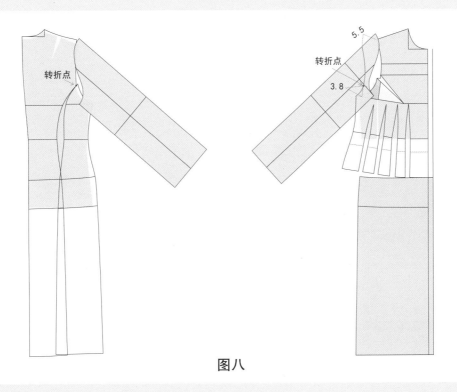

图八

图八：确定衣身转折线和转折点。①后刀背顶点即为转折点。②在前片画出落肩线条，即为转折线。③在胸围线向上3.8cm与转折线的交点即为转折点。

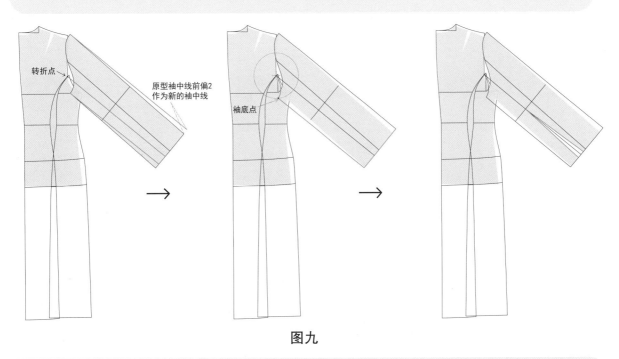

图九

图九：确定后袖底点和后袖分割线。①确定袖中线和袖分割线。②确定袖底宽和袖底点，后袖底宽比后袖窿宽多1cm，衣身转折点至袖窿深点距离与转折点至后袖点距离相等。③后袖收袖肘省。

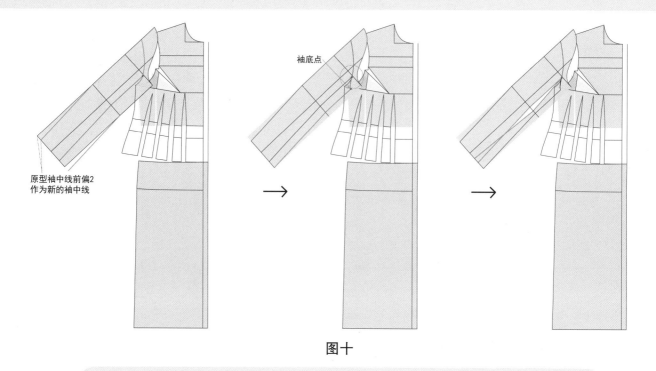

图十

图十：确定前袖底点和前袖分割线。①确定袖中线和袖分割线。②确定袖底宽和袖底点。③前袖收袖弯省。

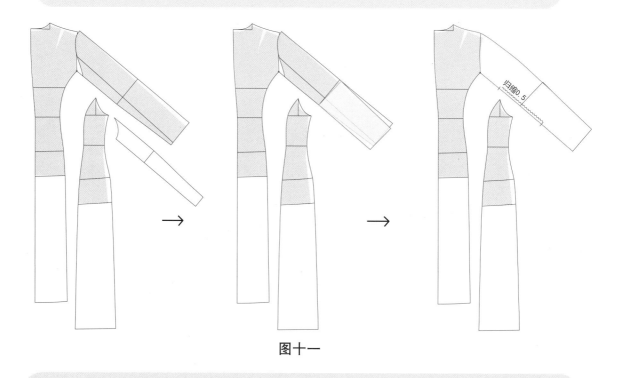

图十一

图十一：分离小袖片并处理大、小袖片。①后片分离大、小袖片。②大袖旋转以加长袖中线。③把线条画圆顺。

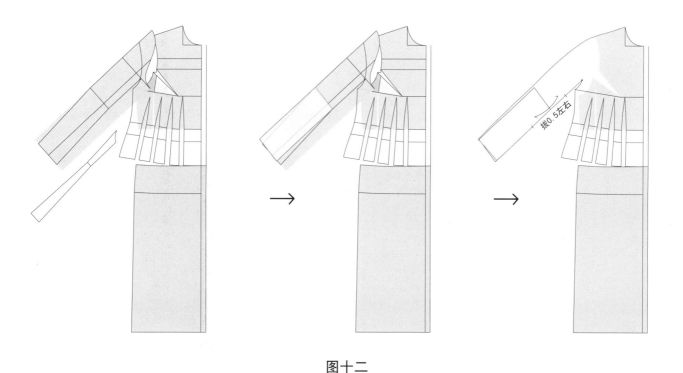

图十二

图十二：分离小袖片并处理大、小袖片。①前片分离大、小袖片。②大袖旋转以减短袖中线。③把线条画圆顺。

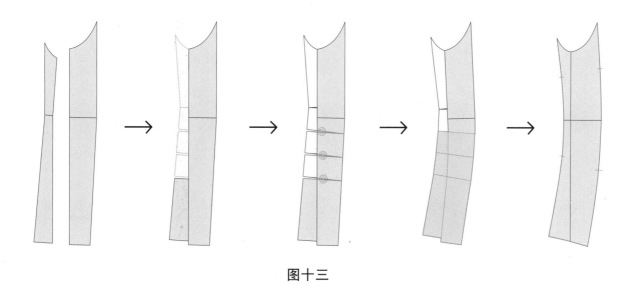

图十三

图十三：分离小袖片并处理大、小袖片。①提取大、小袖底片。②处理大、小袖内底缝差。③合并差值，使小袖片变弯。④把线条画圆顺。

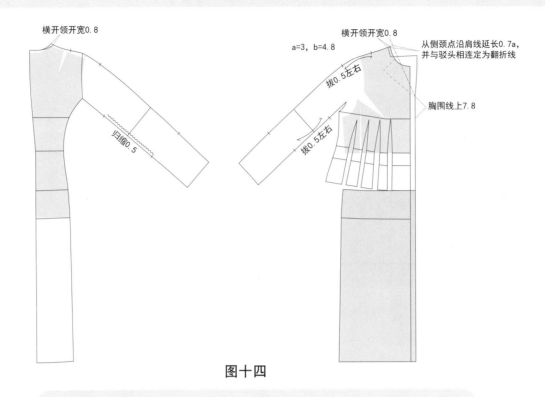

横开领开宽0.8

横开领开宽0.8

a=3, b=4.8

从侧颈点沿肩线延长0.7a，
并与驳头相连定为翻折线

拔0.5左右

拔0.5左右

归缩0.5

胸围线上7.8

图十四

图十四：确定领圈。

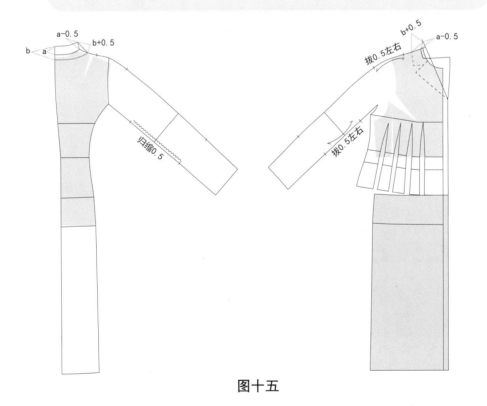

a-0.5

b+0.5

b　a

拔0.5左右

b+0.5

a-0.5

归缩0.5

拔0.5左右

图十五

图十五：画衣领。

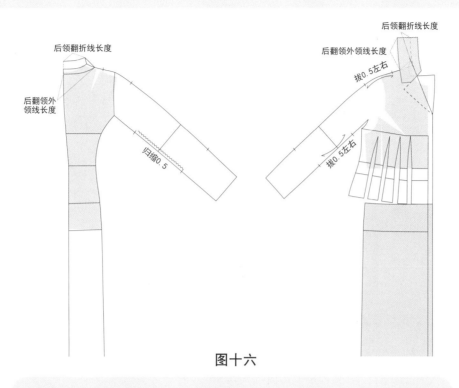

后领翻折线长度

后翻领外
领线长度

归缩0.5

后领翻折线长度

后翻领外领线长度

拔0.5左右

拔0.5左右

图十六

图十六：画衣领。

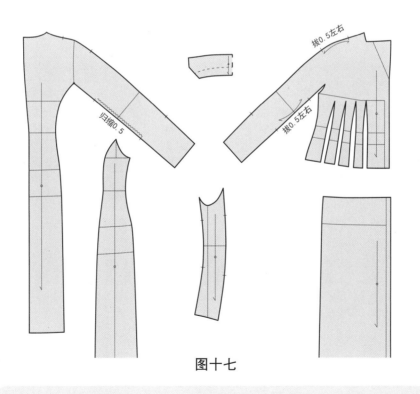

归缩0.5

拔0.5左右

拔0.5左右

图十七

图十七：提取裁片。

08

第八章 品牌服装板型实例解析八

◆ X型外套立裁
　X型外套立裁转平面制图

图 8.1.2 正面

图 8.1.1 X 型外套款式

图 8.1.3 背面

8.1.1 X 型外套的学习重点

（1）宽肩造型的肩宽与袖窿切面、袖山形状的变化。

（2）胸省位置及 BP 点与造型的平衡关系，胸省的分散转移、撇胸的应用及后处理。

（3）各线条、面与人体及服装造型之间的平衡关系。

（4）利用服装放松量原理进行服装造型及补正人台的手法。

单位：cm。竖虚线为经纱方向标注线，横虚线为纬纱方向标注线。

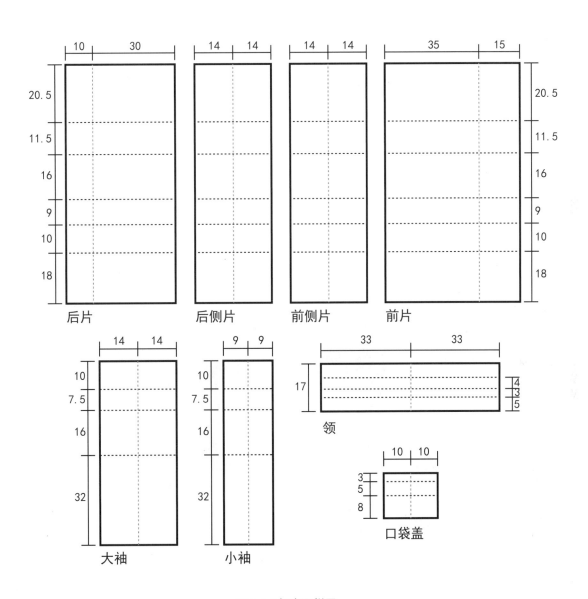

图 8.1.4 坯布取样图

补充标志线:

领部造型线
领部翻折线
门襟造型线
省道线
口袋轮廓线
前侧缝线
后侧缝线
后中心线
领圈线
袖窿线
后刀背分割线
下摆线

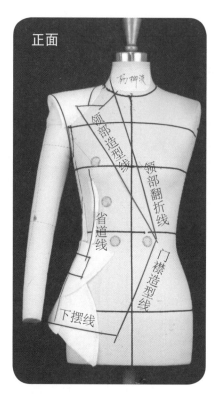

正面

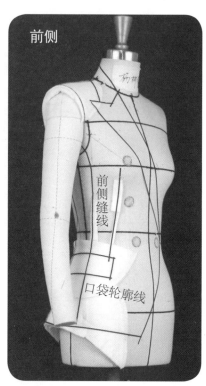

前侧

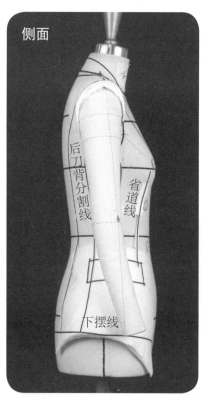

侧面

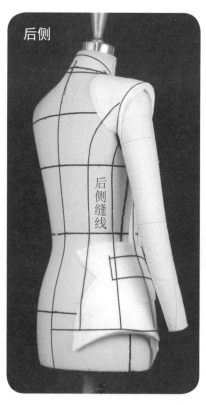

后侧

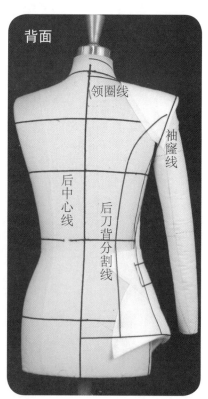

背面

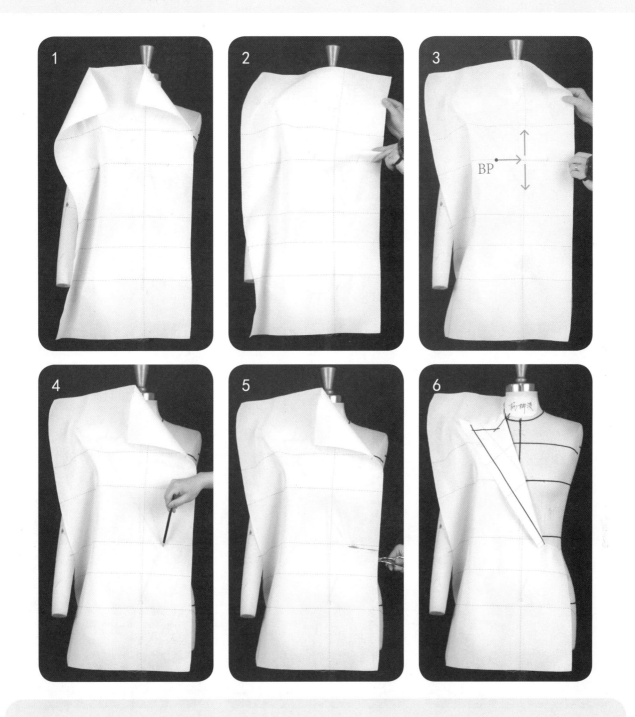

前片

1 将前片与人台上的腰围线、胸围线、前中心线对齐，并在腰围处、胸围处、前领口以及臀围处与人台别合固定，保持布料横平竖直。

2、3 将胸省的1/3量转向前中作为撇胸，沿胸围线将撇胸产生的松量向余量侧推平，然后上下调整布料并抚平，完成撇胸的后处理。

4~6 在驳头止点处用铅笔描点并剪开至铅笔描点位置，沿翻折线将驳头翻折并贴标记线，然后修剪多余缝份。

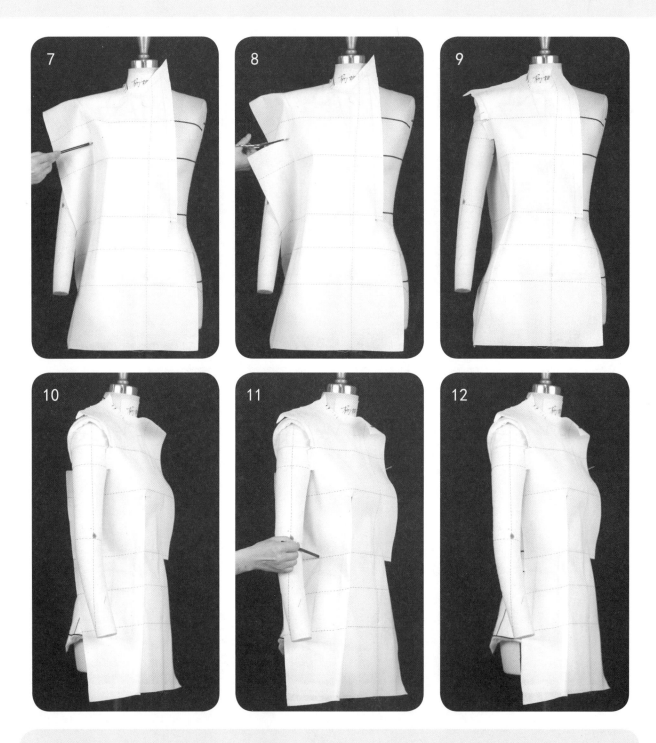

7、8 将驳头沿翻折线推平并以交叉针法固定，修剪领圈并在肩颈点处固定于人台，沿腋点的水平线在袖窿缝份处用铅笔描线，并剪开至袖窿弧线腋点处。

9 将袖窿下段缝份放到手臂内侧并抚平，修剪袖窿上段缝份和肩缝，保持袖窿下段缝份和胸围的侧面饱满，有合适松量，然后大致理出前中的省道。

10 沿侧面向下推平，观察前中省两边的松量平衡，以省尖点为中心，向下沿人台标记线的省道中心线抓合省道。

11、12 沿前侧缝用铅笔描线，并修剪多余缝份。

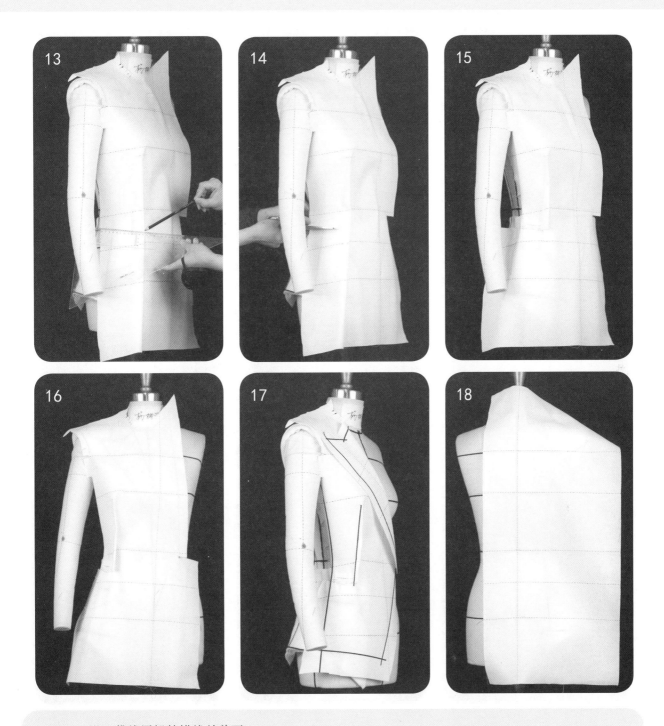

13、14 沿口袋线用铅笔描线并剪开。

15、16 从侧面、正面观察侧省道至侧缝处的悬空量和线条感觉，在口袋开口线下方垫一块布并别合，保持侧片的上面和下面形成一个完整的面。

17 在侧缝线、下摆、门襟止口贴标记线，并修剪多余缝份。

后片

18 将后片与人台上的腰围线、中心线对齐，在腰围、臀围、后领窝中点处与人台固定，并在肩胛骨上方靠近袖窿处临时固定布料，保持布料横平竖直。

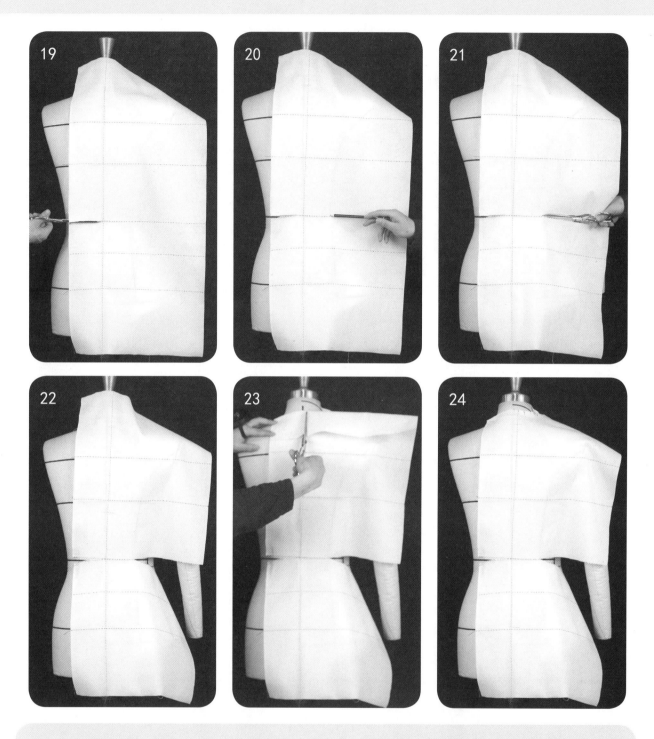

19~21 沿腰围线在后中缝份处剪开至腰围后中心点，在后开刀缝处用铅笔做标记，并剪开至开刀缝腰围点。

22 将腰围线上段缝份向上推平，保持开刀缝没有斜纹，将松量推至袖窿肩胛骨上方，然后将腰围线下段缝份向下推平，保持缝份侧面没有斜纹。

23、24 将后领上段缝份向下翻折剪开，依次沿领圈打剪口，并修剪多余缝份。

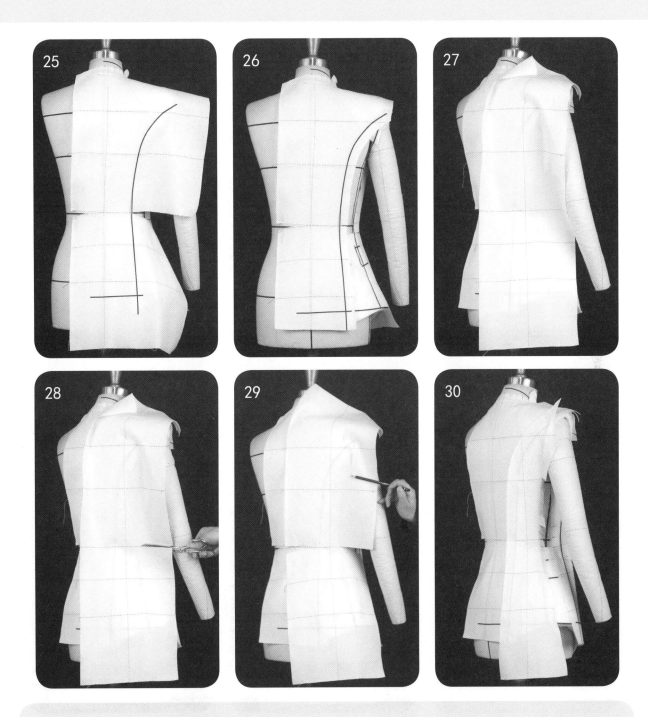

25、26 将袖窿上段的布料向肩部推平，将肩省的多余量从后中肩斜处处理掉，沿分割线、下摆贴标记线，并修剪下摆、分割缝、袖窿及肩缝多余缝份。

后侧片

27 将后侧片与人台上的腰围线对齐，保持丝缕在后侧片的面的居中位置，在后开刀缝腰围处与后中片叠合，然后向上向下推平布料，保持布面平整和腰围处悬空，最后在上下临时固定。

28 在后侧片靠近侧缝的开刀缝处用铅笔标记，并剪开至标记点。

29、30 沿后侧片开刀缝侧面，用铅笔描线并修剪多余缝份，将缝份固定在人台上，观察悬空量效果，然后修剪靠近后中片开刀缝多余缝份。

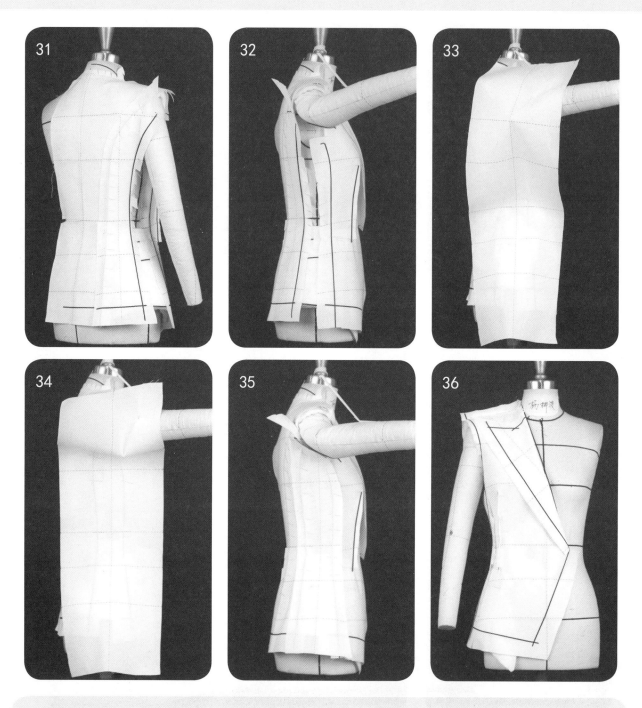

31 将后侧片与后中片沿侧缝推平、抓合，保持腰围线对齐与悬空、上下的布面平整、悬空量均匀，沿侧缝线、下摆线贴标记线，并修剪多余缝份。

侧片

32、33 抬起手臂，根据侧片的位置观察开刀缝的线条和面的平衡，并调整开刀缝线条，然后将侧片腰围线对齐人台，并于前后开刀缝在腰围处叠合。

34 沿腰围线向上推平布料，并在胸围处、袖窿处与前后开刀缝别合，沿腰围线向下推平布料，在前后开刀缝臀围处与前后片别合。

35 沿腰围线向上向下推平侧片，并与前后片别合，然后修剪多余缝份。

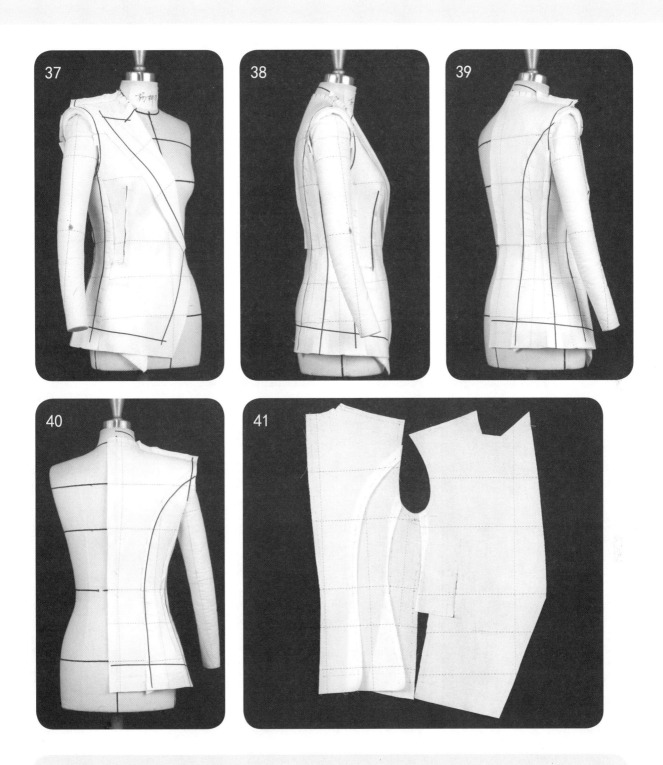

36~40 观察五个面并调整前后衣身的平衡，根据款式造型来检查分割线的位置。调整到合适后，抓合肩缝，标记袖窿弧线。

41 做袖子。看袖窿的叠图，可以在袖窿上平面配袖子，也可以立裁袖子。

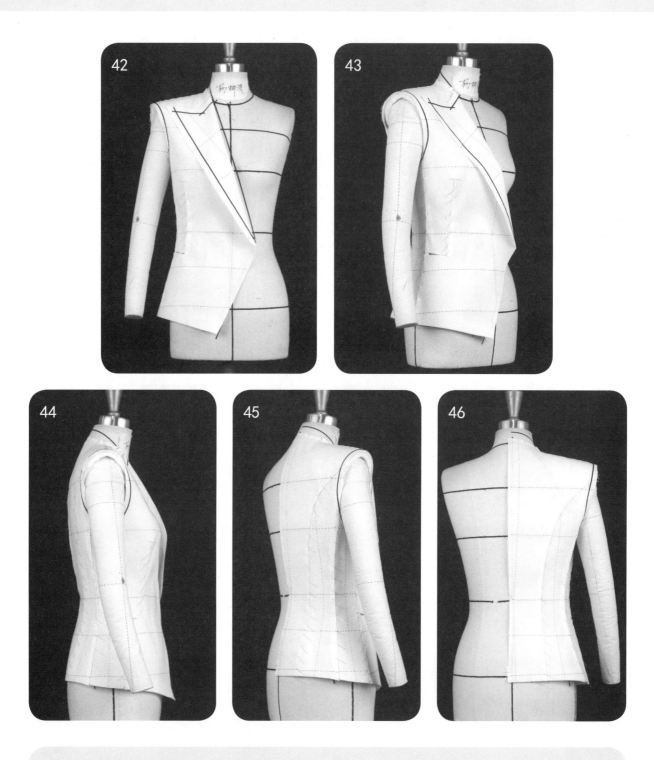

42~46 衣身回样之后观察各个面的平衡，检查是否有问题。

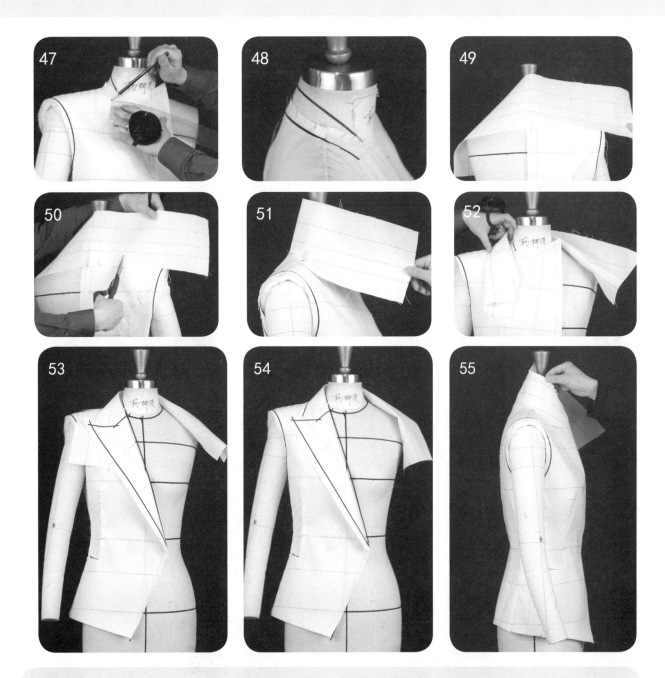

领子

47、48 将驳头向外推平，沿反面的串口线延长 2~2.5 cm，然后从后领窝向前领中保持和领子的翻折线近似平行，标记领圈，保持后横开领的宽度在 8 cm 左右。

49、50 将领片的后中心线、领下口线与人台上的后领窝中心线、领窝点对齐并别合，然后沿领下口 0.5 cm 左右，依次打剪口至领肩点位置附近。

51、52 使领子保持从后中心线向前中伏贴的状态，将领片沿领座高度向下翻折，外口缝份向上翻折，将中指放在肩颈点脖子处来控制领翻折线距离脖子的空隙量和距离，然后拇指固定领外口，保持领面松量均匀伏贴，搓出领子翻折线至前中，与驳口线连接圆顺。

53、54 将前领口与驳头叠合固定，并修剪多余缝份。

55 将领片向上竖起推平，保持领下口与领圈伏贴并别合，领子的粗裁便完成。

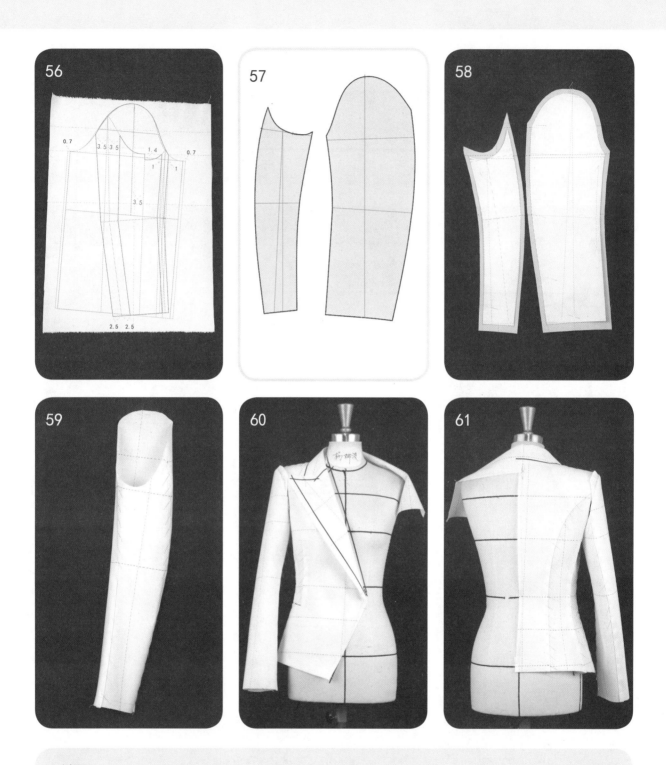

袖子

56~58 将前后袖片丝缕铺好、摆平，把大、小袖片的样板分别放在大、小袖片上，描线并修剪多余缝份，前后袖背缝留 1 cm 左右的缝份，袖山头、袖底弧线留 1.5 cm 左右缝份。

59 将大、小袖片的前后袖背缝别合。

60、61 在 1/2 袖山处向上别合前袖山和后袖山。

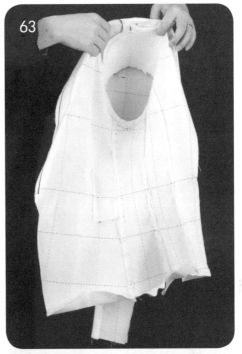

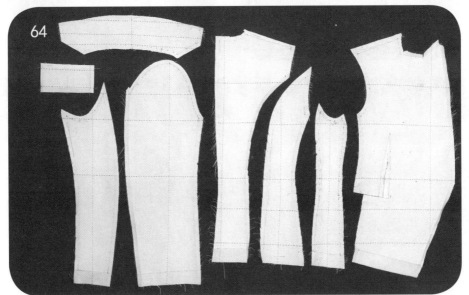

62 从侧面观察袖子的平整性。
63 将衣身与袖子取下，托平袖窿，在袖窿底部保持袖和袖窿伏贴、平整并别合。
64 点影、平铺裁片图。

65~69 回样完成。

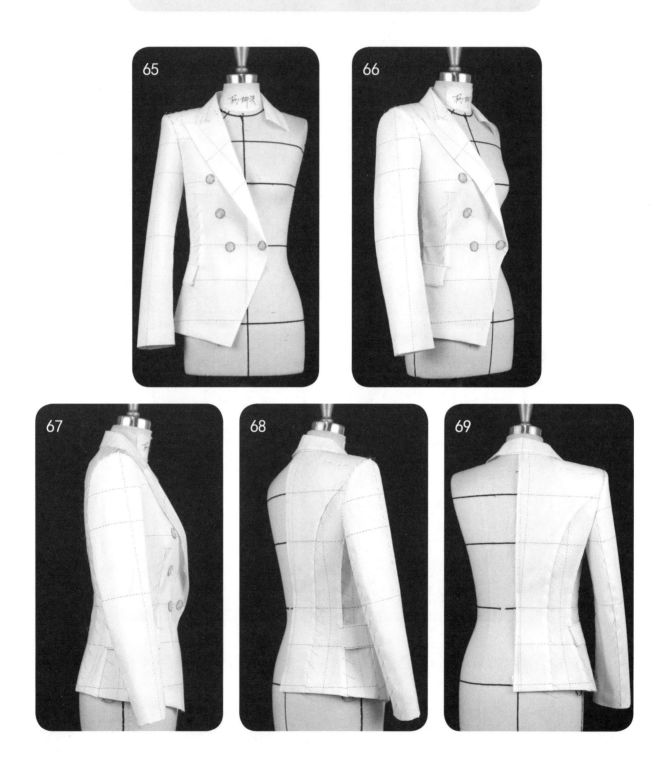

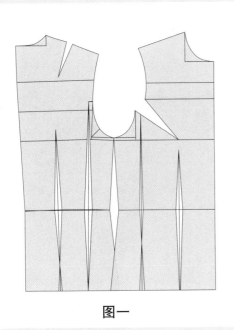

图一

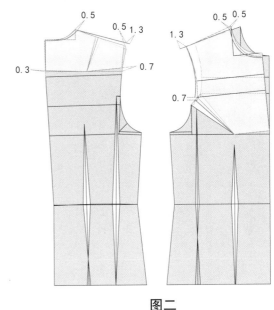

图二

图一：调出衣身原型。

图二：①把 1/3 胸省量转至前胸作为撇胸，袖窿留 0.7 cm 胸省高作为活动量。②把后肩省量一部分转到后中，转 0.7 cm 到袖窿，其余留做肩缝吃势。③前后领宽开宽 0.5 cm，前后肩宽加宽 1.3 cm，后肩抬高 0.5 cm 作为垫肩容量。

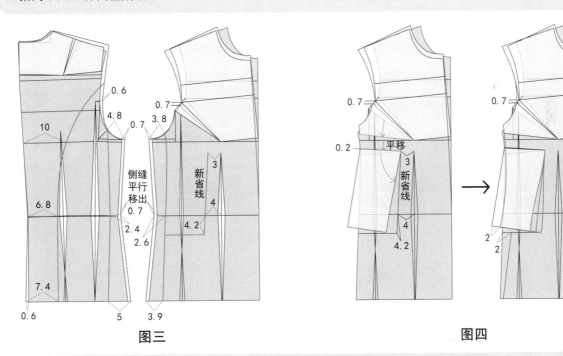

图三

图四

图三：前后胸围各加宽 0.7 cm，画顺袖窿，画出分割线条，前省侧移 3~4 cm 作新省线。

图四：①前胸省转至前侧缝，再平移至省尖处侧缝，留 0.2 cm 作为侧缝吃势，前侧缝处省转至新省线。②为了达到造型要求，需要从侧缝去掉一些余量；画顺前侧缝，画顺前袖窿和前腰省线。

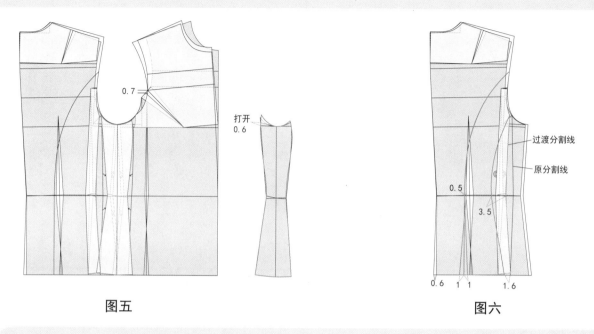

图五

图六

图五：合并侧省得到新侧小片，然后取出侧小片，进行后处理，后侧缝线张开 0.6 cm。

图六：①以后背分割线为中心线，腰省收 0.5 cm 省，其余腰省转到后侧缝，下摆处展开一个 2 cm 省。

②合并后腋下缝，产生过渡分割线，再从腰处直接收省 3.5 cm，下摆处收 1.6 cm，画顺后片轮廓线。

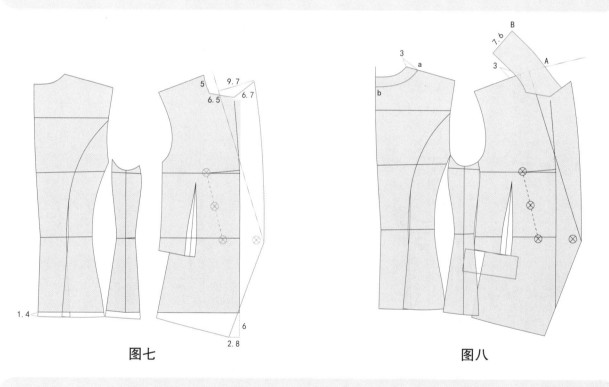

图七

图八

图七：画出驳头造型和扣位，搭门 6.5 cm 宽，扣间距 9 cm，衣长加长，画出下摆造型。

图八：①配领。画出领头造型，画出后领外弧长，使领子外弧长 AB=ab，取后领总高，画顺领圈。

②画出口袋，口袋长 14 cm、宽 5.7 cm。

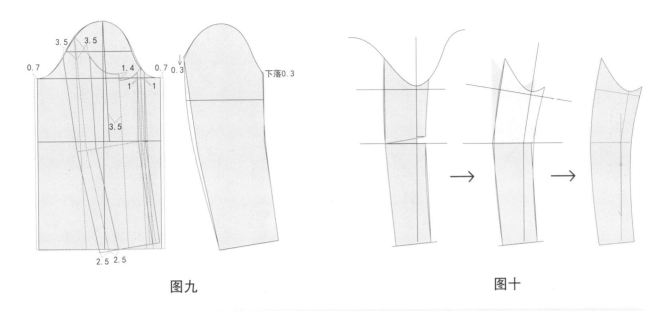

图九 　　　　　　　　　　　　　　　　　　　　 图十

图九：①调出袖原型，前后袖肥增加0.7 cm，取袖中斜线，往前平行3.5 cm，取前后袖肥中点、袖口中点。
②以前袖肥中线作前后镜像1 cm线分割，以后袖肥中线作前后上3.5 cm、下2.5 cm镜像，分别画出前袖缝线和后袖缝线。③提取大袖片，画顺前后袖弯线。
图十：提取小袖片轮廓，合并小袖片肘省，取出小袖片。

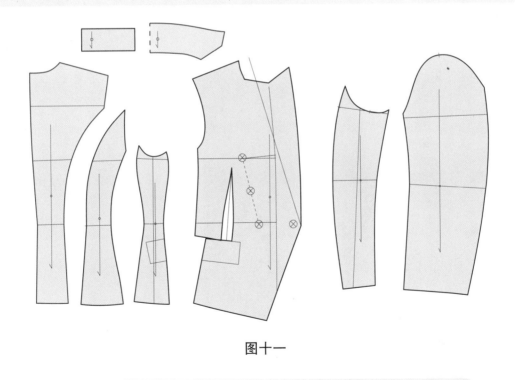

图十一

图十一：提取裁片。

09

第九章 品牌服装板型实例解析九

◆ O 型夹克外套立裁
　O 型夹克外套立裁转平面制图

◆ H 型经典外套立裁
　H 型经典外套立裁转平面制图

图 9.1.1 O 型夹克外套款式

图 9.1.2 侧面图

图 9.1.3 局部图

9.1.1 O 型夹克外套的学习重点

(1) 胸省、肩省和结构线的转化。

(2) 抽褶的立裁手法。

(3) 球形袖型的塑造。

(4) 袖窿切面变化和袖山形态的变化。

单位：cm。竖虚线为经纱方向标注线，横虚线为纬纱方向标注线。

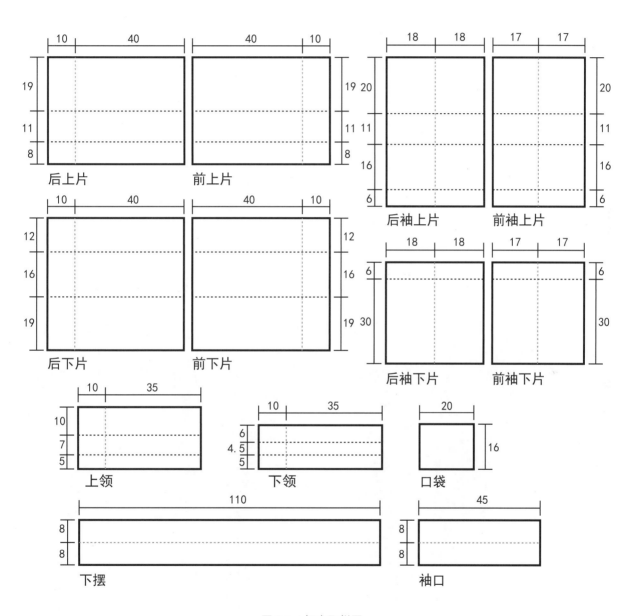

图 9.1.4 坯布取样图

补充标志线:

门襟造型线
领部造型线
前片分割线
后片分割线
口袋造型线
下摆造型线
袖窿线
袖中线
袖分割线

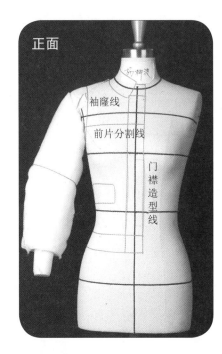

正面

袖窿线

前片分割线

门襟造型线

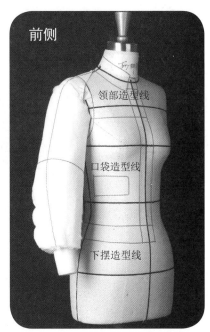

前侧

领部造型线

口袋造型线

下摆造型线

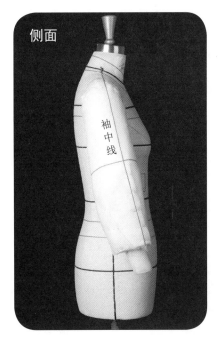

侧面

袖中线

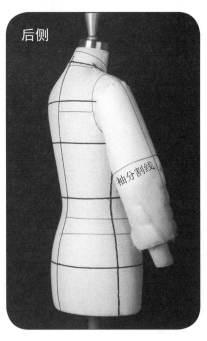

后侧

袖分割线

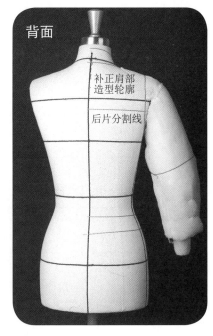

背面

补正肩部造型轮廓

后片分割线

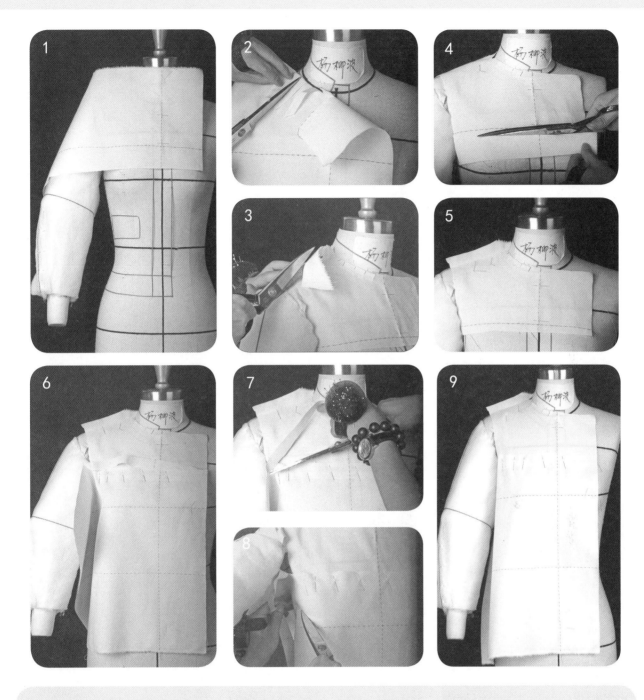

前片

1 将布料与人台上的前中心线、胸宽线对齐，以交叉针法固定前中心线上下两端，保持布纹水平。

2~5 沿前中心线开剪至领圈线，沿领圈线依次打剪口，保持布面平整，修剪多余缝份，在肩部以交叉针法固定。前上片完成。

6 对齐前中心线、胸围线，以叠合针法固定分割线，保持布纹水平和布面平整。

7 沿分割线修剪多余布料。

8、9 将侧面折入腋下，修剪多余缝份，调整侧面松量。前片完成。

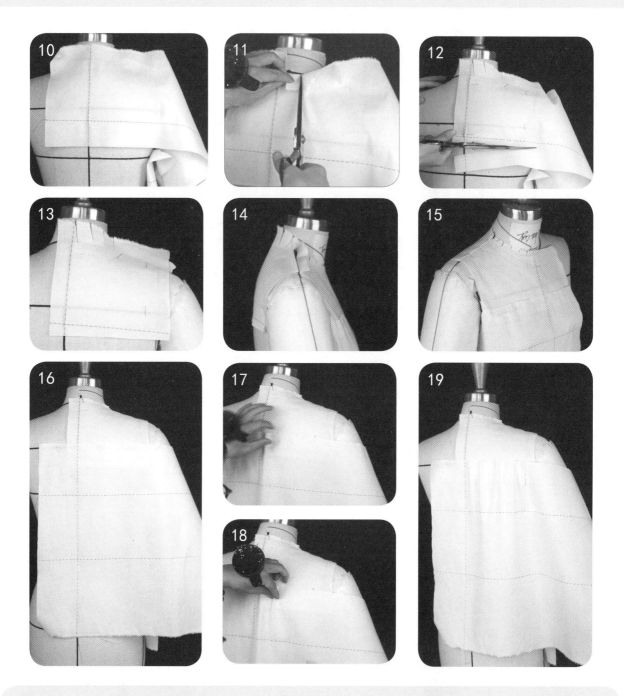

后片

10 将布料与人台上的后中心线、分割线对齐，保持布纹水平，以交叉针法固定后中心线上下两端。

11、12 沿前中心线开剪至领圈线，沿后领圈线依次打剪口，保持布面平整。

13 在肩部以交叉针法固定，修剪多余缝份。

14、15 抓合肩缝，别合固定。

16 将布料与人台上的后中心线、胸围线对齐，保持布纹水平和布面平整，以交叉针法固定后中心线上下两端。

17~19 沿分割线叠合上下两层布料，依照造型松量均匀地放入碎褶松量。

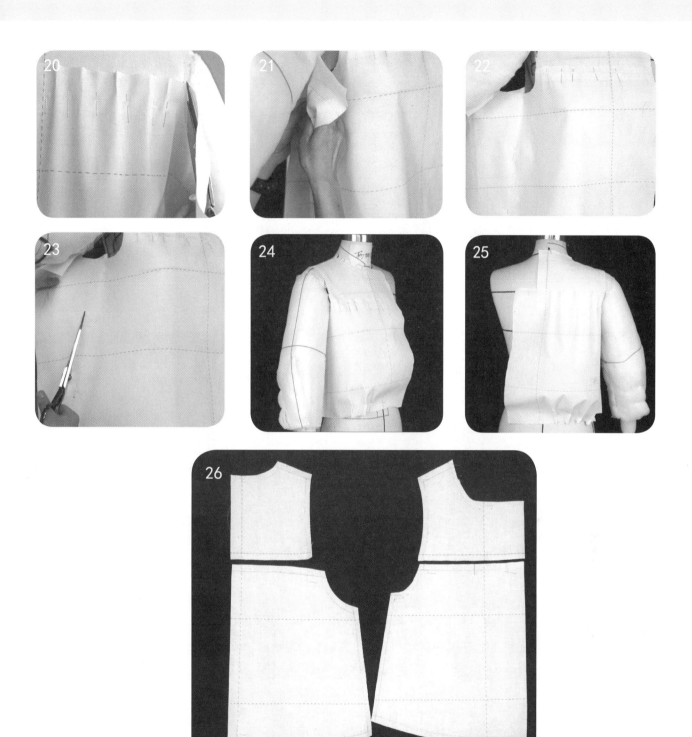

20 修剪侧面袖窿位置的多余量。

21~23 参考造型，对齐前后胸围线，抓合侧缝，修剪多余布边。

24、25 以抓合针法固定下摆褶量，观察整体造型是否相符。

26 点影、描线，平铺裁片图。

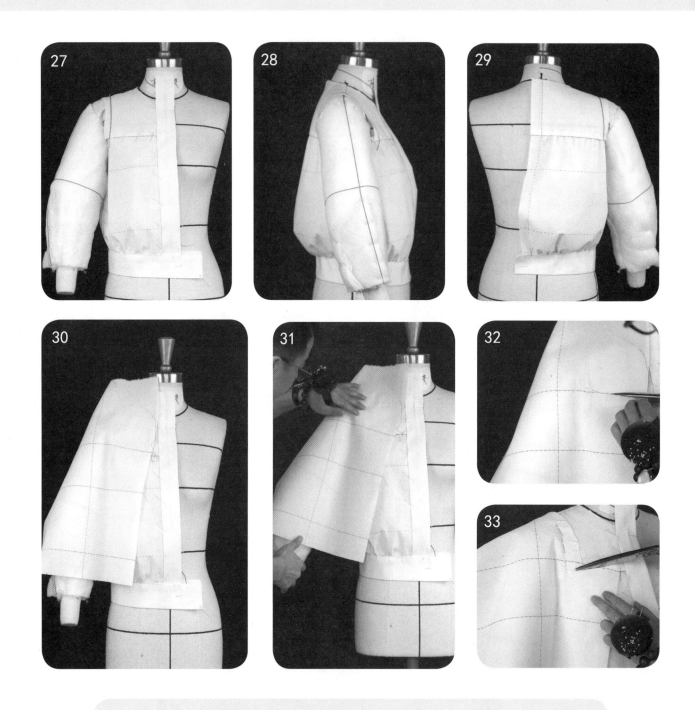

27~29 回样，别合底摆，衣身完成。

袖子

30 对齐袖中转折线，袖肥线对齐胸宽线。

31 抬起手臂，放入适量的抬臂松量，在腋点部位叠合衣身。

32、33 沿袖肥线剪开至腋点，向上剪掉多余布料，沿袖窿开剪口，叠合固定袖山。

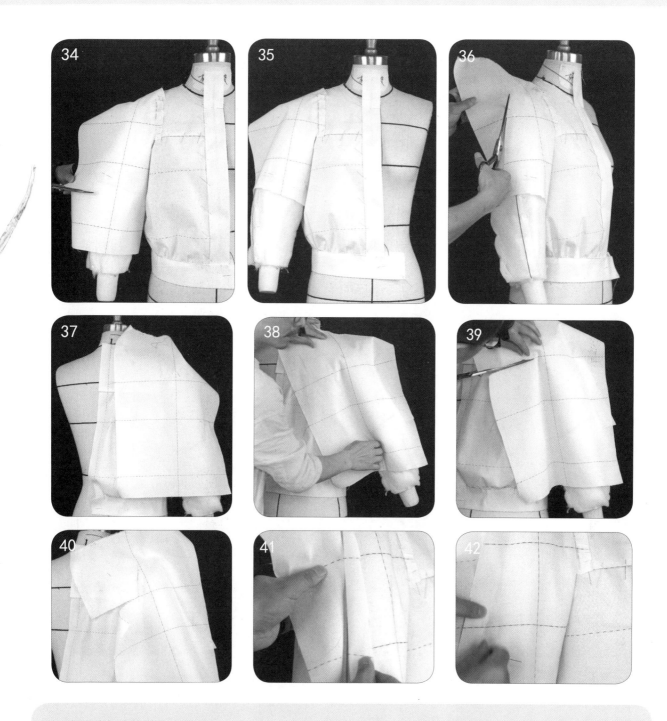

34 参照分割线修剪多余缝份。

35、36 沿袖中心线修剪多余布料。

37、38 将后片袖肥线与前片丝缕对齐，以抓合针法固定袖中缝的交合点，纵向丝缕保持竖直，上端叠合固定在袖窿弧上，抬起手臂，放入适量的抬臂松量，在腋点部位叠合衣身。

39 沿袖肥线剪开至腋点。

40~42 沿袖窿叠合固定袖山，对齐前后横向丝缕线，抓合袖侧缝。

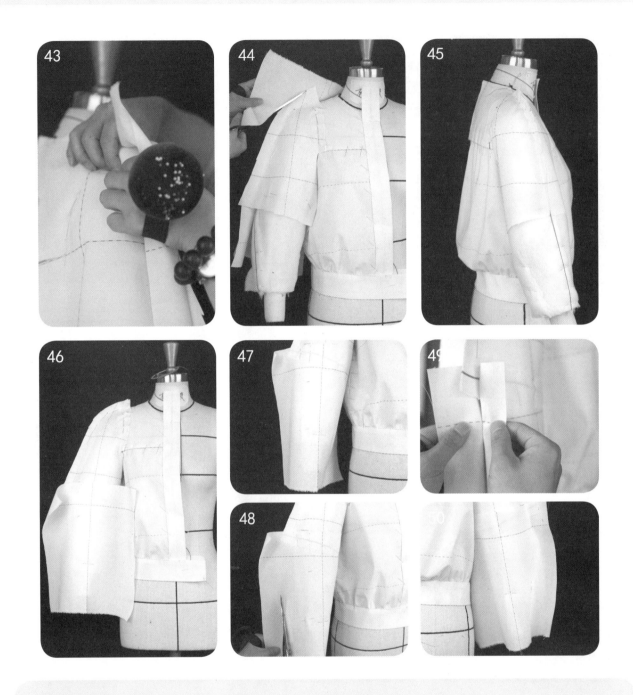

43 抓合肩缝。

44、45 修剪多余缝份，上袖完成。

46 对齐上下袖片纵向丝缕线，保持横向水平，叠合固定上下两端。

47、48 沿分割线用叠合针法固定，沿袖中标志线修剪多余布料。

49、50 将后袖片横向丝缕线与前片对齐，纵向丝缕与人台手臂竖直对齐。

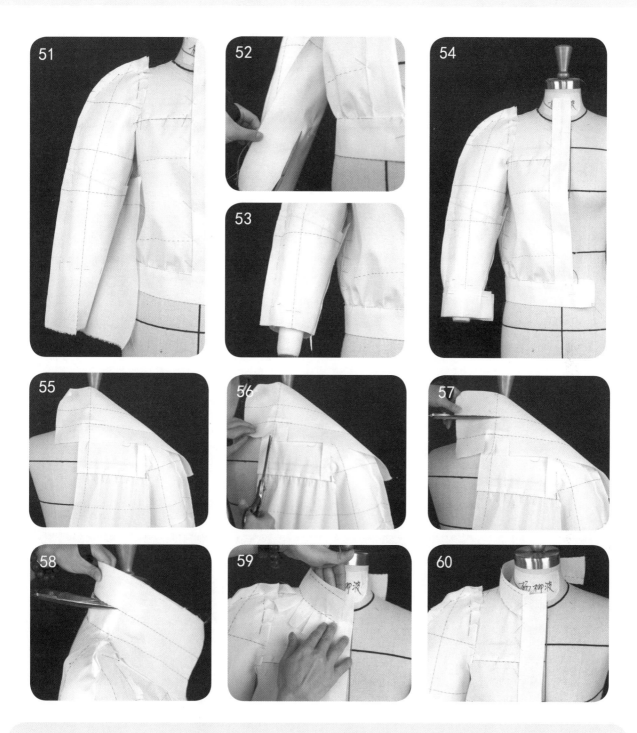

51 抓合两侧袖缝，观察调整袖子整体造型，修剪外侧多余布料。

52~54 叠合固定内侧分割线，修剪多余缝份，叠合固定袖口克夫。

领子

55~60 将布料与人台上的后领底线、后领中心线对齐，保持领上口和领下口符合底领造型，沿领圈线边开剪口边推至领口，修剪多余缝份。

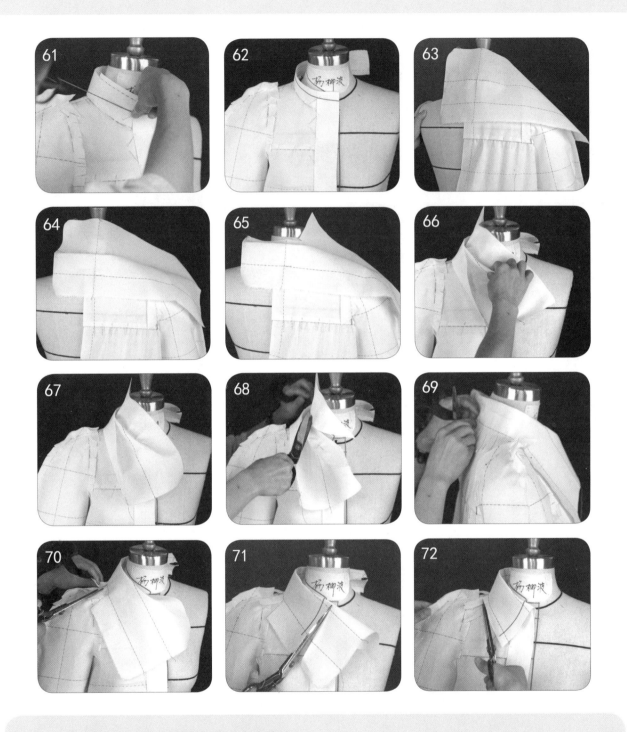

61、62 用标志线贴出领上口造型，修剪多余缝份。

63~65 向上放 1 cm 坐势并对齐后领中，以交叉针法固定后领中左右各 2 cm 的部位。

66~68 向下翻折领面，修剪后领中多余缝份，沿底领线条，保持领外口伏贴，向上搓出翻折线，修剪领上口缝份，标出领外口造型线，修剪多余缝份。

69、70 调整领底线条，沿领外口开剪口。

71、72 标出领外口造型线，修剪多余缝份。

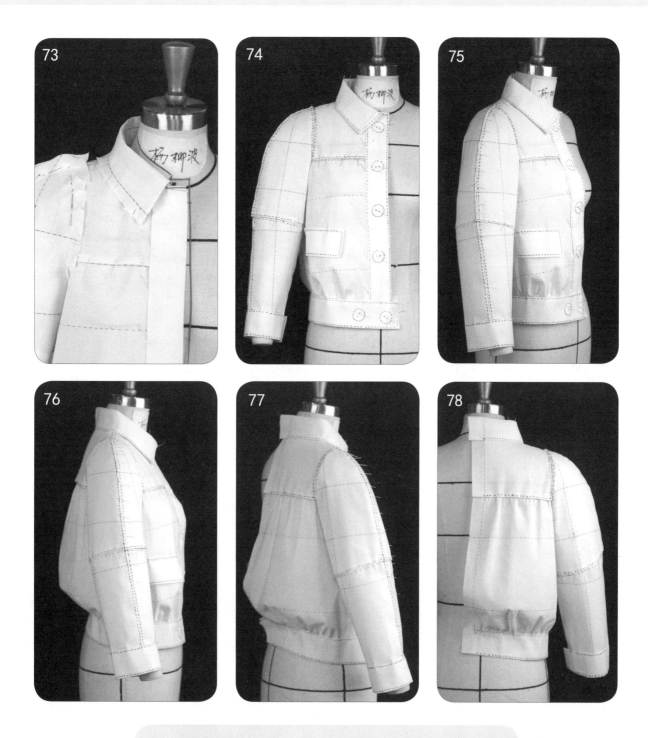

73 领子粗裁完成。

74~78 回样完成。

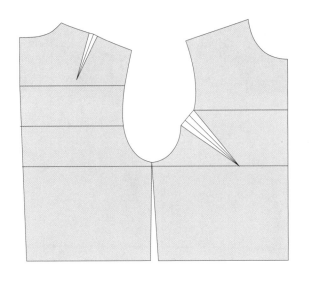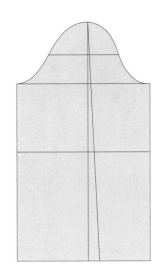

图一

图一：调出原型，将胸省三等分分散。

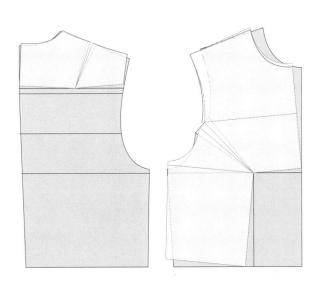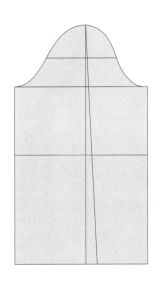

图二

图二：①将胸省的一份（1 cm）转移至前中门襟，一份转移至下摆，保留一份在袖窿。
②将后肩省三等分，一份转移至后中，一份转移至袖窿，留一份在肩缝处作吃势。

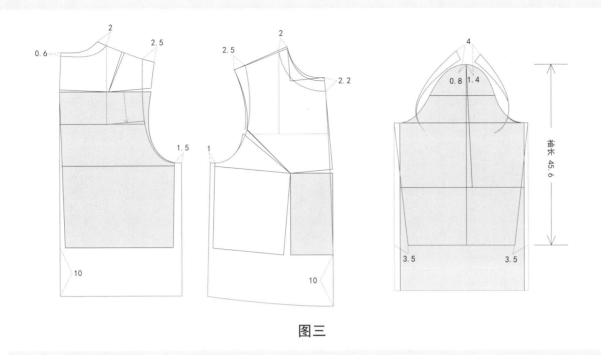

图三

图三：①前后横开领各进 2 cm，前领深开深 2.2 cm，后领深开深 0.6 cm，画顺前后领圈线。②前肩端点进 2.5 cm，与前胸围加大 1 cm 点相连，画顺前袖窿弧线。③后肩端点进 2.5 cm，与后胸围加大 1.5 cm 点相连，画顺后袖窿弧线。④前领肩点往下 16.5 cm 作前分割线，后领肩点往下 15.8 cm 作后分割线，且后肩省转移至后袖窿的量往下移至分割线。⑤前后袖肥各加大 1 cm 和 1.5 cm，前后肩端点各借肩 2.5 cm 剪切移至袖山头处。

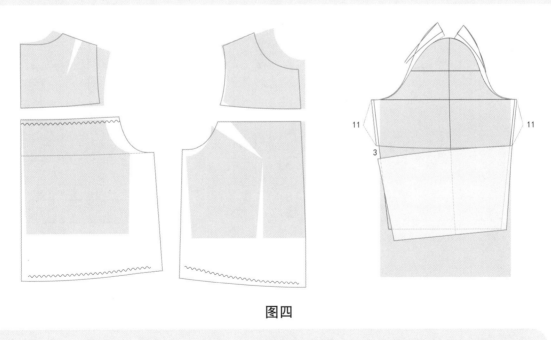

图四

图四：取出前后片，画顺前后袖山弧线，后袖肘做 3 cm 的省，前下摆展开 3.6 cm 作抽褶量，后分割处展开 3.8 cm 作抽褶量，后下摆展开 6 cm 作抽褶量。

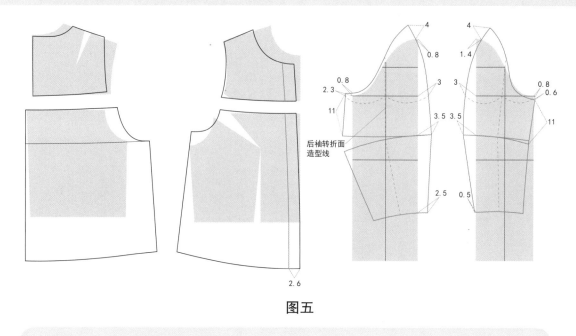

图五

图五：画出前片搭门分割线，并如图五画出袖分割线。

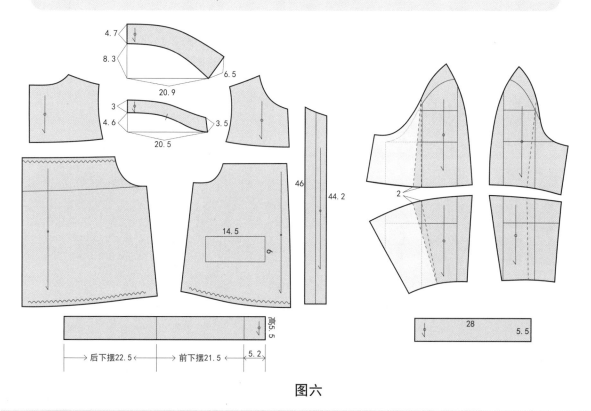

图六

图六：①按图依次画出下摆育克和袖育克，在后袖转折面袖分割线处展开 2 cm 量，以便突显造型。②如图所示画下领、上领。

立体裁剪与平面制板互通：国际品牌服装板型实例解析

图 9.2.1 H 型经典外套款式图

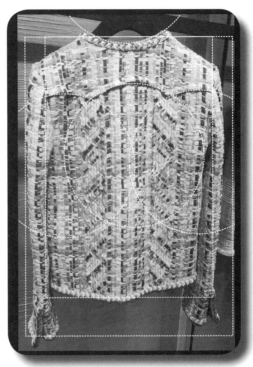

图 9.2.2 背面图

9.2.1 H 型经典外套的学习重点

(1) 面料立裁性能的应用。

(2) 胸省、肩省的分散转移。

(3) 袖窿切面变化成直切面，肩点、腋点、袖窿底点的变化平衡。

单位：cm。竖虚线为经纱方向标注线，横虚线为纬纱方向标注线。

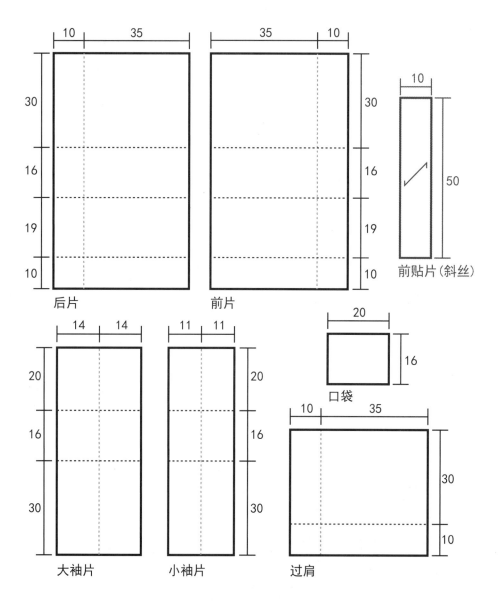

图 9.2.3 坯布取样图

补充标志线:

门襟造型线
领圈造型线
过肩造型线
口袋造型线
下摆造型线
袖窿线
袖中线

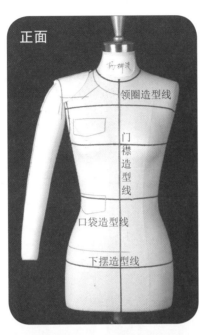

正面

领圈造型线

门襟造型线

口袋造型线

下摆造型线

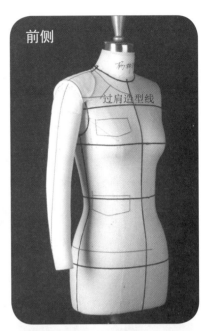

前侧

过肩造型线

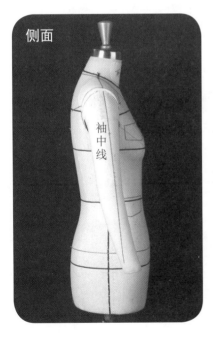

侧面

袖中线

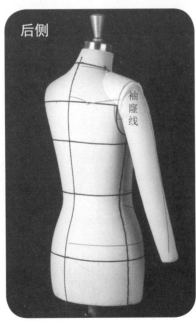

后侧

袖窿线

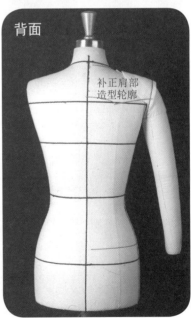

背面

补正肩部造型轮廓

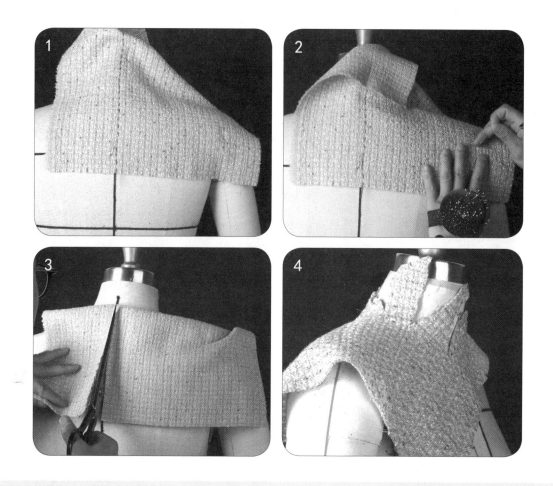

过肩

1、2 将面料与人台上的后中心线、背宽线对齐，以交叉针法固定后中心线上下两端，保持布纹水平，将布料推向肩胛部位，以交叉针法固定。

3、4 沿后中心线开剪至领圈线，沿后领圈线依次打剪口，保持布面平整，修剪多余缝份。

5~7 用标志带在领圈线、过肩造型分割线上贴出标记。

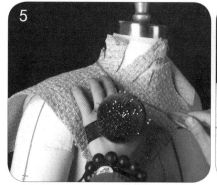

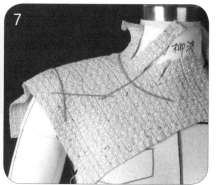

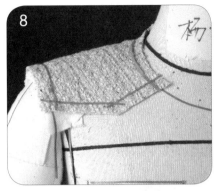

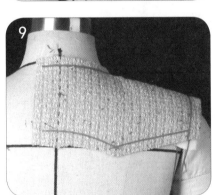

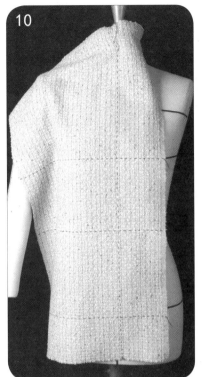

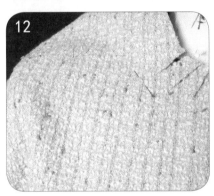

8、9 过肩完成。

前片

10 将布料与人台上的前中心线、胸围线对齐，以交叉针法固定前中心线上下两端，保持胸围线布纹水平。分散胸省，以交叉针法固定两侧。

11、12 沿前中心线开剪至领圈线，沿后领圈线依次打剪口，保持布面平整，修剪多余缝份。用叠合针法固定过肩分割线部位。

13~15 修剪多余布料，沿分割线开剪口，抚平布料。

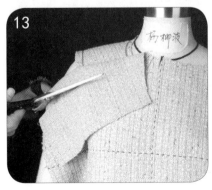

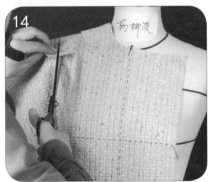

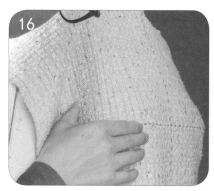  

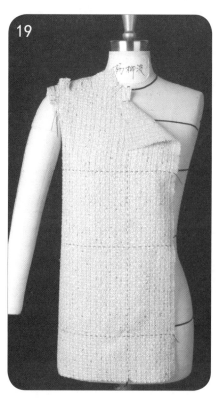 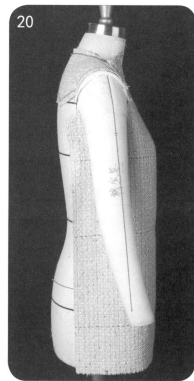 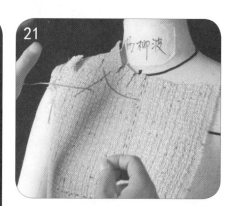

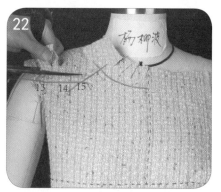

16、17 调整出胸侧转折面的直线感，同时注意转折面的整体线条。

18 开剪口至腋点，向上修剪多余布料，将侧面转入腋下，修剪一部分阻碍操作的布料。

19~22 前片粗裁完成，依照分割线粘贴标志带，修剪分割线边缘，用叠合针法固定。

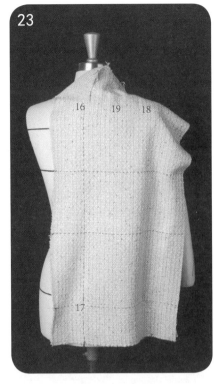

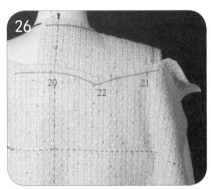

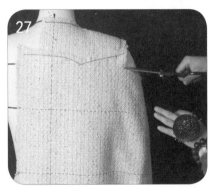

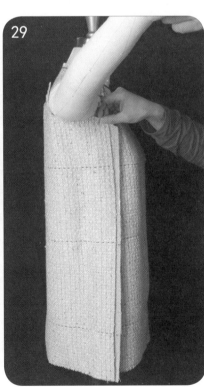

后片

23、24 对齐后中心线、胸围线，用交叉针法固定前中心线上下两端，保持胸围线布纹水平，用叠合针法固定肩胛部位。

25、26 用标志带贴出背部分割线，沿分割线修剪多余布料。

27 沿背宽线开剪口至袖窿线，沿袖窿弧线修剪上半部分多余布料。

28、29 将背宽线以下布料折进腋下，保持前后片布边平行，抓合侧缝。

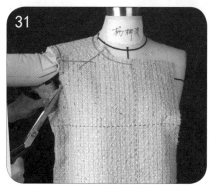

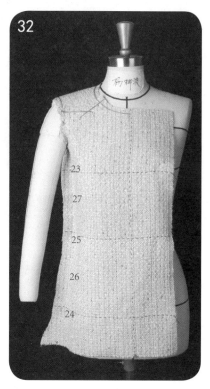

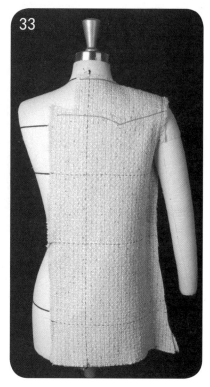

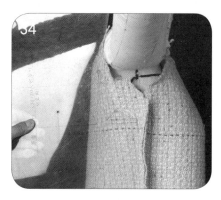

30、31 修剪多余缝份。

32、33 前后片粗裁完成。

34、35 参考原型，用记号笔画出袖底弧线，修剪多余缝份。

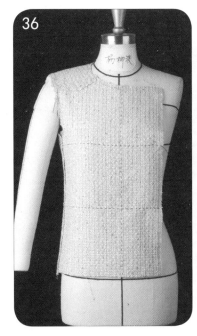

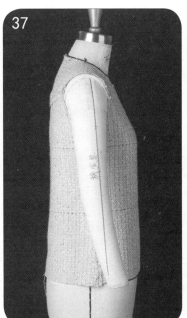

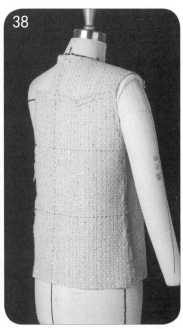

36~38 用叠合针法回样，衣身完成。

袖片

39 在袖片上标记袖肥点。

40 沿袖中线剪开至袖肥线上 1 cm 处。

41、42 对齐小袖片与衣身的袖窿底点，用叠合针法固定，保持袖肥线与胸围线水平。

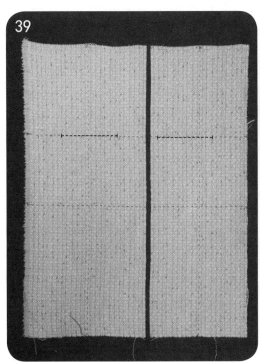

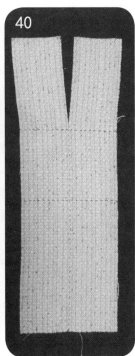

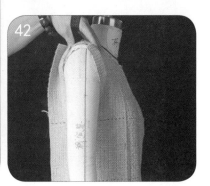

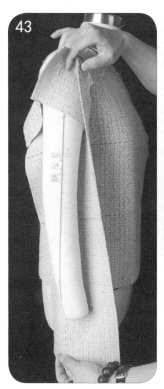
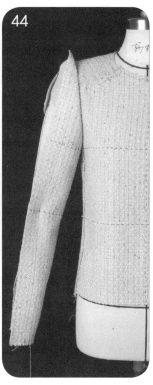
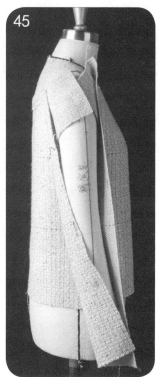
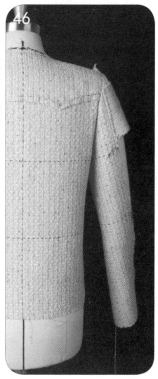

43、44 在小袖片前侧做出袖转折面造型，在前侧袖窿转折点处以交叉针法固定。

45、46 将小袖片后侧向上翻转出袖转折面，在后袖窿转折面以交叉针法固定。

47 沿袖窿弧线修剪多余缝份。

48 沿袖肘线剪开至袖转折面。

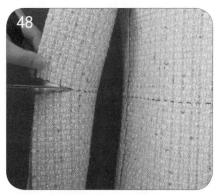

49、50 沿手臂转折面推平上下布面，做出袖弯，依照前袖转折面贴标志线，向内平行贴出前袖弯线，修剪多余缝份。

51、52 沿袖肘线剪开至袖转折面，沿手臂转折面推平上下布面，做出袖弯，依照后袖转折面贴标志线，向内平行贴出前袖弯线，修剪多余缝份。

53 肩端点以交叉针法固定。

54、55 根据款式袖肥尺寸，固定大袖片前后袖肥点。

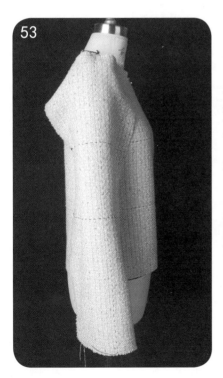 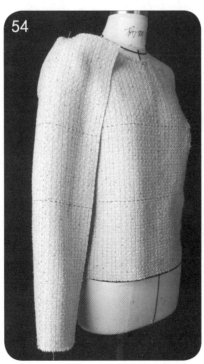 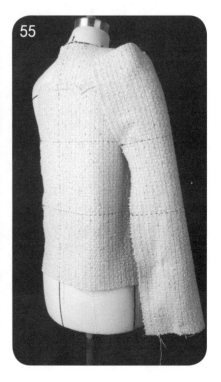

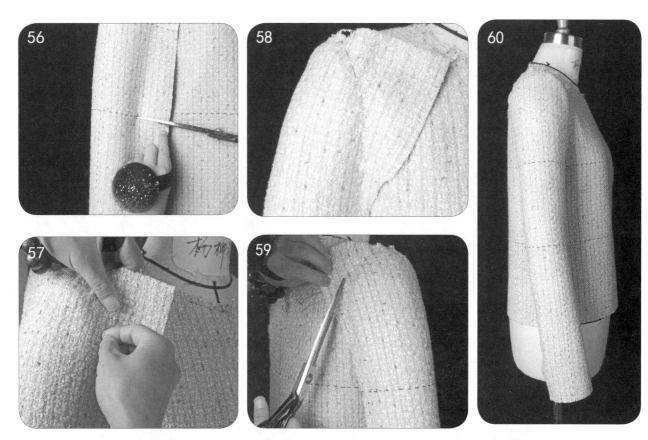

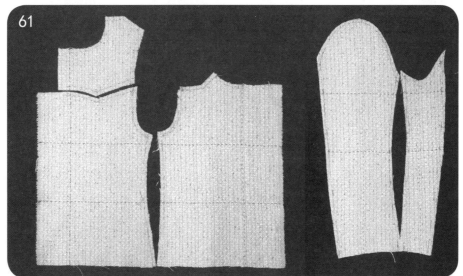

56 沿袖肘线剪开至袖弯线。

57、58 别合前后袖山袖窿弧线，修剪多余缝份。

59 沿袖山弧线修剪多余缝份。

60 粗裁完成。

61 点影、描线，平铺裁片图。

62~67 回样完成展示。

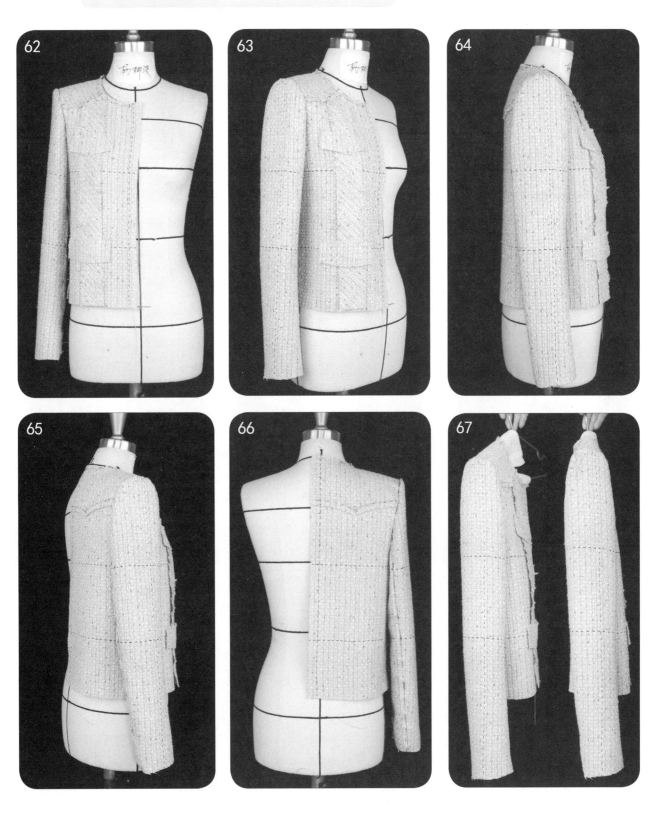

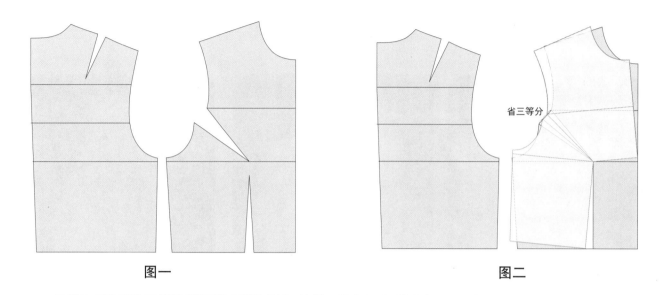

图一

图二

图一：调出原型。
图二：前胸省量三等分，将一份转到前中，一份转到下摆，保留一份在袖窿。

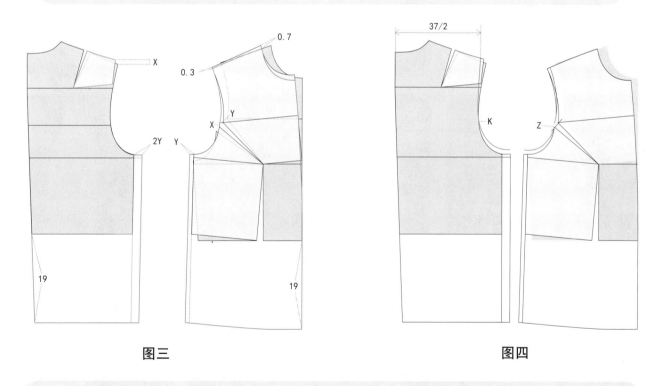

图三

图四

图三：由于前袖窿含有 1/3 胸省的放松量，所以造成的前袖窿多余量由前肩处理掉一部分，同时前袖窿产生高度和宽度松量，后袖窿相应也抬高 X 量，前胸围增加 Y 量，后胸围增加 2Y 量来平衡。
图四：取肩宽 37cm，分别按住 Z 点和 K 点，旋转至新肩点和胸围增宽点。

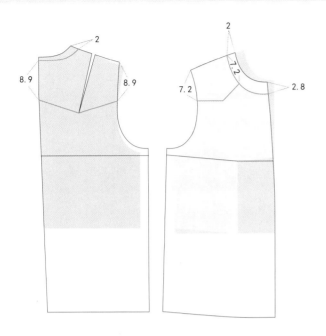

图五

图五：画出前后育克线。

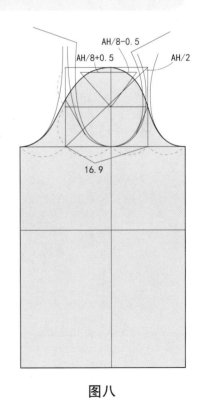

图六

图六：将剩余肩省转分割线，调顺侧缝。

图七

图七：取出裁片，合并肩缝。

图八

图八：配袖。

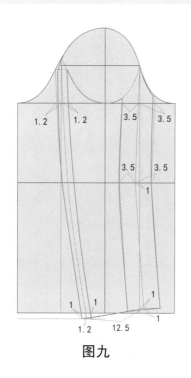

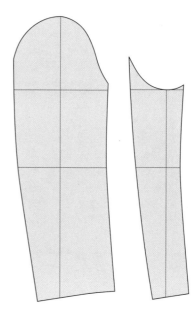

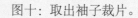

图九

图十

图九：分割两片袖。

图十：取出袖子裁片。

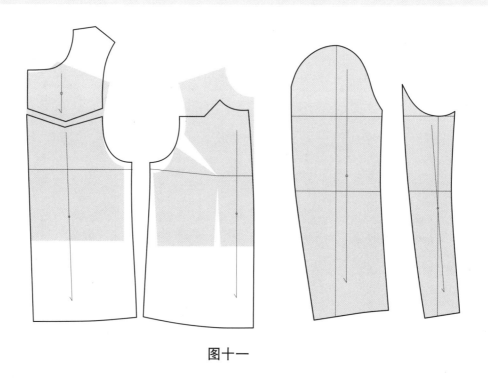

图十一

图十一：提取裁片。

粘贴基本标志线：

前中心线
侧缝线
后中心线
肩线
胸围线
腰围线
中臀围线
臀围线
领圈线
袖窿线
胸宽线
背宽线

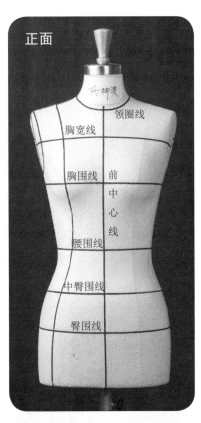

正面

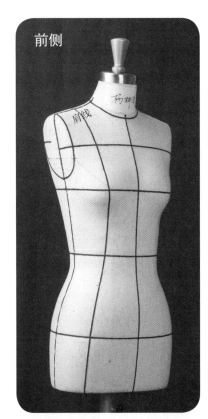

前侧

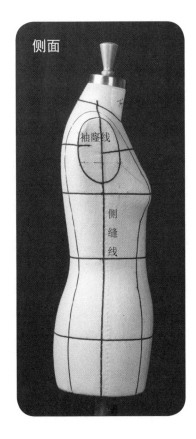

侧面

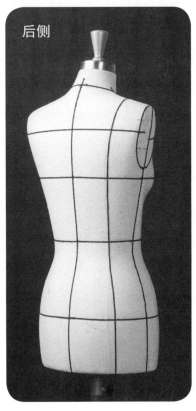

后侧

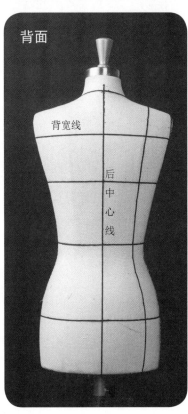

背面

条件：
原型袖窿深 16.6 cm，袖山高 14.4 cm，袖肥 16.25 cm，前袖斜线 21.1 cm，后袖斜线 22.6 cm；
常用落肩区域立体袖窿深 18.8 cm，前袖窿弧长 22.5 cm，后袖窿弧长 25.5 cm

表1 落肩袖制板密码

（长度单位：cm／角度单位：°）

	假定款式条件数据 落肩量	假定对应袖窿开深量	数学论证落肩袖窿切面和原袖窿切面夹角	数学论证落肩的袖窿切面和袖中的夹角 α	cos α 数值	原型袖山高变化 立体袖窿深16.6×cos α	落肩袖山高变化 取平均值18.8×cos α	袖中线平面制图对应抬高角度	袖窿宽对应递变尺寸
A	0	0	0	30	0.87	14.38		0	5.5
B	1.2	0.6	2.5	32.5	0.84	14		1	5.3
C	2.4	1.2	5	35	0.82	13.6		2	5.1
D	3.6	1.8	7.5	37.5	0.79	13.17	14.92	3	4.9
E	4.8	2.4	10	40	0.77	12.72	14.4	4	4.7
F	6	3	12.5	42.5	0.74	12.24	13.86	5	4.5
G	7.2	3.6	15	45	0.71	11.74	13.29	6	4.3
H	8.4	4.2	17.5	47.5	0.68	11.21	12.7	7	4.1
I	9.6	4.8	20	50	0.64	10.67	12.08	8	3.9
J	10.8	5.4	22.5	52.5	0.61	10.1	11.44	9	3.7
K	12	6	25	55	0.57	9.52	10.78	10	3.5
L	13.2	6.6	27.5	57.5	0.54	8.92	10.1	11	3.3
M	14.4	7.2	30	60	0.5	8.3	9.4	12	3.1
N	15.6	7.8	32.5	62.5	0.46	7.67	8.68	13	2.9
O	16.8	8.4	35	65	0.42	7.02	7.95	14	2.7
P	18	9	37.5	67.5	0.38	6.35	7.19	15	2.5
Q	19.2	9.6	40	70	0.34	5.68	6.43	16	2.3
R	20.4	10.2	42.5	72.5	0.3	4.99	5.65	17	2.1
S	21.6	10.8	45	75	0.26	4.3	4.87	18	1.9
T	22.8	11.4	47.5	77.5	0.22	3.59	4.07	19	1.7
U	24	12	50	80	0.17	2.88	3.26	20	1.5
V	25.2	12.6	52.5	82.5	0.13	2.17	2.45	21	1.3
W	26.4	13.2	55	85	0.09	1.45	1.64	22	1.1
X	27.6	13.8	57.5	87.5	0.04	0.72	0.82	23	0.9
Y	28.8	14.4	60	90	0	0	0	24	0.7

原型袖角度和落肩袖窿切面的袖山变化相通原理

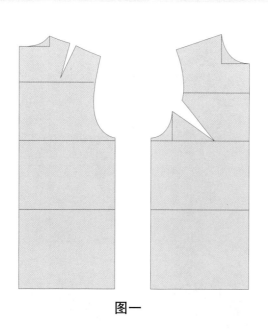

图一

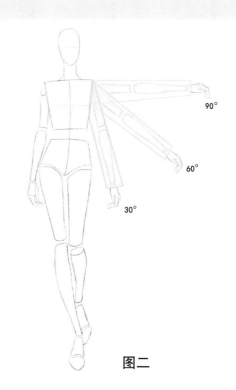

图二

图一：调出衣身袖原型。　　图二：手臂夹角示意图。

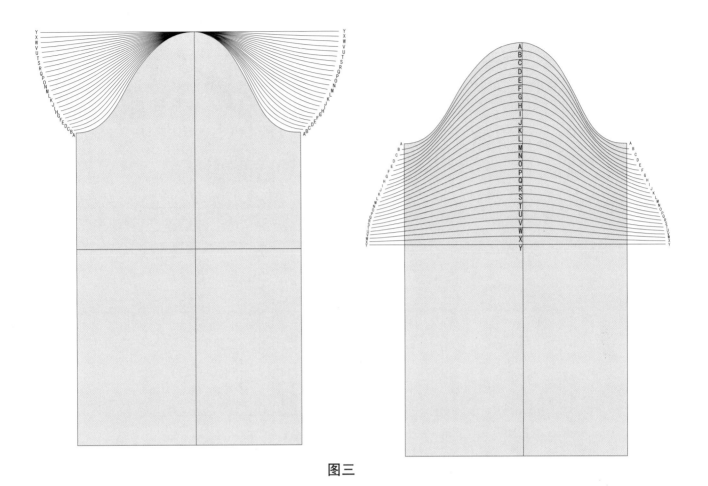

图三

图三：

A 原型，立体袖窿深 16.6 cm × cos30°，袖山 14.4 cm

B 原型，立体袖窿深 16.6 cm × cos32.5°，袖山 14 cm

C 原型，立体袖窿深 16.6 cm × cos35°，袖山 13.6 cm

D 原型，立体袖窿深 16.6 cm × cos37.5°，袖山 13.17 cm

E 原型，立体袖窿深 16.6 cm × cos40°，袖山 12.72 cm

F 原型，立体袖窿深 16.6 cm × cos42.5°，袖山 12.24 cm

G 原型，立体袖窿深 16.6 cm × cos45°，袖山 11.74 cm

H 原型，立体袖窿深 16.6 cm × cos47.5°，袖山 11.21 cm

I 原型，立体袖窿深 16.6 cm × cos50°，袖山 10.67 cm

J 原型，立体袖窿深 16.6 cm × cos52.5°，袖山 10.10 cm

K 原型，立体袖窿深 16.6 cm × cos55°，袖山 9.52 cm

L 原型，立体袖窿深 16.6 cm × cos57.5°，袖山 8.92 cm

M 原型，立体袖窿深 16.6 cm × cos60°，袖山 8.3 cm

N 原型，立体袖窿深 16.6 cm × cos62.5°，袖山 7.67 cm

O 原型，立体袖窿深 16.6 cm × cos65°，袖山 7.02 cm

P 原型，立体袖窿深 16.6 cm × cos67.5°，袖山 6.35 cm

Q 原型，立体袖窿深 16.6 cm × cos70°，袖山 5.68 cm

R 原型，立体袖窿深 16.6 cm × cos72.5°，袖山 4.99 cm

S 原型，立体袖窿深 16.6 cm × cos75°，袖山 4.3 cm

T 原型，立体袖窿深 16.6 cm × cos77.5°，袖山 3.59 cm

U 原型，立体袖窿深 16.6 cm × cos80°，袖山 2.88 cm

V 原型，立体袖窿深 16.6 cm × cos82.5°，袖山 2.17 cm

W 原型，立体袖窿深 16.6 cm × cos85°，袖山 1.45 cm

X 原型，立体袖窿深 16.6 cm × cos87.5°，袖山 0.72 cm

Y 原型，立体袖窿深 16.6 cm × cos90°，袖山 0 cm

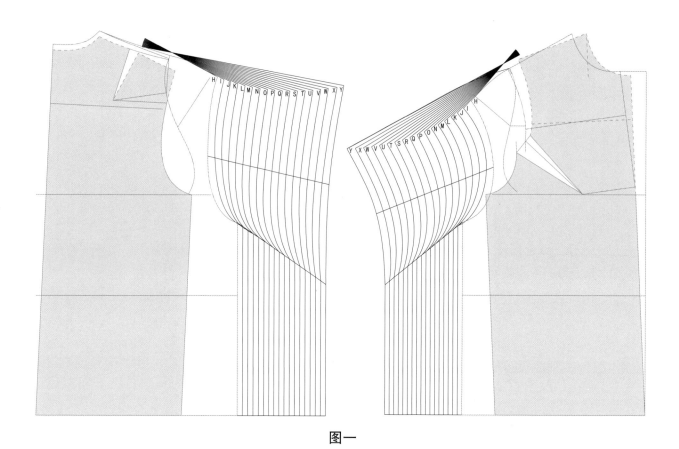

图一

A 落肩 0 cm，袖窿开深 0，落肩袖窿切面和袖中夹角 30°
B 落肩 1.2 cm，袖窿开深 0.6 cm，落肩袖窿切面和袖中夹角 32.5°
C 落肩 2.4 cm，袖窿开深 1.2 cm，落肩袖窿切面和袖中夹角 35°
D 落肩 3.6 cm，袖窿开深 1.8 cm，落肩袖窿切面和袖中夹角 37.5°
E 落肩 4.8 cm，袖窿开深 2.4 cm，落肩袖窿切面和袖中夹角 40°
F 落肩 6 cm，袖窿开深 3 cm，落肩袖窿切面和袖中夹角 42.5°
G 落肩 7.2 cm，袖窿开深 3.6 cm，落肩袖窿切面和袖中夹角 45°
H 落肩 8.4 cm，袖窿开深 4.2 cm，落肩袖窿切面和袖中夹角 47.5°
I 落肩 9.6 cm，袖窿开深 4.8 cm，落肩袖窿切面和袖中夹角 50°
J 落肩 10.8 cm，袖窿开深 5.4 cm，落肩袖窿切面和袖中夹角 52.5°
K 落肩 12 cm，袖窿开深 6 cm，落肩袖窿切面和袖中夹角 55°
L 落肩 13.2 cm，袖窿开深 6.6 cm，落肩袖窿切面和袖中夹角 57.5°
M 落肩 14.4 cm，袖窿开深 7.2 cm，落肩袖窿切面和袖中夹角 60°
N 落肩 15.6 cm，袖窿开深 7.8 cm，落肩袖窿切面和袖中夹角 62.5°

O 落肩 16.8 cm，袖窿开深 8.4 cm，落肩袖窿切面和袖中夹角 65°
P 落肩 18 cm，袖窿开深 9 cm，落肩袖窿切面和袖中夹角 67.5°
Q 落肩 19.2 cm，袖窿开深 9.6 cm，落肩袖窿切面和袖中夹角 70°
R 落肩 20.4 cm，袖窿开深 10.2 cm，落肩袖窿切面和袖中夹角 72.5°
S 落肩 21.6 cm，袖窿开深 10.8 cm，落肩袖窿切面和袖中夹角 75°
T 落肩 22.8 cm，袖窿开深 11.4 cm，落肩袖窿切面和袖中夹角 77.5°
U 落肩 24 cm，袖窿开深 12 cm，落肩袖窿切面和袖中夹角 80°
V 落肩 25.2 cm，袖窿开深 12.6 cm，落肩袖窿切面和袖中夹角 82.5°
W 落肩 26.4 cm，袖窿开深 13.2 cm，落肩袖窿切面和袖中夹角 85°
X 落肩 27.6 cm，袖窿开深 13.8 cm，落肩袖窿切面和袖中夹角 87.5°
Y 落肩 28.8 cm，袖窿开深 14.4 cm，落肩袖窿切面和袖中夹角 90°

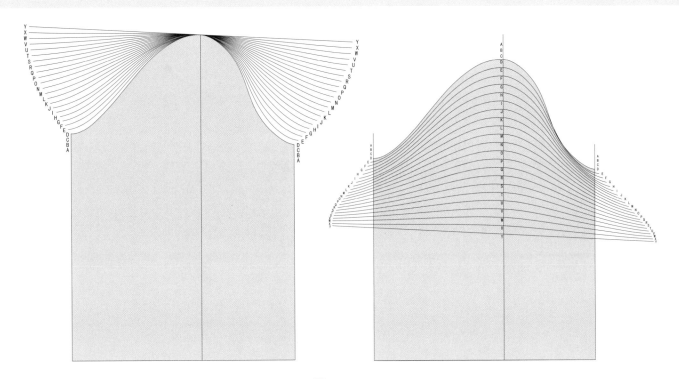

图二

A 落肩 0 cm，袖山 15 cm
B 落肩 1.2 cm，袖山 15 cm
C 落肩 2.4 cm，袖山 15 cm
D 落肩 3.6 cm，袖山 14.9 cm
E 落肩 4.8 cm，袖山 14.4 cm
F 落肩 6 cm，袖山 13.9 cm
G 落肩 7.2 cm，袖山 13.3 cm
H 落肩 8.4 cm，袖山 12.7 cm
I 落肩 9.6 cm，袖山 12.1 cm
J 落肩 10.8 cm，袖山 11.4 cm
K 落肩 12 cm，袖山 10.8 cm
L 落肩 13.2 cm，袖山 10.1 cm
M 落肩 14.4 cm，袖山 9.4 cm

N 落肩 15.6 cm，袖山 8.7 cm
O 落肩 16.8 cm，袖山 8 cm
P 落肩 18 cm，袖山 7.2 cm
Q 落肩 19.2 cm，袖山 6.4 cm
R 落肩 20.4 cm，袖山 5.7 cm
S 落肩 21.6 cm，袖山 4.9 cm
T 落肩 22.8 cm，袖山 4.9 cm
U 落肩 24 cm，袖山 3.3 cm
V 落肩 25.2 cm，袖山 2.5 cm
W 落肩 26.4 cm，袖山 1.6 cm
X 落肩 27.6 cm，袖山 0.8 cm
Y 落肩 28.8 cm，袖山 0 cm

[1] www.google.com

[2] http://www.numero-magazine.com/

[3] https://www.elle.fr/t

[4] http://kodd-magazine.com/

[5] http://www.bibliomania.com/

[6] http://www.deutsche-digitale-bibliothek.de/

[7] https://www.lapl.org/

[8] http://www.bne.es/

[9] https://www.vogue.fr/

后记

　　距第一本书《立体裁剪与平面制板的互通："四维立裁"》出版已经两年多。感谢众多的服装院校选用此书为教材，感谢众多选择此书学习的读者。

　　教授"立裁与平面制板互通"课程五年有余，所授学生近千人。感谢这些年学生们的积极应用与反馈，给了我很多新的启发。于是，本书《立体裁剪与平面制板互通：国际品牌服装板型实例解析》便应运而生。

　　本书中部分平面制图由我的学生叶建龙、刘苹、揭青仙辅助完成；品牌介绍部分由余潇凌、肖瑶协助完成。感谢肖瑶、姚娜在本书的编辑整理工作中付出的辛勤劳动，以促成此书的完成。

杨柳波

2019 年 9 月

图书在版编目（CIP）数据

立体裁剪与平面制板互通：国际品牌服装板型实例解析 /
杨柳波著. — 上海 ：东华大学出版社，2020.06

ISBN 978-7-5669-1740-9

Ⅰ．①立… Ⅱ．①杨… Ⅲ．①服装量裁－案例 Ⅳ.
①TS941.631

中国版本图书馆CIP数据核字(2020)第089910号

责任编辑：谭 英
封面设计：肖 瑶 J．T．H
版式设计：肖 瑶 唐彬彬

立体裁剪与平面制板互通：国际品牌服装板型实例解析
Liti Caijian Yu Pingmian Zhiban Hutong

杨柳波 著

东华大学出版社出版

上海市延安西路1882号

邮政编码：200051 发行电话：021-62373056

出版社官网 http://dhupress.dhu.edu.cn/

出版社邮箱 dhupress@dhu.edu.cn

上海盛通时代印刷有限公司印刷

开本：889 mm×1194 mm 1/16 印张：26 字数：915千字

2020年6月第1版 2021年8月第2次印刷

ISBN 978-7-5669-1740-9

定价：93.00元